Lectures on Linear Algebra

＼ライブ感あふれる／

線形代数講義

宇野勝博 著
Katsuhiro Uno

裳 華 房

Lectures on Linear Algebra

by

Katsuhiro UNO

SHOKABO

TOKYO

まえがき

本書は理工系の大学1年生を対象として線形代数学を解説したものです．

1年次に学ぶ数学としては，多くの学部で線形代数学と微分積分学（解析学）がありますが，昨今の情報科学やデータサイエンスの発展に伴い，線形代数学の比重は高まる一方です．線形代数学では，ベクトルとベクトルに対する様々な操作，およびベクトルの概念を抽象化し，より多くの場面に応用する方法を中心に学びます．データサイエンスで扱うデータは数の列であり，ベクトルそのものです．そのような状況から線形代数学の重要性が増しているものと思います．

線形代数学で扱うベクトルは一般に n 次元（n は自然数）のベクトルです．そのため，線形代数学の解説書では，具体的な2次元，3次元などではなく，一般的な n 次元の状況についての解説が主流であり，定理の証明には数学的帰納法を使う場合も多くあります．しかし，定理の証明で行われる考察の根幹は，具体的な次元でも一般的な n 次元でもあまり変わりはなく，また，数学的帰納法を使い n 次元で成り立つことを仮定して $n+1$ 次元でも成り立つことを証明する段階での考え方は，3次元で成り立つことを仮定して4次元でも成り立つことを証明する場合の考え方や発想と同じです．そこで本書では，多くの場面で，3次元や4次元などの具体的な次元設定のもとで解説を与え，定理としては，n 次元で成り立つこととして記述しています．この方法により，抽象的ととらえられがちな数学の論理の展開を具体的な状況で見ることができ，線形代数学の理論に通底する考え方がより理解できると考えたからです．実際，多くの研究者や数学理論そのものを研究対象としている数学の研究者も，考察の段階では，具体的な状況をまず理解し，次にその上で，それがどこまで一般的に成り立つことなのかを考えるという方法をとっている場合が多くあると思いますが，これは，そのほうがより深い理解につながることが多いからだと思います．このことは，線形代数学を初めて学ぶ場合も，たいへん有効ではないかと思います．

通常，線形代数学の解説書では一般的な状況を説明するため終始 n 次元の状況が解説されていて，本書のような具体的な次元での解説は，数学的には一般性に欠ける不十分な解説であるとのご批判を受けるかもしれません．しかし，上述したように，抽象的で完璧な論理展開を理解するより，具体的な状況において本質的なことを理解するほうが，多くの学生，特に，数学を専門としない学生にとっては意義があると考え，このような方法を採用していることをご理解いただければ幸いです．

また，問題は計算練習的な要素をできるだけ避け，理論の理解の助けとなるもの，および，明確な目的をもって行う計算問題を並べています．計算自体はコンピュータが人間より格段に速くかつ正確に行います．人間には，むしろ必要で意味のある計算をコンピュータにさせているのか，あるいは，コンピュータの計算結果の妥当性の確認ができるかなどの能力が問われています．つまり，計算能力より思考力，応用力が求められているのです．本書において，通常の数学解説書にあるような一般的な記述ではなく，事項の成り立つ原理をできるだけ具体的に，かつ，くわしく説明している理由はここにもあります．しかしながら，計算能力もそれなりに必要ですから，的確な計算能力を身につけるために，本書では本文において計算過程についてくわしく解説し，また問題でも適宜計算過程の解説を入れています．また，計算状況をより俯瞰的に観察するために，文字式を用いた計算を多く扱っています．

本書での学びを通じ，皆さんが線形代数の考え方を理解し，その考え方の説明などを通じて他者と知識を共有することができ，さらに他分野に応用できるようになることを願っています．

最後に，本書の出版に際し，原稿完成を辛抱強くお待ちいただき，また，幾度も的確な助言をいただいた（株）裳華房の亀井祐樹さんに心より感謝いたします．

2023 年 12 月

宇 野 勝 博

目　次

第Ｉ部　数ベクトルと行列

第Ⅱ部　ベクトル空間と線形写像

PART I

数ベクトルと行列

線形代数と行列

§1　線形代数とは何か

線形代数とは何かを述べる前に，これまで習った高校数学の中から，数列の復習をしましょう．数列 $\{a_n\}$ とは，各自然数 $n = 1, 2, \cdots$ に対して数 a_n を与えたもので

$$a_1, a_2, \cdots, a_n, \cdots$$

の間に成り立つ関係や，一般項 a_n がどのように表されるかなどを考えます．

数列 $\{a_n\}$ に対して**漸化式**と呼ばれる式，例えば

$$a_{n+1} = 3a_n \ (n = 1, 2, \cdots) \quad \text{一般に} \quad a_{n+1} = ra_n \ (n = 1, 2, \cdots)$$

が成り立っているとき，この数列の一般項 a_n は n を使った式として表されます．実際，上の右側の式は公比 r の等比数列の漸化式で

$$a_n = ra_{n-1} = r(ra_{n-2}) = r^2a_{n-2} = r^3a_{n-3} = \cdots = r^{n-2}a_2 = r^{n-1}a_1 \qquad (*)$$

のように考えて，一般項が

$$a_n = r^{n-1}a_1$$

と書けることがわかります．

次に 2 つの数列 $\{a_n\}, \{b_n\}$ についての**連立漸化式**

$$\begin{cases} a_{n+1} = 3a_n + 2b_n \\ b_{n+1} = 4a_n + 5b_n \end{cases} \quad \text{一般に} \quad \begin{cases} a_{n+1} = pa_n + qb_n \\ b_{n+1} = ra_n + sb_n \end{cases}$$

を考えます．これを上の式（$*$）のように考えると

$$\begin{cases} a_n = p\underline{a_{n-1}} + q\underline{b_{n-1}} = p(\underline{pa_{n-2} + qb_{n-2}}) + q(\underline{ra_{n-2} + sb_{n-2}}) \\ b_n = r\underline{a_{n-1}} + s\underline{b_{n-1}} = r(\underline{pa_{n-2} + qb_{n-2}}) + s(\underline{ra_{n-2} + sb_{n-2}}) \end{cases}$$

となるので，次のようになります．

$$\begin{cases} a_n = (p^2 + qr)a_{n-2} + (pq + qs)b_{n-2} = \cdots \\ b_n = (rp + sr)a_{n-2} + (rq + s^2)b_{n-2} = \cdots \end{cases}$$

つまり，公比 r に相当する部分が $\begin{matrix} p & q \\ r & s \end{matrix}$ だと考えると，r^2 に相当する部分は，$\begin{matrix} p^2 + qr & pq + qs \\ rp + sr & rq + s^2 \end{matrix}$ になっています．

$$r \longleftrightarrow \begin{matrix} p & q \\ r & s \end{matrix}, \quad r^2 \longleftrightarrow \begin{matrix} p^2 + qr & pq + qs \\ rp + sr & rq + s^2 \end{matrix}$$

つまり $\begin{matrix} p & q \\ r & s \end{matrix}$ の2乗は $\begin{matrix} p^2 + qr & pq + qs \\ rp + sr & rq + s^2 \end{matrix}$ ではないかと考えられるのです．

ここで，上の $p^2 + qr, pq + qs, rp + sr, rq + s^2$ はどれもベクトルの**内積**（正確にいうと実数成分のベクトルの内積）の形をしています．例えば $pr + qs$ は (p, q) と (r, s) の内積です．

このことから $\begin{matrix} p & q \\ r & s \end{matrix}$ の2乗 $\begin{matrix} p & q \\ r & s \end{matrix} \cdot \begin{matrix} p & q \\ r & s \end{matrix}$ に相当するものは，内積を並べたものと考えることができます．

$$\begin{matrix} p & q \\ r & s \end{matrix} \cdot \begin{matrix} p & q \\ r & s \end{matrix} \longleftrightarrow \begin{matrix} p^2 + qr & pq + qs \\ rp + sr & rq + s^2 \end{matrix} = \begin{matrix} (p, q)\cdot(p, r) & (p, q)\cdot(q, s) \\ (r, s)\cdot(p, r) & (r, s)\cdot(q, s) \end{matrix}$$

さらに，ここで $(p, q), (r, s)$ は $\begin{matrix} p & q \\ r & s \end{matrix}$ の横に並んだ文字であり，$(p, r), (q, s)$ は縦に並んだ文字であることに注意してください．つまり，内積を計算する文字の部分を囲むと下のようになります．

$$\begin{matrix} p & q \\ r & s \end{matrix} \cdot \begin{matrix} p & q \\ r & s \end{matrix} \quad \begin{matrix} p & q \\ r & s \end{matrix} \cdot \begin{matrix} p & q \\ r & s \end{matrix} \qquad \longleftrightarrow \qquad \begin{matrix} p^2 + qr & pq + qs \\ rp + sr & rq + s^2 \end{matrix}$$

$$\begin{matrix} p & q \\ r & s \end{matrix} \cdot \begin{matrix} p & q \\ r & s \end{matrix} \quad \begin{matrix} p & q \\ r & s \end{matrix} \cdot \begin{matrix} p & q \\ r & s \end{matrix}$$

行列についての用語の定義

このように数を長方形（または正方形）の形に並べ，さらに両側をカッコで囲んだものを**行列**といいます．行列は線形代数の主役の1つです．

例 1　$A = \begin{bmatrix} p & q \\ r & s \end{bmatrix}$,　$B = \begin{bmatrix} 1 & 2 & 3 \\ 4 & 5 & 6 \end{bmatrix}$,　$C = \begin{bmatrix} 1 & 2 \\ 3 & 4 \\ 5 & 6 \end{bmatrix}$　◆

上の行列は，それぞれ2×2行列，2×3行列，3×2行列と，縦×横のサイズを使って呼ばれます．また，A のように縦横が同じサイズのときは2次**正方行列**とも呼ばれます．カッコは丸カッコでも角カッコでもよいのですが，この本では（スペースの節約のため）角カッコを使います．したがって，サイズ $\boldsymbol{m} \times \boldsymbol{n}$ **行列**は

$$A = \begin{bmatrix} a_{11} & \cdots & a_{1n} \\ \vdots & & \vdots \\ a_{m1} & \cdots & a_{mn} \end{bmatrix}$$

のように表されます．A の上から i 番目に並ぶ数を使ってつくられた横ベクトル $[a_{i1} \ \cdots \ a_{in}]$ を A の**第 $\boldsymbol{i}$ 行ベクトル**，左から j 番目に並ぶ数を使ってつくられた縦ベクトル $\begin{bmatrix} a_{1j} \\ \vdots \\ a_{mj} \end{bmatrix}$ を A の**第 $\boldsymbol{j}$ 列ベクトル**と呼びます．例えば

$$A = \begin{bmatrix} p & q \\ r & s \end{bmatrix}$$

のとき

$$[p \ \ q], \quad [r \ \ s], \quad \begin{bmatrix} p \\ r \end{bmatrix}, \quad \begin{bmatrix} q \\ s \end{bmatrix}$$

はそれぞれ，第1行ベクトル，第2行ベクトル，第1列ベクトル，第2列ベクトルです．また，行列 A として並べられた数は，行列 A の**成分**と呼ばれますが，縦横に並べるので添字は2個つける必要があり，上から i 番目で左から j 番目の成分 a_{ij} は A の**第 i 行第 j 列成分**，略して **(i,j) 成分**と呼ばれます．

例 2　$A=\begin{bmatrix} p & q \\ r & s \end{bmatrix}$ の場合は，A の $(1,1)$ 成分，$(1,2)$ 成分，$(2,1)$ 成分，$(2,2)$ 成分はそれぞれ p,q,r,s です．◆

さらに，横ベクトル $\boldsymbol{a}=[a_1 \ \cdots \ a_m]$ と縦ベクトル $\boldsymbol{b}=\begin{bmatrix} b_1 \\ \vdots \\ b_n \end{bmatrix}$ は，それぞれ $1\times m$ 行列，$n\times 1$ 行列と見なすことができます．**行**は横並び，**列**は縦並び，**$m\times n$ 行列**は m 個の行と n 個の列からなっていることを覚えてください．

そこで，最初に考えた行列の積

$$\begin{matrix} p & q \\ r & s \end{matrix} \text{ の 2 乗} = \begin{matrix} p & q \\ r & s \end{matrix} \cdot \begin{matrix} p & q \\ r & s \end{matrix} = \begin{matrix} p^2+qr & pq+qs \\ rp+sr & rq+s^2 \end{matrix}$$

にあるように，行列 A,B に対し，A の行ベクトルと B の列ベクトルの内積を成分として並べたものを A,B の積 AB の成分として定めます．

定義　**行列の積**

$m\times n$ 行列 $A=\begin{bmatrix} a_{11} & \cdots & a_{1n} \\ \vdots & & \vdots \\ a_{m1} & \cdots & a_{mn} \end{bmatrix}$ と $n\times l$ 行列 $B=\begin{bmatrix} b_{11} & \cdots & b_{1l} \\ \vdots & & \vdots \\ b_{n1} & \cdots & b_{nl} \end{bmatrix}$ の**積** AB の (i,j) 成分は，AB の左側の行列 A の第 i 行ベクトルの成分 $a_{i1},\cdots,a_{in}$，AB の右側の行列 B の第 j 列ベクトルの成分 $b_{1j},\cdots,b_{nj}$ を用いて

$$a_{i1}b_{1j}+a_{i2}b_{2j}+\cdots+a_{in}b_{nj}$$

とする．積 AB は $m\times l$ 行列になる．

ただし，A の第 i 行ベクトルの成分の数と B の第 j 列ベクトルの成分の数が同じでないと計算できません．

> A と B の積 AB は
> 　A の行ベクトルの次元（$= A$ の横のサイズ $= A$ の列の数）
> 　　$= B$ の列ベクトルの次元（$= B$ の縦のサイズ $= B$ の行の数）
> のときのみ定義できる．

例3　次の A, B に対して AB は定義できますが，BA は定義できません．

$$A = \begin{bmatrix} 1 & 2 & 3 \\ 4 & 5 & 6 \\ 7 & 8 & 9 \\ 10 & 11 & 12 \end{bmatrix}, \qquad B = \begin{bmatrix} a & b \\ c & d \\ e & f \end{bmatrix}$$

積 AB は次のようになります．

$$AB = \begin{bmatrix} 1 & 2 & 3 \\ 4 & 5 & 6 \\ 7 & 8 & 9 \\ 10 & 11 & 12 \end{bmatrix} \begin{bmatrix} a & b \\ c & d \\ e & f \end{bmatrix} = \begin{bmatrix} a + 2c + 3e & b + 2d + 3f \\ 4a + 5c + 6e & 4b + 5d + 6f \\ 7a + 8c + 9e & 7b + 8d + 9f \\ 10a + 11c + 12e & 10b + 11d + 12f \end{bmatrix}$$ ◇

例4　縦ベクトル $\boldsymbol{a} = \begin{bmatrix} a \\ b \\ c \\ d \end{bmatrix}$ と横ベクトル $\boldsymbol{b} = [p \quad q \quad r]$ の積を定義に従って計算すると積 $\boldsymbol{a} \cdot \boldsymbol{b}$ は次のようになりますが，順序を逆にした積 $\boldsymbol{b} \cdot \boldsymbol{a}$ は定義できません．

$$\boldsymbol{a} \cdot \boldsymbol{b} = \begin{bmatrix} a \\ b \\ c \\ d \end{bmatrix} [p \quad q \quad r] = \begin{bmatrix} ap & aq & ar \\ bp & bq & br \\ cp & cq & cr \\ dp & dq & dr \end{bmatrix}$$

$\boldsymbol{b}' = [p \quad q \quad r \quad s]$ と $\boldsymbol{a}$ の積 $\boldsymbol{b}' \cdot \boldsymbol{a}$ は次のようになります．

$$\boldsymbol{b}' \cdot \boldsymbol{a} = [p \quad q \quad r \quad s] \begin{bmatrix} a \\ b \\ c \\ d \end{bmatrix} = [pa + qb + rc + sd]$$ ◇

線形代数の意味

「線形」の英訳は線（line）から派生したlinearで，「代数」は文字なども数のように（数の代わりとして）扱って計算するという考え方のことです．

「線形」は「1次」と同じ意味で用いられることもあります．「1次」というと，1次関数，1次方程式という言葉を思い出しますが，1次関数のグラフが直線であることから，linearが「1次」や「線形」と訳されているのではと思います．つまり線形代数は「1次」，別の言い方をすると，原則として「2次以上ではないもの」を対象として，主として四則演算に相当する計算を用いて様々なことを調べる手段を与えます．ただし，例えば連立1次方程式のように，変数，未知数，式の数などは1つとは限りません．連立1次方程式，例えば

$$\begin{cases} a_{11}x + a_{12}y + a_{13}z = b_1 \\ a_{21}x + a_{22}y + a_{23}z = b_2 \\ a_{31}x + a_{32}y + a_{33}z = b_3 \end{cases}$$

は，行列を用いて

$$A = \begin{bmatrix} a_{11} & a_{12} & a_{13} \\ a_{21} & a_{22} & a_{23} \\ a_{31} & a_{32} & a_{33} \end{bmatrix}, \quad \boldsymbol{x} = \begin{bmatrix} x \\ y \\ z \end{bmatrix}, \quad \boldsymbol{b} = \begin{bmatrix} b_1 \\ b_2 \\ b_3 \end{bmatrix}$$

とおくと

$$A\boldsymbol{x} = \boldsymbol{b}$$

と表されます．未知数が1つの1次方程式 $ax = b$ と同じ形です．

また，最初に考えた2個の数列 $\{a_n\}, \{b_n\}$ についての連立1次漸化式

$$\begin{cases} a_{n+1} = pa_n + qb_n \\ b_{n+1} = ra_n + sb_n \end{cases}$$

は

$$A = \begin{bmatrix} p & q \\ r & s \end{bmatrix}, \quad \boldsymbol{a}_n = \begin{bmatrix} a_n \\ b_n \end{bmatrix}$$

とおくと

$$\boldsymbol{a}_{n+1} = A\boldsymbol{a}_n$$

と表されます．1つの数列 $\{a_n\}$ の漸化式 $a_{n+1} = ra_n$ と同じ形です．

連立1次方程式 $A\boldsymbol{x} = \boldsymbol{b}$，連立1次漸化式 $\boldsymbol{a}_{n+1} = A\boldsymbol{a}_n$ は，未知数1個の場合や数列1個の場合のように考えることができるのであれば簡単です．しかし，連立1次方程式を考えてもわかるように，それほど単純ではありません．例えば，次のような行列の問題を考えなければなりません．

$A\boldsymbol{x} = \boldsymbol{b} \longrightarrow A \neq 0$ のとき $\boldsymbol{x} = A^{-1}\boldsymbol{b}$？　しかし A^{-1} の成分はどうなる？

$\boldsymbol{a}_{n+1} = A\boldsymbol{a}_n \longrightarrow \boldsymbol{a}_n = A^{n-1}\boldsymbol{a}_1$？　しかし A^{n-1} の成分はどうなる？

また，「$A \neq 0$ のとき」の意味はどう考えればよいでしょうか？

以上からもわかるように，線形代数で扱う内容は，大学1年次に限ると，これまで習った1次関数，1次方程式などの多変数版を考えることになります．したがって，原理はそんなに難しくはありません．しかし，変数の数が少し増えただけでも相当ややこしくなります．そこで，行列の性質をくわしく調べ，計算の意味や少しでも効率的な計算方法を考えることになります．

しかし，性質や計算の意味を眺めているだけで理解するのは難しく，実際に地道に計算して初めて理解できます．線形代数も，実際に計算してみて，その考え方や手段をていねいに学んでほしいと思います．

行列の略記法

サイズの大きい行列を書くのはたいへんですから行列にはいくつかの略記法があります．例えば，$A = [a_{ij}]$ は，A の (i,j) 成分が a_{ij} であることを意味します．この応用として，例えば，$A = [i + j - 1]$ は A の (i,j) 成分が $i + j - 1$ という意味になり，A の $(2,3)$ 成分は，$i + j - 1$ に $i = 2$，$j = 3$ を代入して $2 + 3 - 1 = 4$ になります．したがって，A が3次正方行列の場合は

$$A = \begin{bmatrix} 1 & 2 & 3 \\ 2 & 3 & 4 \\ 3 & 4 & 5 \end{bmatrix}$$

を意味します．

問　題

1　$A=\begin{bmatrix}\cos\alpha & -\sin\alpha\\ \sin\alpha & \cos\alpha\end{bmatrix}$, $B=\begin{bmatrix}\cos\beta & -\sin\beta\\ \sin\beta & \cos\beta\end{bmatrix}$とする.

(1) AB, BA を計算せよ.

(2) A^n を類推せよ.

2　次の行列 A, B, C に対し, $A^2, A^3, \cdots, B^2, B^3, \cdots, C^2, C^3, \cdots$ を計算し, A^n, B^n, C^n を類推せよ.

(1) $A=\begin{bmatrix}0&a&0\\0&0&b\\0&0&0\end{bmatrix}$　(2) $B=\begin{bmatrix}a&0&0\\0&b&0\\0&0&c\end{bmatrix}$　(3) $C=\begin{bmatrix}0&0&1\\1&0&0\\0&1&0\end{bmatrix}$

3　同じサイズの正方行列 A, B が $AB=BA$ をみたすとき, A, B は**可換**であるといいます. 例えば $A=\begin{bmatrix}2&0\\0&3\end{bmatrix}$のとき, A と可換な行列をすべて求めてみましょう. x, y, z, u を未知数として

$$\begin{bmatrix}2&0\\0&3\end{bmatrix}\begin{bmatrix}x&y\\z&u\end{bmatrix}=\begin{bmatrix}x&y\\z&u\end{bmatrix}\begin{bmatrix}2&0\\0&3\end{bmatrix}$$

を解けばよいのです.

$$\begin{bmatrix}2&0\\0&3\end{bmatrix}\begin{bmatrix}x&y\\z&u\end{bmatrix}=\begin{bmatrix}x&y\\z&u\end{bmatrix}\begin{bmatrix}2&0\\0&3\end{bmatrix} \iff \begin{bmatrix}2x&2y\\3z&3u\end{bmatrix}=\begin{bmatrix}2x&3y\\2z&3u\end{bmatrix}$$

なので, 成分を比較して, $2x=2x$, $2y=3y$, $3z=2z$, $3u=3u$ を得ます. したがって, $y=z=0$, かつ, x, u は何でもよいことがわかります. 以上から, A と可換な行列の一般的な形は$\begin{bmatrix}x&0\\0&u\end{bmatrix}$であることがわかりました.

次の A, B, C, D それぞれに対し, 同じサイズの正方行列で, その行列と可換な行列をすべて求めよ. ただし, a, b, c はすべて異なるとする.

(1) $A=\begin{bmatrix}a&0\\0&b\end{bmatrix}$　(2) $B=\begin{bmatrix}a&1\\0&a\end{bmatrix}$　(3) $C=\begin{bmatrix}a&0&0\\0&b&0\\0&0&c\end{bmatrix}$

(4) $D=\begin{bmatrix}a&0&0\\0&a&0\\0&0&b\end{bmatrix}$

§2　行列の世界

ここでは，行列の世界をもう少しくわしく見ます．

行列の世界には，ベクトルと同じように和もあります．例えば

$$A=\begin{bmatrix} a & b & c \\ d & e & f \end{bmatrix},\quad B=\begin{bmatrix} a' & b' & c' \\ d' & e' & f' \end{bmatrix}$$

のとき

$$A+B=\begin{bmatrix} a & b & c \\ d & e & f \end{bmatrix}+\begin{bmatrix} a' & b' & c' \\ d' & e' & f' \end{bmatrix}=\begin{bmatrix} a+a' & b+b' & c+c' \\ d+d' & e+e' & f+f' \end{bmatrix}$$

のように成分ごとに和を並べた行列として行列の**和**を定義します．ベクトルの場合と同じです．ただし，行列のサイズが同じでないと和が計算できません．

> A と B の和 $A+B$ は
>
> $$A \text{ のサイズ} = B \text{ のサイズ}$$
>
> のときのみ定義できる．

また，行列にはスカラ倍という演算があります．ここで**スカラ**とは，数を意味し，ベクトルや行列と区別するために使われます．ただし正確には，行列やベクトルの成分として実数のみを考えているときは，スカラは実数を意味し，行列やベクトルの成分として複素数を考えているときは，スカラは複素数を意味します．本書では，特に断らない限り，行列の成分やスカラとして実数を考えます．

さて，行列の**スカラ倍**は，例えば

$$A=\begin{bmatrix} a & b & c \\ d & e & f \end{bmatrix}$$

のとき，A の k 倍は

$$kA=k\begin{bmatrix} a & b & c \\ d & e & f \end{bmatrix}=\begin{bmatrix} ka & kb & kc \\ kd & ke & kf \end{bmatrix}$$

のように成分ごとに k 倍を並べた行列として定義します．行列のスカラ倍はベクトルのスカラ倍の考え方と同じです．

線形代数では，和とスカラ倍は基本的な演算で，常に意識すべきです．

積，和，スカラ倍には，次の演算法則が成り立ちます．ここで A, B, C は行列で k, k' はスカラです．また和や積については，定義できる場合に限ります．

- 和の交換法則　$A + B = B + A$
- 和の結合法則　$(A + B) + C = A + (B + C)$
- 積の結合法則　$A(BC) = (AB)C$
- スカラ倍と積の結合法則

$$(kk')A = k(k'A), \quad (kA)B = k(AB)$$

- 和とスカラ倍の分配法則

$$k(A + B) = kA + kB, \quad (k + k')A = kA + k'A$$

- 積と和の分配法則

$$A(B + C) = AB + AC, \quad (A + B)C = AC + BC$$

✓**注意**　行列では積の交換法則 $AB = BA$ は一般には成り立つとは限りません．

第1章§1末の問題3（9ページ）で $A = \begin{bmatrix} 2 & 0 \\ 0 & 3 \end{bmatrix}$ のとき，A と可換な行列の一般的な形は $\begin{bmatrix} x & 0 \\ 0 & u \end{bmatrix}$ であることを見ました．このことは，逆にいうと，この形以外の行列，例えば，$B = \begin{bmatrix} 1 & 1 \\ 0 & 1 \end{bmatrix}$ はこの A と可換でないことを意味します．実際

$$AB = \begin{bmatrix} 2 & 0 \\ 0 & 3 \end{bmatrix}\begin{bmatrix} 1 & 1 \\ 0 & 1 \end{bmatrix} = \begin{bmatrix} 2 & 2 \\ 0 & 3 \end{bmatrix}, \quad BA = \begin{bmatrix} 1 & 1 \\ 0 & 1 \end{bmatrix}\begin{bmatrix} 2 & 0 \\ 0 & 3 \end{bmatrix} = \begin{bmatrix} 2 & 3 \\ 0 & 3 \end{bmatrix}$$

から，$AB \neq BA$ となります．

A や B などが数ならば，例えば，和の交換法則が成り立つことはよく知っていると思いますが，行列の場合，特に，積は線形代数で新たに定義したので，あらためて演算法則が成り立つことを確認する必要があります．ただし，法則が一般的に成り立つかどうかを確認するのは難しくはありませんが，結構面倒です．

本書では読者の皆さんが，このような法則を一般的に確認できるようになることを要求しません．確認方法を見て理解できれば十分です．そこで一例とし

て，次の積と和の分配法則が一般的に成り立つことを確認してみます．

$$A(B+C) = AB + AC$$

まず，上の式の両辺が定義できる場合を確認します．左辺には B と C の和があるので，B と C のサイズは同じである必要があります．そこで B, C はどちらも $n \times l$ 行列

$$B = \begin{bmatrix} b_{11} & \cdots & b_{1l} \\ \vdots & & \vdots \\ b_{n1} & \cdots & b_{nl} \end{bmatrix}, \quad C = \begin{bmatrix} c_{11} & \cdots & c_{1l} \\ \vdots & & \vdots \\ c_{n1} & \cdots & c_{nl} \end{bmatrix}$$

とし，次に A と $n \times l$ 行列である $B+C$ の積を考えるので，A の列の数は，$B+C$ の行の数 n でなければなりません．そこで A は $m \times n$ 行列

$$A = \begin{bmatrix} a_{11} & \cdots & a_{1n} \\ \vdots & & \vdots \\ a_{m1} & \cdots & a_{mn} \end{bmatrix}$$

とします．こうすると，右辺で A と B の積 AB も A と C の積 AC も $m \times l$ 行列になり，その和 $AB + AC$ も考えられます．

さて，左辺の行列と右辺の行列が等しいことを示すために両辺の行列のすべての成分が一致することを確認します．そこで $1 \leq i \leq m$，$1 \leq j \leq l$ として，両辺の (i, j) 成分を比較します．左辺は A と $B+C$ の積なので，その (i, j) 成分は，A の第 i 行ベクトル

$$\begin{bmatrix} a_{i1} & a_{i2} & \cdots & a_{in} \end{bmatrix}$$

と B と C の和 $B+C$ の第 j 列ベクトル

$$\begin{bmatrix} b_{1j} + c_{1j} \\ b_{2j} + c_{2j} \\ \vdots \\ b_{nj} + c_{nj} \end{bmatrix}$$

の内積です．したがって，左辺 $A(B+C)$ の (i, j) 成分は次のようになります．

$$\begin{aligned} & a_{i1}(b_{1j} + c_{1j}) + a_{i2}(b_{2j} + c_{2j}) + \cdots + a_{in}(b_{nj} + c_{nj}) \\ &= a_{i1}b_{1j} + a_{i1}c_{1j} + a_{i2}b_{2j} + a_{i2}c_{2j} + \cdots + a_{in}b_{nj} + a_{in}c_{nj} \\ &= (a_{i1}b_{1j} + a_{i2}b_{2j} + \cdots + a_{in}b_{nj}) + (a_{i1}c_{1j} + a_{i2}c_{2j} + \cdots + a_{in}c_{nj}) \end{aligned}$$

ここで $a_{i1}b_{1j} + a_{i2}b_{2j} + \cdots + a_{in}b_{nj}$ は A の第 i 行と B の第 j 列の内積なので，

ABの(i,j)成分であり，同じように$a_{i1}c_{1j}+a_{i2}c_{2j}+\cdots+a_{in}c_{nj}$は$AC$の$(i,j)$成分です．したがって，その和は$AB+AC$，つまり右辺の$(i,j)$成分となり，左辺の行列の$(i,j)$成分と右辺の行列の$(i,j)$成分が等しいことがわかります．しかも$i,j$は$1 \leq i \leq m$，$1 \leq j \leq l$をみたすすべての自然数を考えているので，左辺の行列と右辺の行列は成分ごとに一致し，結論として，$A(B+C)=AB+AC$が成り立つことがわかります．

ゼロ行列の定義

数の世界で0はどんな数aに足しても結果はaです（0は加法の単位元であるともいいます）．行列の世界でも0に相当するものがあります．それぞれのサイズでの行列

$$O_{2,2}=\begin{bmatrix}0&0\\0&0\end{bmatrix},\quad O_{2,3}=\begin{bmatrix}0&0&0\\0&0&0\end{bmatrix},\quad O_{3,4}=\begin{bmatrix}0&0&0&0\\0&0&0&0\\0&0&0&0\end{bmatrix}$$

などです．このようなすべての成分が0の行列を**ゼロ行列**といいます．添字は行列のサイズを表し，例えば$O_{2,3}$は2×3ゼロ行列を意味します．しかし，行列のサイズが文脈から明らかなときは，添字を省略して単にOと書くこともあります．ゼロ行列OはOと同じサイズのどんな行列Aに対しても

$$A+O=O+A=A$$

が成り立つことは，行列の和の定義から明らかです．

単位行列の定義

数の世界で1は，どんな数aに掛けても結果はaです（1は乗法の単位元であるともいいます）．行列の世界でも1に相当するものがあります．それぞれのサイズでの正方行列

$$E_2=\begin{bmatrix}1&0\\0&1\end{bmatrix},\quad E_3=\begin{bmatrix}1&0&0\\0&1&0\\0&0&1\end{bmatrix},\quad E_4=\begin{bmatrix}1&0&0&0\\0&1&0&0\\0&0&1&0\\0&0&0&1\end{bmatrix}$$

などです．このような行列を**単位行列**といいます．添字は行列のサイズを表

し，例えば E_3 は 3×3 単位行列を意味します．

実際に E_2 が 2×2 行列の世界で 1 に相当すること，つまり

$$\begin{bmatrix} a & b \\ c & d \end{bmatrix}\begin{bmatrix} 1 & 0 \\ 0 & 1 \end{bmatrix} = \begin{bmatrix} a & b \\ c & d \end{bmatrix}, \qquad \begin{bmatrix} 1 & 0 \\ 0 & 1 \end{bmatrix}\begin{bmatrix} a & b \\ c & d \end{bmatrix} = \begin{bmatrix} a & b \\ c & d \end{bmatrix}$$

となることを確めてください．

✓**注意**　行列の積では交換法則が成り立つとは限らないので，上の 2 つの式の両方を確認する必要があります．また，なぜ単位行列は正方行列の場合しか考えないのでしょうか？

次に，定数項が 0 の 1 次関数 $y = ax$ の多変数版

$$\begin{cases} y_1 = a_{11}x_1 + a_{12}x_2 + a_{13}x_3 \\ y_2 = a_{21}x_1 + a_{22}x_2 + a_{23}x_3 \end{cases}$$

を考えます．

上の式は

$$A = \begin{bmatrix} a_{11} & a_{12} & a_{13} \\ a_{21} & a_{22} & a_{23} \end{bmatrix}, \qquad \boldsymbol{x} = \begin{bmatrix} x_1 \\ x_2 \\ x_3 \end{bmatrix}, \qquad \boldsymbol{y} = \begin{bmatrix} y_1 \\ y_2 \end{bmatrix}$$

とおくと

$$\boldsymbol{y} = A\boldsymbol{x} \quad \text{つまり} \quad \begin{bmatrix} y_1 \\ y_2 \end{bmatrix} = \begin{bmatrix} a_{11} & a_{12} & a_{13} \\ a_{21} & a_{22} & a_{23} \end{bmatrix}\begin{bmatrix} x_1 \\ x_2 \\ x_3 \end{bmatrix}$$

と表すことができます．1 次関数を

$$y = f(x) \quad \text{ただし} \quad f(x) = ax$$

と表すように，上の式は

$$\boldsymbol{y} = F(\boldsymbol{x}) \quad \text{ただし} \quad F(\boldsymbol{x}) = A\boldsymbol{x}$$

と表すこともできます．

関数 $y = f(x)$ は，数 x を数 y に対応させる仕組み（ルール）を示していますが，上の $\boldsymbol{y} = F(\boldsymbol{x})$ は，縦ベクトル $\boldsymbol{x}$ を縦ベクトル $\boldsymbol{y}$ に対応させる仕組みを示しています．

一般に，数とは限らないものを数とは限らないものに対応させる仕組みは，「関数」とはいわずに「**写像**」といいます．したがって，上のような $\boldsymbol{y} = F(\boldsymbol{x})$ は，1 次関数ではなく**線形写像**，**線形変換**，**1 次写像**，**1 次変換**などと呼

ばれます．

実数の集合を $\mathbb{R}$ と表します．また，**実ベクトル**とは，成分がすべて実数のベクトルのことで，本書では $\mathbb{R}^n$ で，実数を縦に n 個並べたベクトルすべてからなる集合を表します．

$$\mathbb{R}^3 = \left\{ \begin{bmatrix} x_1 \\ x_2 \\ x_3 \end{bmatrix} \mid x_1, x_2, x_3 \in \mathbb{R} \right\}, \qquad \mathbb{R}^n = \left\{ \begin{bmatrix} x_1 \\ x_2 \\ \vdots \\ x_n \end{bmatrix} \mid x_1, x_2, \cdots, x_n \in \mathbb{R} \right\}$$

1 次関数 $f(x) = ax$ は x の係数（傾き）a のみで定まるので $f_a(x)$ と書くことにすると，次が成り立ちます．

$$f_a(x) + f_b(x) = ax + bx = (a + b)x = f_{a+b}(x)$$
$$kf_a(x) = kax = f_{ka}(x)$$
$$f_a \circ f_b(x) = f_a(f_b(x)) = f_a(bx) = abx = f_{ab}(x)$$

ここで，$f_a \circ f_b(x)$ は $f_a(x)$ と $f_b(x)$ の合成関数を表します．

> 数の世界の和，スカラ倍，積は，それぞれ 1 次関数の世界の和，スカラ倍，合成に対応しています．

同じように，$m \times n$ 行列 A に対し，$\mathbb{R}^n$ のベクトル $\boldsymbol{x}$ を $\mathbb{R}^m$ のベクトル $A\boldsymbol{x}$ に対応させる線形写像を $F_A(\boldsymbol{x}) = A\boldsymbol{x}$ と表すと，$m \times n$ 行列 A と B に対して次が成り立ちます．

$$F_A(\boldsymbol{x}) + F_B(\boldsymbol{x}) = A\boldsymbol{x} + B\boldsymbol{x} = (A + B)\boldsymbol{x} = F_{A+B}(\boldsymbol{x})$$
$$kF_A(\boldsymbol{x}) = kA\boldsymbol{x} = F_{kA}(\boldsymbol{x})$$

また $l \times m$ 行列 C に対して，$\mathbb{R}^m$ のベクトル $\boldsymbol{x}'$ を $\mathbb{R}^l$ のベクトル $C\boldsymbol{x}'$ に対応させる線形写像を $F_C'(\boldsymbol{x}') = C\boldsymbol{x}'$ と表すと，F_C' と F_A の合成写像 $F_C' \circ F_A$ は，$\mathbb{R}^n$ のベクトルを $\mathbb{R}^l$ のベクトルに対応させる線形写像で，次が成り立ちます．

$$F_C' \circ F_A(\boldsymbol{x}) = F_C'(F_A(\boldsymbol{x})) = F_C'(A\boldsymbol{x}) = CA\boldsymbol{x} = F_{CA}''(\boldsymbol{x})$$

ただし，F_{CA}'' は，$\mathbb{R}^n$ のベクトル $\boldsymbol{x}$ を $CA(\boldsymbol{x})$ に対応させる線形写像です．ここで，CA は $l \times m$ 行列 C と $m \times n$ 行列 A の積である $l \times n$ 行列となることに注意してください．

行列の世界の和，スカラ倍，積は，それぞれ線形写像の世界の和，スカラ倍，合成に対応しています．

この節の最後に，行列の世界にある独特の概念として転置行列を説明します．

転置行列の定義

行列 A の**転置行列**とは，A の主対角線（行列の左上から右下に下る線）に関して対称となる位置に成分を並べ替えた行列で，${}^tA$ で表します（記号 ^{t} は転置の英訳 transpose に由来します）．つまり，${}^tA$ は A の行ベクトルを順に列ベクトルとして並べ替えた行列です．A が $m \times n$ 行列の場合，${}^tA$ は $n \times m$ 行列になります．A が縦ベクトル（$n \times 1$ 行列）のとき，${}^tA$ は横ベクトル（$1 \times n$ 行列）になり，A が横ベクトルのとき，${}^tA$ は縦ベクトルになります．

例 1　$A = \begin{bmatrix} a & b & c \\ d & e & f \end{bmatrix}$, $B = \begin{bmatrix} a & b & c \end{bmatrix}$のとき

$$ {}^tA = \begin{bmatrix} a & d \\ b & e \\ c & f \end{bmatrix}, \quad {}^tB = \begin{bmatrix} a \\ b \\ c \end{bmatrix} $$

A が $m \times n$ 行列，B が $n \times l$ 行列のとき，次が成り立ちます．一般的に成り立つことは，${}^t(AB)$ と ${}^tB\,{}^tA$ の対応する成分どうしが一致することを，積や転置の定義に基づいて確認することで出てきます．

定理1　$${}^t(AB) = {}^tB\,{}^tA$$

例 2　$A = \begin{bmatrix} a & b & c \\ d & e & f \end{bmatrix}$, $B = \begin{bmatrix} 1 & 2 \\ 3 & 4 \\ 5 & 6 \end{bmatrix}$のとき

$$ AB = \begin{bmatrix} a + 3b + 5c & 2a + 4b + 6c \\ d + 3e + 5f & 2d + 4e + 6f \end{bmatrix} $$

$${}^tB = \begin{bmatrix} 1 & 3 & 5 \\ 2 & 4 & 6 \end{bmatrix},\ {}^tA = \begin{bmatrix} a & d \\ b & e \\ c & f \end{bmatrix}$$ なので

$${}^tB\,{}^tA = \begin{bmatrix} a+3b+5c & d+3e+5f \\ 2a+4b+6c & 2d+4e+6f \end{bmatrix}$$

問　題

1　$A = \begin{bmatrix} a & b & c \\ d & e & f \end{bmatrix}$ とする.

(1) $A\begin{bmatrix} 0 & 1 & 0 \\ 1 & 0 & 0 \\ 0 & 0 & 1 \end{bmatrix} = \begin{bmatrix} a & b & c \\ d & e & f \end{bmatrix}\begin{bmatrix} 0 & 1 & 0 \\ 1 & 0 & 0 \\ 0 & 0 & 1 \end{bmatrix}$ は，A の 2 列目と 1 列目を入れ替えた 2×3 行列となることを確認せよ.

(2) A の右からどのような行列を掛ければ，積が A の 2 列目と 3 列目を入れ替えた行列となるか答えよ．また，積が A の 1 列目と 3 列目を入れ替えた行列となるには A の右からどのような行列を掛ければよいか答えよ.

(3) $\begin{bmatrix} 0 & 1 \\ 1 & 0 \end{bmatrix} A = \begin{bmatrix} 0 & 1 \\ 1 & 0 \end{bmatrix}\begin{bmatrix} a & b & c \\ d & e & f \end{bmatrix}$ は A の 2 行目と 1 行目を入れ替えた 2×3 行列となることを確認せよ.

2　以下の問いに答えよ.

(1) $A = \begin{bmatrix} a & b \\ c & d \end{bmatrix}$, $B = \begin{bmatrix} d & -b \\ -c & a \end{bmatrix}$ に対し，$AB = BA = (ad-bc)E_2$ となることを確めよ.

(2) $A = \begin{bmatrix} 3 & 4 \\ 1 & 2 \end{bmatrix}$ のとき，$B = \begin{bmatrix} x & y \\ z & u \end{bmatrix}$ が $AB = E_2$ をみたすような x, y, z, u を求めよ．〔**ヒント**　$AB = E_2$ を連立 1 次方程式に書き換える.〕

(3) $A = \begin{bmatrix} 3 & 6 \\ 1 & 2 \end{bmatrix}$ のとき，$B = \begin{bmatrix} x & y \\ z & u \end{bmatrix}$ が $AB = E_2$ をみたすような x, y, z, u は存在しないことを確めよ.

3　以下の問いに答えよ.

(1) n 次正方行列 A が ${}^tA = A$ をみたすとき，A を**対称行列**といい，${}^tA = -A$ をみたすとき A を**交代行列**といいます．どのような正方行列 B に対しても

$\frac{1}{2}(B + {}^tB)$ は対称行列，$\frac{1}{2}(B - {}^tB)$ は交代行列となることを示せ．〔**ヒント** A の (i, j) 成分を a_{ij} とおき，調べる行列の (i, j) 成分と (j, i) 成分を計算してみる．〕

（2）n 次正方行列 $B = [b_{ij}]$ が交代行列ならば，B の**対角成分**（$(1,1)$ 成分，$(2,2)$ 成分，…，(n, n) 成分）は 0 であることを示せ．

行列式

§1　2次および3次正方行列の行列式

この章では，第1章の§1（8ページ）で提起した問題

$A\boldsymbol{x}=\boldsymbol{b} \longrightarrow A \neq 0$ のとき $\boldsymbol{x}=A^{-1}\boldsymbol{b}$？　しかし A^{-1} の成分はどうなる？

を考えます．ただし A は n 次正方行列，$\boldsymbol{x}, \boldsymbol{b}$ は $\mathbb{R}^n$ のベクトルとします．もし A^{-1} と表されるべき行列，つまり，E_n が n 次正方行列の世界の単位元なので，$A^{-1}A=E_n$ となる行列が何かわかれば，この連立1次方程式の解は，$A\boldsymbol{x}=\boldsymbol{b}$ の両辺に左から A^{-1} を掛けて $\boldsymbol{x}=A^{-1}\boldsymbol{b}$ となります．

逆行列と正則行列の定義

n 次正方行列 A に対し

$$AB=BA=E_n$$

となる n 次正方行列 B が存在するとき，B を A の**逆行列**といい，A^{-1} と表します．また，逆行列をもつ正方行列を**正則行列**といいます．

✓**注意**　A の逆行列は，存在するとしてもただ1つです．理由は，もし，もう1つ B' も $AB'=B'A=E_n$ をみたしているとすると，積の結合法則を使って

$$B=BE_n=B(AB')=(BA)B'=E_nB'=B'$$

つまり，$B=B'$ が得られるからです．

では，A に逆行列が存在するかどうかを，まず $n=2$ の場合で考えます．いま

$A=\begin{bmatrix} a & b \\ c & d \end{bmatrix}$, $\boldsymbol{x}=\begin{bmatrix} x \\ y \end{bmatrix}$, $\boldsymbol{b}=\begin{bmatrix} p \\ q \end{bmatrix}$とおくと，$A\boldsymbol{x}=\boldsymbol{b}$は，連立1次方程式

$$\begin{cases} ax+by=p & (1) \\ cx+dy=q & (2) \end{cases}$$

となります．この連立1次方程式は，中学校で習った消去法で解けます．

yを消去するために，(1)$\times d-$(2)$\times b$を計算し，xを消去するために(1)$\times c-$(2)$\times a$を計算すればよいのです．結果は次のようになります．

$$\begin{array}{rl} adx+bdy=dp & \cdots(1)\times d \\ -)\ \ bcx+bdy=bq & \cdots(2)\times b \\ \hline (ad-bc)x=dp-bq & \end{array} \qquad \begin{array}{rl} acx+bcy=cp & \cdots(1)\times c \\ -)\ \ acx+ady=aq & \cdots(2)\times a \\ \hline (bc-ad)y=cp-aq & \end{array}$$

したがって$ad-bc\neq 0$のとき

$$x=\frac{dp-bq}{ad-bc}, \qquad y=\frac{aq-cp}{ad-bc}$$

が一般解になります．つまり

$$\boldsymbol{x}=\begin{bmatrix} x \\ y \end{bmatrix}=\frac{1}{ad-bc}\begin{bmatrix} dp-bq \\ aq-cp \end{bmatrix}=\frac{1}{ad-bc}\begin{bmatrix} d & -b \\ -c & a \end{bmatrix}\begin{bmatrix} p \\ q \end{bmatrix}$$

が解の一般的な形です．この式は

$$\boldsymbol{x}=\frac{1}{ad-bc}\begin{bmatrix} d & -b \\ -c & a \end{bmatrix}\boldsymbol{b}$$

と書けるので，$\dfrac{1}{ad-bc}\begin{bmatrix} d & -b \\ -c & a \end{bmatrix}$が$A^{-1}$に相当します．また逆に，$B=\begin{bmatrix} s & t \\ u & v \end{bmatrix}$が$AB=E_2$をみたすとすると

$$AB=\begin{bmatrix} a & b \\ c & d \end{bmatrix}\begin{bmatrix} s & t \\ u & v \end{bmatrix}=\begin{bmatrix} as+bu & at+bv \\ cs+du & ct+dv \end{bmatrix}=\begin{bmatrix} 1 & 0 \\ 0 & 1 \end{bmatrix}$$

なので，ABの$(1,1)$成分と$(2,2)$成分の積と$(1,2)$成分と$(2,1)$成分の積の差を比較して

$$(as+bu)(ct+dv)-(at+bv)(cs+du)=1\cdot 1-0\cdot 0=1$$

が得られ，この式の左辺を展開して因数分解すると

$$(ad-bc)(sv-tu)=1$$

になります．結論として，$AB=E_2$となるBが存在するとき

$$ad - bc \neq 0$$

となります．このことは，次のようにまとめることができます．

> **定理 1**　$A = \begin{bmatrix} a & b \\ c & d \end{bmatrix}$ の逆行列が存在するための必要十分条件は
>
> $$ad - bc \neq 0$$
>
> で，このとき
>
> $$A^{-1} = \frac{1}{ad - bc}\begin{bmatrix} d & -b \\ -c & a \end{bmatrix}$$
>
> となる．

$A = \begin{bmatrix} a & b \\ c & d \end{bmatrix}$ について，$ad - bc \neq 0$ のとき A は正則で，つまり A^{-1} が存在し，$A^{-1} = \dfrac{1}{ad - bc}\begin{bmatrix} d & -b \\ -c & a \end{bmatrix}$ となることは，2次正方行列の逆行列の公式ととらえてかまいません．

次に，3次正方行列の場合を考えましょう．2次のときと同じように x, y, z を未知数とする連立1次方程式

$$\begin{cases} ax + by + cz = p & (1) \\ dx + ey + fz = q & (2) \\ gx + hy + iz = r & (3) \end{cases}$$

を考えてみます．

このときも，一挙に y と z（または z と x，あるいは x と y）を消去する方法があるのです．全部書くとたいへんなので，y と z を消去して x だけを残す方法のみ書いてみます．

$$\begin{array}{rll} & a(ei - fh)x + b(ei - fh)y + c(ei - fh)z = p(ei - fh) & \cdots(1) \times (ei - fh) \\ & d(hc - bi)x + e(hc - bi)y + f(hc - bi)z = q(hc - bi) & \cdots(2) \times (hc - bi) \\ +) & g(bf - ce)x + h(bf - ce)y + i(bf - ce)z = r(bf - ce) & \cdots(3) \times (bf - ce) \\ \hline & (aei - afh + dhc - dbi + gbf - gce)x = \text{右辺は略} & \end{array}$$

実は，左辺に y だけが残るように消去したときも，z だけが残るように消去したときも

$$aei - afh + dhc - dbi + gbf - gce$$

が y または z の係数になります．したがって 2×2 行列のときと同じように，A^{-1} が存在するのは $aei + gbf + dhc - dbi - afh - gce \neq 0$ のときになります．また $ad - bc$ が A^{-1} の成分の分母に登場したように，$aei - afh + dhc - dbi + gbf - gce$ も A^{-1} の成分の分母に登場すると予想されます．

行列式の定義

2 次正方行列 $A = \begin{bmatrix} a & b \\ c & d \end{bmatrix}$ に対して，$ad - bc$ を A の**行列式**といい，$\det A$ で表し，3 次正方行列 $\begin{bmatrix} a & b & c \\ d & e & f \\ g & h & i \end{bmatrix}$ に対して，$aei - afh + dhc - dib + gbf - gce$ を A の**行列式**といい，やはり $\det A$ で表します．

$A = \begin{bmatrix} a & b \\ c & d \end{bmatrix}$ に対し

$$\det A = ad - bc$$

また $A = \begin{bmatrix} a & b & c \\ d & e & f \\ g & h & i \end{bmatrix}$ に対し

$$\det A = aei - afh + dhc - dib + gbf - gce$$

を A の**行列式**という．

3 次正方行列のときの $aei + bfg + cdh - bdi - afh - ceg$ の覚え方として（上とは項の順序を少し入れ替えています），**サラスの方法**があります．

$$\underset{\begin{bmatrix} a & b & c \\ d & e & f \\ g & h & i \end{bmatrix}}{+aei} \quad \underset{\begin{bmatrix} a & b & c \\ d & e & f \\ g & h & i \end{bmatrix}}{+bfg} \quad \underset{\begin{bmatrix} a & b & c \\ d & e & f \\ g & h & i \end{bmatrix}}{+cdh} \quad \underset{\begin{bmatrix} a & b & c \\ d & e & f \\ g & h & i \end{bmatrix}}{-bdi} \quad \underset{\begin{bmatrix} a & b & c \\ d & e & f \\ g & h & i \end{bmatrix}}{-afh} \quad \underset{\begin{bmatrix} a & b & c \\ d & e & f \\ g & h & i \end{bmatrix}}{-ceg}$$

まず第 1 行目の成分を 1 つ選び，そこから斜め右下の成分を順に第 3 行目までとって，その 3 個の成分の積を計算し + をつけます．次に，第 1 行目の成分を1つ選び，そこから斜め左下の成分を順に第3行目までとって，その3個の成分の積を計算し − をつけます．この ± つきの6個の積を加えると3次正方行列の行列式になります．

✓注意　サラスの方法は，3次正方行列の場合のみに使える方法です．次の§2で見ますが，4次以上の場合は使えません．

3次正方行列 A が正則行列，つまり逆行列をもつための必要十分条件も $\det A \neq 0$ ですが，このことは後で説明します．

また $\det A \neq 0$ のとき，A^{-1} は次のようになりますが，このことも後で説明します．

定理2　$A = \begin{bmatrix} a & b & c \\ d & e & f \\ g & h & i \end{bmatrix}$ に対し

$$\det A = aei - afh + dhc - dib + gbf - gce$$

とおく．A の逆行列が存在するための必要十分条件は

$$\det A \neq 0$$

で，このとき

$$A^{-1} = \frac{1}{\det A}\begin{bmatrix} ei - fh & ch - bi & bf - ce \\ fg - di & ai - gc & cd - af \\ dh - eg & bg - ah & ae - bd \end{bmatrix}$$

となる．

しかし2次正方行列の場合のように，上の式を3次正方行列の逆行列の公式と考えるには，この式は複雑すぎます．そこで線形代数では，上のように，例えば A^{-1} の成分を求めるには何を計算すればよいのか，またそのとき，より簡単な計算方法があるのかを追求することになります．言い換えると，必要な概念を理解し，より効率的なアルゴリズムを考えることになります．

✓注意　$A = \begin{bmatrix} a & b \\ c & d \end{bmatrix}$ のとき $\det A$ を，行列を代入した形で $\det\begin{bmatrix} a & b \\ c & d \end{bmatrix}$ と書くこともあります．

データサイエンスと線形代数

「ビッグデータ」という言葉があります.「データ」は通常は数字の列，つまりベクトルなので，その処理には線形代数のアイディアが使われることがよくあります．しかし，やみくもに計算すると処理に長い時間がかかるので計算の工夫が必要です．工夫には豊富な知識と柔軟な発想力が不可欠で，コンピュータには決してできません.

例えば画像データの伝達時間を短くするために，情報量を少なくする「データ圧縮技術」は，ベクトルと行列の積として得られるベクトルの成分の多くが0に近くなるような行列を瞬時にくり返し見つけています．そして積から0に近い成分を取り除くことで，より次元の低いデータに置き換えています．このとき，取り除いた成分はすべて0に近いので，変換前後の差は普通の人間の能力では感知できません.

問　題

1 以下の問いに答えよ.

(1) 次の行列の行列式を求めよ．また A, B, C については，行列式が0でないとき A^{-1}, B^{-1}, C^{-1} を求めよ.

$$A=\begin{bmatrix}1 & 2\\ 3 & 4\end{bmatrix},\quad B=\begin{bmatrix}a & b\\ 0 & c\end{bmatrix},\quad C=\begin{bmatrix}2a & -b\\ b & 2a\end{bmatrix},$$

$$D=\begin{bmatrix}a & b & c\\ 0 & e & f\\ 0 & h & i\end{bmatrix},\quad E=\begin{bmatrix}a & 0 & 0\\ d & e & f\\ g & h & i\end{bmatrix}$$

(2) $A=\begin{bmatrix}\cos\alpha & -\sin\alpha\\ \sin\alpha & \cos\alpha\end{bmatrix}$ に対し $\det A$ を求め，A^{-1} について考察せよ.

2 次の行列の行列式を求めよ.

(1) $\begin{bmatrix}1 & 1 & 1\\ b+c & c+a & a+b\\ bc & ca & ab\end{bmatrix}$　　(2) $\begin{bmatrix}b+c & a & a\\ b & c+a & b\\ c & c & a+b\end{bmatrix}$

(3) $\begin{bmatrix}a & a^2 & b+c\\ b & b^2 & c+a\\ c & c^2 & a+b\end{bmatrix}$　　(4) $\begin{bmatrix}1 & a & a^3\\ 1 & b & b^3\\ 1 & c & c^3\end{bmatrix}$

(5) $\begin{bmatrix} -1 & \cos c & \cos b \\ \cos c & -1 & \cos a \\ \cos b & \cos a & -1 \end{bmatrix}$ （ただし $a+b+c=\pi$ とする）

3　以下の問いに答えよ．

(1) $A=\begin{bmatrix} a & b \\ c & d \end{bmatrix}$, $B=\begin{bmatrix} s & t \\ u & v \end{bmatrix}$ とするとき

$$\det A \cdot \det B = \det(AB)$$

が成り立つことを確めよ．

(2) $\det\begin{bmatrix} 1 & 2 & -1 \\ s & -3 & 4 \\ 5 & t & 6 \end{bmatrix}$ の値が s の値にかかわらず一定となるような t の値を求めよ．

発展　2次および3次正方行列の行列式の図形的意味

まず $\frac{1}{2}|ad-bc|$ は，原点 O(0, 0)，A(a, b)，B(c, d) の3点がつくる三角形の面積です．したがって $|ad-bc|$，つまり $\left|\det\begin{bmatrix} a & b \\ c & d \end{bmatrix}\right|$ は，原点 O(0, 0)，A(a, b)，B(c, d)，C$(a+c, b+d)$ の4点がつくる平行四辺形の面積となります．

> **定理 1**　$\left|\det\begin{bmatrix} a & b \\ c & d \end{bmatrix}\right| = |ad-bc|$ は，ベクトル $\overrightarrow{\mathrm{OA}}$ とベクトル $\overrightarrow{\mathrm{OB}}$ がつくる平行四辺形の面積となる．

ベクトル $\overrightarrow{\mathrm{OA}}$ と $\overrightarrow{\mathrm{OB}}$ がつくる平行四辺形の面積が $|ad-bc|$

3×3行列については，次が成り立ちます．

定理2　$\left|\det\begin{bmatrix} a & b & c \\ d & e & f \\ g & h & i \end{bmatrix}\right|$ は，ベクトル $\boldsymbol{a}=(a,b,c)$，$\boldsymbol{b}=(d,e,f)$，$\boldsymbol{c}=(g,h,i)$ がつくる平行六面体の体積となる．

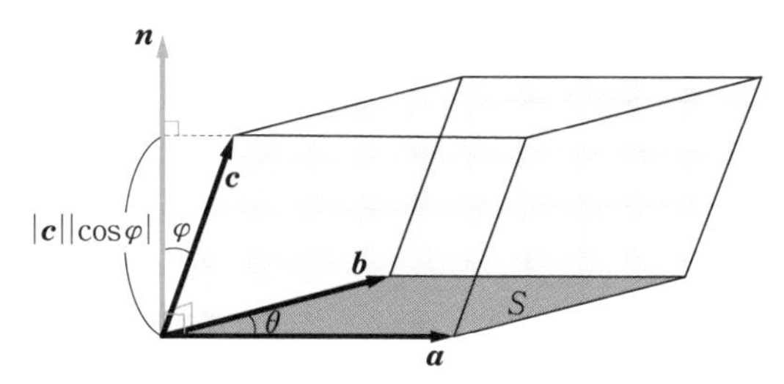

このことが成り立つ理由は次の通りです．

$\boldsymbol{a}=(a,b,c)$，$\boldsymbol{b}=(d,e,f)$ がつくる平行四辺形をこの平行六面体の底面と見なし，その面積を S とおきます．さらに $\boldsymbol{a},\boldsymbol{b}$ のなす角を θ，底面の垂線と $\boldsymbol{c}=(g,h,i)$ のなす角を φ とおきます．このとき，まず $\boldsymbol{a},\boldsymbol{b}$ の大きさは $|\boldsymbol{a}|=\sqrt{a^2+b^2+c^2}$，$|\boldsymbol{b}|=\sqrt{d^2+e^2+f^2}$ であり

$$\begin{aligned} S^2 &= |\boldsymbol{a}|^2|\boldsymbol{b}|^2\sin^2\theta = |\boldsymbol{a}|^2|\boldsymbol{b}|^2(1-\cos^2\theta) \\ &= |\boldsymbol{a}|^2|\boldsymbol{b}|^2 - |\boldsymbol{a}|^2|\boldsymbol{b}|^2\cos^2\theta = |\boldsymbol{a}|^2|\boldsymbol{b}|^2-(\boldsymbol{a},\boldsymbol{b})^2 \end{aligned}$$

となります．ここで $(\boldsymbol{a},\boldsymbol{b})$ は $\boldsymbol{a},\boldsymbol{b}$ の内積 $|\boldsymbol{a}||\boldsymbol{b}|\cos\theta = ad+be+cf$ です．

ここで天下り的ですが，$\boldsymbol{n}=(bf-ec, cd-af, ae-bd)$ とおくと，次のことが成り立ちます．

$$\begin{aligned} (\boldsymbol{a},\boldsymbol{n}) &= a(bf-ec)+b(cd-af)+c(ae-bd)=0 \\ (\boldsymbol{b},\boldsymbol{n}) &= d(bf-ec)+e(cd-af)+f(ae-bd)=0 \end{aligned}$$

つまり $\boldsymbol{n}$ は $\boldsymbol{a},\boldsymbol{b}$ に垂直であることがわかり，したがって $\boldsymbol{a},\boldsymbol{b}$ がつくる平行四辺形と垂直になります．一方

$$\begin{aligned} S^2 &= |\boldsymbol{a}|^2|\boldsymbol{b}|^2-(\boldsymbol{a},\boldsymbol{b})^2 = (a^2+b^2+c^2)(d^2+e^2+f^2)-(ad+be+cf)^2 \\ &= a^2e^2+a^2f^2+b^2d^2+b^2f^2+c^2d^2+c^2e^2-2abde-2bcef-2acdf \\ &= (bf-ec)^2+(cd-af)^2+(ae-bd)^2 = |\boldsymbol{n}|^2 \end{aligned}$$

となることから $S=|\boldsymbol{n}|$ を得ます．また，考えている平行六面体では，底面積

が S，高さが $|\boldsymbol{c}||\cos\varphi|$ となるので，体積 V について

$$V^2 = S^2|\boldsymbol{c}|^2\cos^2\varphi = |\boldsymbol{n}|^2|\boldsymbol{c}|^2\cos^2\varphi = (\boldsymbol{n}, \boldsymbol{c})^2$$
$$= \{(bf - ec)g + (cd - af)h + (ae - bd)i\}^2 = (\det A)^2$$

を得ます．したがって $V = |\det A|$ となることがわかります．

ここで $\boldsymbol{a}, \boldsymbol{b}$ に対して上のように（天下り的に）定義されたベクトル $\boldsymbol{n}$ は，$\boldsymbol{a}, \boldsymbol{b}$ の**外積**と呼ばれ $\boldsymbol{n} = \boldsymbol{a} \times \boldsymbol{b}$ と書かれます．上の計算から

$$|\boldsymbol{a} \times \boldsymbol{b}| = |\boldsymbol{a}||\boldsymbol{b}|\sin\theta$$

が成り立ちます．物理の**フレミングの左手の法則**は，$\boldsymbol{a}$ を電流ベクトル，$\boldsymbol{b}$ を磁場ベクトルとするとき，$\boldsymbol{a} \times \boldsymbol{b}$ が電磁力ベクトルになるという法則です．

§2 n 次正方行列の行列式に向かって

ここでは，n 次正方行列の行列式はどのようになっているのか考えます．まず $n=2$ のときの $ad - bc$，$n=3$ のときの $aei - afh + dhc - dib + gbf - gce$ について，行列のどの成分が現れているかを図示してみましょう．

$n = 2$ の場合の行列式 $ad - bc$ の各項ごとに，その項に現れる成分を四角で囲みます．

$$\overset{+ad}{\begin{bmatrix} \boxed{a} & b \\ c & \boxed{d} \end{bmatrix}} \quad \overset{-bc}{\begin{bmatrix} a & \boxed{b} \\ \boxed{c} & d \end{bmatrix}}$$

$n = 3$ の場合の行列式 $aei - afh + dhc - dib + gbf - gce$ についても同じようにすると次のようになります．

$$\overset{+aei}{\begin{bmatrix} \boxed{a} & b & c \\ d & \boxed{e} & f \\ g & h & \boxed{i} \end{bmatrix}} \quad \overset{-afh}{\begin{bmatrix} \boxed{a} & b & c \\ d & e & \boxed{f} \\ g & \boxed{h} & i \end{bmatrix}} \quad \overset{+dhc}{\begin{bmatrix} a & b & \boxed{c} \\ \boxed{d} & e & f \\ g & \boxed{h} & i \end{bmatrix}}$$

$$\overset{-dib}{\begin{bmatrix} a & \boxed{b} & c \\ \boxed{d} & e & f \\ g & h & \boxed{i} \end{bmatrix}} \quad \overset{+gbf}{\begin{bmatrix} a & \boxed{b} & c \\ d & e & \boxed{f} \\ \boxed{g} & h & i \end{bmatrix}} \quad \overset{-gce}{\begin{bmatrix} a & b & \boxed{c} \\ d & \boxed{e} & f \\ \boxed{g} & h & i \end{bmatrix}}$$

それぞれの場合の行列式の項の数と各項の次数を見ると次のようになっています.

n	式	項の数	各項の次数
2	$ad - bc$	2	2
3	$aei - afh + dhc - dib + gbf - gce$	6	3

ここで $n = 3$ の場合, $aei - afh + dhc - dib + gbf - gce$ をよく見ると, aei のようなそれぞれの項の a のように四角で囲まれた成分は, 行列のどの行, 列でも 1 つずつ配置されていて, 1 つの行または列に 2 つ以上配置されていることはありません.

では $n = 4$ のときも, 四角で囲まれた成分がどの行, 列においても 1 つずつ配置されていて, 1 つの行または列に 2 つ以上配置されないようにすると, 四角で囲まれる成分は次のようになります (成分のアルファベットは省略しています).

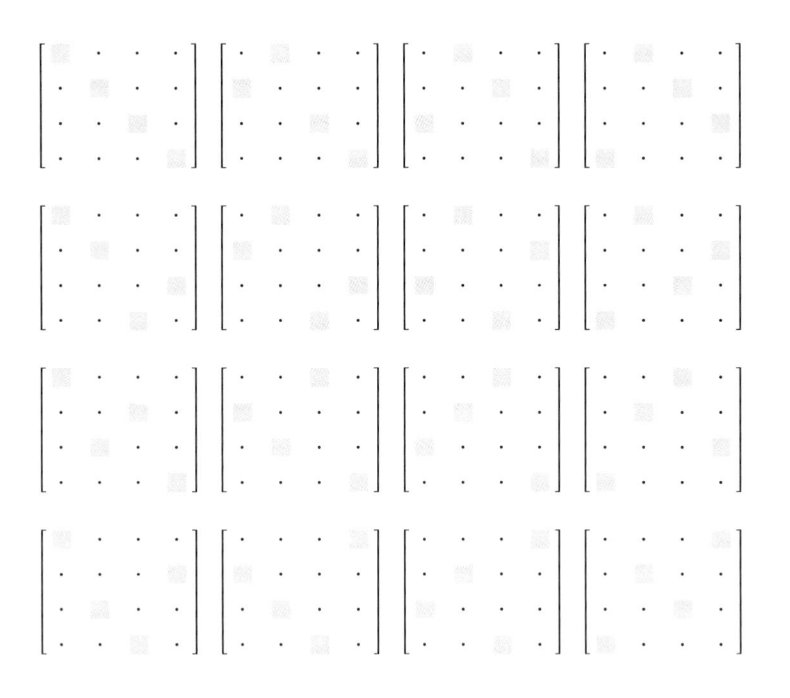

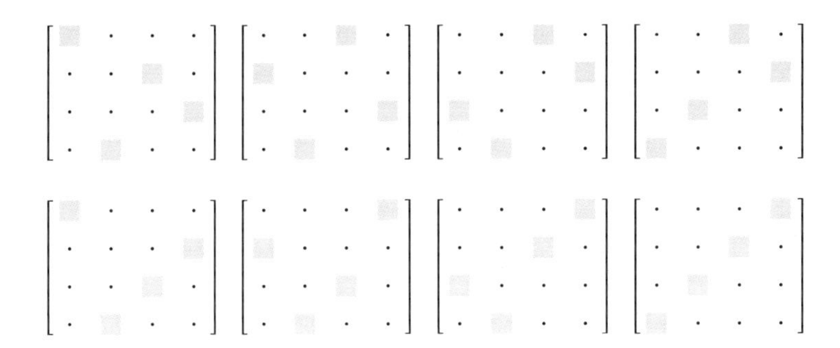

つまり$n=4$のとき出てくる式は，4次の項が24個あります．一般のnの場合も，どの行，列においても1つずつ配置されていて，1つの行または列に2つ以上配置されないような成分のとり方の総数は1からnを並べる順列の数$n!$になります．

n	項の数	各項の次数
2	2	2
3	6	3
4	24	4
n	$n!$	n

実際，4次正方行列の行列式は24個の項からなり，5次正方行列の行列式は$5!=120$個の項からなります．このことからもわかるように，$n \geq 4$のときはサラスの方法のような簡単な計算方法はないのです．

もう1つ大切なことがあります．例えば，$n=3$のときの

$$aei - afh + dhc - dib + gbf - gce$$

で，aeiの符号は＋ですが，afhの符号は－です．では，どの項を＋にして，どの項を－とするのでしょうか？　このことを考えるために，3次正方行列を$\begin{bmatrix} a & b & c \\ d & e & f \\ g & h & i \end{bmatrix}$ではなく$\begin{bmatrix} a_{11} & a_{12} & a_{13} \\ a_{21} & a_{22} & a_{23} \\ a_{31} & a_{32} & a_{33} \end{bmatrix}$と書き直して，例として

$$+dhc = +a_{13}a_{21}a_{32} \quad と \quad -gce = -a_{13}a_{22}a_{31}$$

を見てみましょう．右辺では，成分を第1行目，第2行目，第3行目と，上の行から順にとって積を書き直していることに注意してください．

行列の成分 a_{ij} の 2 重添字 i, j の左の番号 i が行の（上からの）番号で，右の番号 j が列の（左からの）番号なので，それぞれ積に現れている成分の行と列の番号は次のようになります．

$$a_{13}a_{21}a_{32} \longrightarrow \begin{array}{llll} 行番号 & 1 & 2 & 3 \\ 列番号 & 3 & 1 & 2 \end{array} \qquad a_{13}a_{22}a_{31} \longrightarrow \begin{array}{llll} 行番号 & 1 & 2 & 3 \\ 列番号 & 3 & 2 & 1 \end{array}$$

この ± の説明には**あみだくじ**を使うと便利です．まず，n 本の縦線からなるあみだくじを書き，縦線の上側に 1 から n の数字を，また縦線の下側に，その線の上に書かれた 1 から n の数字を同じ順で書きます．

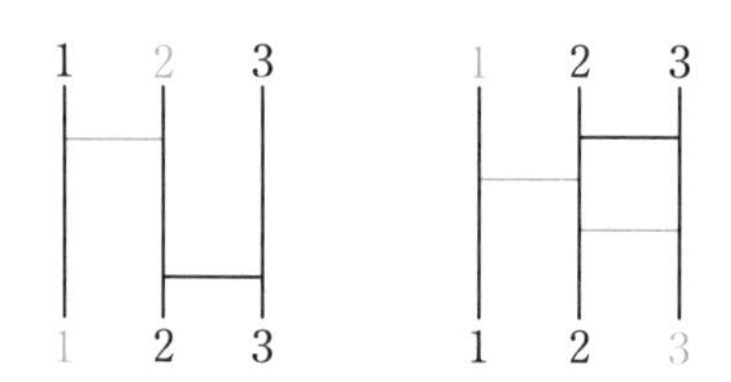

さらに，上のように

$$a_{13}a_{21}a_{32} \longrightarrow \begin{array}{llll} 行番号 & 1 & 2 & 3 \\ 列番号 & 3 & 1 & 2 \end{array} \qquad a_{13}a_{22}a_{31} \longrightarrow \begin{array}{llll} 行番号 & 1 & 2 & 3 \\ 列番号 & 3 & 2 & 1 \end{array}$$

の行番号と列番号が，上段，下段の対応と同じになるように横線を書き入れてあみだくじを完成させます（対応する数字のペアのうちいくつかを青で表示しています）．

このとき，横線の本数について次のことが成り立ちます（証明は略します）．

> **定理1**　1 から n の対応をあみだくじで表現するとき，必要な横線の本数の可能性は何通りもあるが，本数の偶奇は一定である．また，この偶奇は，あみだくじの上下に書いた数字が上下で一致さえしていれば，1 から n の並び方によらず一定である．

例 1　行番号　1　2　3
列番号　2　3　1　をあみだくじで表現すると

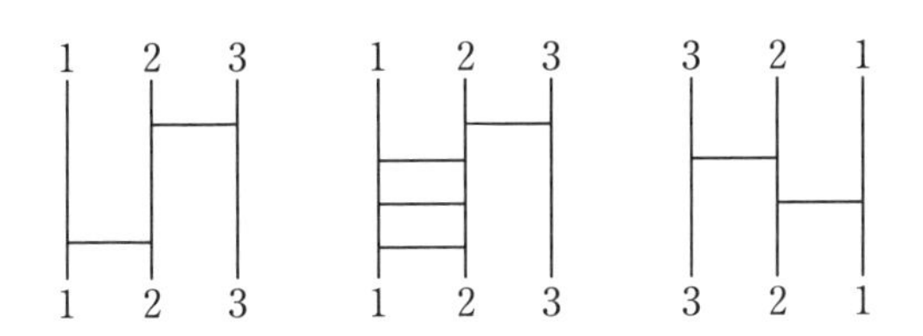

など何通りも表し方がありますが，横線の本数はどれも偶数です．◆

この定理があるので，行番号と列番号のそれぞれの対応について，必要な横線の本数が偶数であるか奇数であるかが定まります．そこで，横線の本数が偶数のときは，その項に ＋，奇数のときは － をつけます．

念のため，$n=3$ の場合にいくつか確認してみましょう．上から順に，行列式に登場する項，各項において積をつくるときの成分の位置，対応の偶奇を書きます．

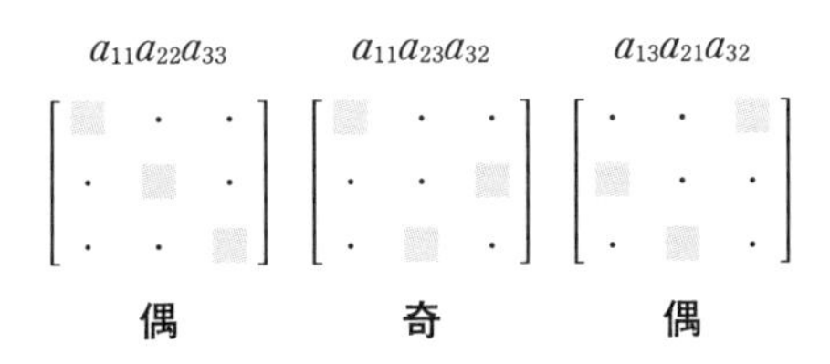

このように6個の対応について偶奇に応じて ± をつけて式をつくると，次のように $\det A$ と一致します．

$$a_{11}a_{22}a_{33}-a_{11}a_{23}a_{32}+a_{13}a_{21}a_{32}-a_{12}a_{21}a_{33}+a_{12}a_{23}a_{31}-a_{13}a_{22}a_{31} \quad (*)$$

さてここで，一般に行番号 i に対応する列番号を $\sigma(i)$ と書くことにします．例えば $a_{12}a_{23}a_{31}$ のときは $\sigma(1)=2$，$\sigma(2)=3$，$\sigma(3)=1$ となります．この σ は $1, 2, \cdots, n$ を $1, 2, \cdots, n$ のどれかにうつし，しかも $\sigma(1), \sigma(2), \cdots, \sigma(n)$ はすべて異なる関数です．このような関数 σ に対して，対応するあみだくじの横線の本数が偶数のときは $\mathrm{sgn}(\sigma)=+$，奇数のときは $\mathrm{sgn}(\sigma)=-$ と，記号 $\mathrm{sgn}(\sigma)$ を定めます．

そうすると，上の式（$*$）のどの項も $\mathrm{sgn}(\sigma)a_{1\sigma(1)}a_{2\sigma(2)}a_{3\sigma(3)}$ と書けて，式自

体も次のように書けます．

$$\sum_{\sigma}\mathrm{sgn}(\sigma)a_{1\sigma(1)}a_{2\sigma(2)}a_{3\sigma(3)}$$

✓**注意**　$\sum_{\sigma}$ は，$6=3!$ 個のそれぞれの対応に対してつくった項すべての和をとることを表します．

そこで，n 次正方行列の行列式を次の式で定義します．

> **定義**　n 次正方行列 $A=[a_{ij}]$ に対して
>
> $$\det A=\sum_{\sigma}\mathrm{sgn}(\sigma)a_{1\sigma(1)}a_{2\sigma(2)}\cdots a_{n\sigma(n)}$$
>
> とおき，A の**行列式**という．

問　　題

1　31ページにある $n=3$ のときの行列式に登場する項，各項において積をつくるときの成分の位置，対応の偶奇の記述を完成せよ．

2　$A=\begin{bmatrix} a_{11} & a_{12} & a_{13} & a_{14} \\ a_{21} & a_{22} & a_{23} & a_{24} \\ a_{31} & a_{32} & a_{33} & a_{34} \\ a_{41} & a_{42} & a_{43} & a_{44} \end{bmatrix}$ とする．$\det A$ において，次の項の符号（＋ あるいは －）を求めよ．

$$a_{12}a_{23}a_{34}a_{41} \qquad a_{13}a_{22}a_{34}a_{41} \qquad a_{11}a_{24}a_{33}a_{42} \qquad a_{13}a_{24}a_{31}a_{42}$$

3　$B=\begin{bmatrix} b_{11} & b_{12} & b_{13} \\ b_{21} & b_{22} & b_{23} \\ b_{31} & b_{32} & b_{33} \end{bmatrix}$ において $b_{21}=b_{31}=0$ のとき，つまり

$$B=\begin{bmatrix} b_{11} & b_{12} & b_{13} \\ 0 & b_{22} & b_{23} \\ 0 & b_{32} & b_{33} \end{bmatrix}$$

のとき，$\det B$ の項のうち確実に0となる項を省くと，$b_{11}b_{22}b_{33}$, $b_{11}b_{23}b_{32}$ のみが残る．上の問題2で扱った A の成分について次が成り立つとき，それぞれの場合に，$\det A$ の項のうち確実に0となる項を省いたときに残る項を28, 29ページを参考にして求めよ．

(1) $a_{21} = a_{31} = a_{41} = 0$. つまり $\begin{bmatrix} a_{11} & a_{12} & a_{13} & a_{14} \\ 0 & a_{22} & a_{23} & a_{24} \\ 0 & a_{32} & a_{33} & a_{34} \\ 0 & a_{42} & a_{43} & a_{44} \end{bmatrix}$.

(2) $a_{31} = a_{32} = a_{41} = a_{42} = 0$. つまり $\begin{bmatrix} a_{11} & a_{12} & a_{13} & a_{14} \\ a_{21} & a_{22} & a_{23} & a_{24} \\ 0 & 0 & a_{33} & a_{34} \\ 0 & 0 & a_{43} & a_{44} \end{bmatrix}$.

(3) $a_{21} = a_{31} = a_{32} = a_{41} = a_{42} = a_{43} = 0$. つまり $\begin{bmatrix} a_{11} & a_{12} & a_{13} & a_{14} \\ 0 & a_{22} & a_{23} & a_{24} \\ 0 & 0 & a_{33} & a_{34} \\ 0 & 0 & 0 & a_{44} \end{bmatrix}$.

発展　置　換

本書で**あみだくじ**を使って説明したことは，多くの本で**置換**という概念で説明されています．説明に置換を使うと記述が数学的に正確になるので置換を用いることが多いのですが，置換の考え方はあみだくじと同じです．ここでは，置換について補足説明をします．

31 ページの説明にあるように，一般に行番号 i に対応する列番号を $\sigma(i)$ と書きます．例えば 3 次正方行列で $a_{12}a_{23}a_{31}$ の場合は $\sigma(1) = 2$，$\sigma(2) = 3$，$\sigma(3) = 1$ となります．

置換の定義

一般に，σ は $1, 2, \cdots, n$ を $1, 2, \cdots, n$ のどれかにうつし，しかも $\sigma(1), \sigma(2), \cdots, \sigma(n)$ がすべて異なる関数です．この対応を上段に $1, 2, \cdots, n$，それぞれの数字のすぐ下に σ の値を並べ

$$\sigma = \begin{pmatrix} 1 & 2 & \cdots & n \\ \sigma(1) & \sigma(2) & \cdots & \sigma(n) \end{pmatrix}$$

とも書き，1 から n の**置換**といいます．下段の $\sigma(1), \sigma(2), \cdots, \sigma(n)$ は 1 から n の順列ですが，置換と順列は英訳は同じ permutation で，1 から n の置換は

$n!$ 個あります.

例 1
$$\sigma = \begin{pmatrix} 1 & 2 & 3 \\ 1 & 3 & 2 \end{pmatrix}, \qquad \tau = \begin{pmatrix} 1 & 2 & 3 \\ 3 & 1 & 2 \end{pmatrix}$$
は, それぞれ $a_{11}a_{23}a_{32}, a_{13}a_{21}a_{32}$ に対応する1から3の置換を表しています. ◇

置換の積

1から n の2つの置換 σ, τ に関する合成関数 $\sigma \circ \tau$
$$\sigma \circ \tau(i) = \sigma(\tau(i)), \qquad 1 \leq i \leq n$$
も1から n の置換と考えることができます. 簡単のため $\sigma \circ \tau$ を $\sigma\tau$ と書き, これを単に σ と τ の積といいます.
$$\sigma \circ \tau = \sigma\tau = \begin{pmatrix} 1 & 2 & \cdots & n \\ \sigma(\tau(1)) & \sigma(\tau(2)) & \cdots & \sigma(\tau(n)) \end{pmatrix}$$
τ に対応するあみだくじの下に σ のあみだくじを書き, 2つのあみだくじをつなげたものが積 $\sigma\tau$ のあみだくじになります.

例 2 $\sigma = \begin{pmatrix} 1 & 2 & 3 \\ 3 & 1 & 2 \end{pmatrix}$, $\tau = \begin{pmatrix} 1 & 2 & 3 \\ 3 & 2 & 1 \end{pmatrix}$ のとき $\sigma\tau = \begin{pmatrix} 1 & 2 & 3 \\ 2 & 1 & 3 \end{pmatrix}$.

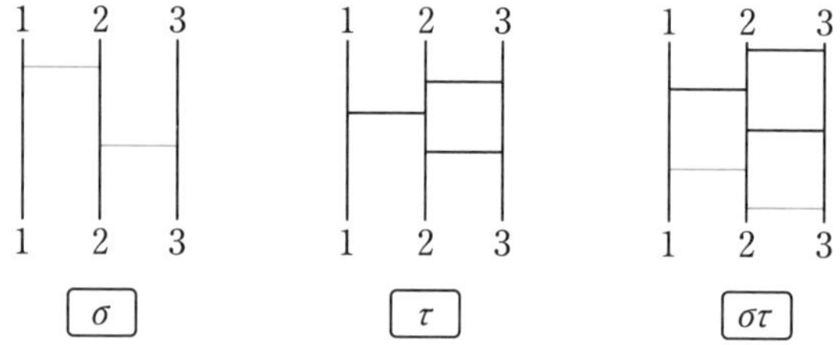

1 2 3 / 1 2 3 σ 　 1 2 3 / 1 2 3 τ 　 1 2 3 / 1 2 3 $\sigma\tau$

◇

2つの数字の入れ替えのみの置換を**互換**といいます. 記号で書くと, 互換 σ は $\sigma(i) = j$, $\sigma(j) = i$ となる i, j $(i \neq j)$ があり, $k \neq i$, $k \neq j$ のときは $\sigma(k) = k$ と書けます. つまり
$$\sigma = \begin{pmatrix} \cdots & i & \cdots & j & \cdots \\ \cdots & j & \cdots & i & \cdots \end{pmatrix} \qquad \text{互換の例} \quad \begin{pmatrix} 1 & 2 & 3 & 4 & 5 \\ 1 & 2 & 5 & 4 & 3 \end{pmatrix}$$

で，… の部分は上段に k があれば，その下にも k があります．置換 σ をあみだくじで表したとき，横線が互換を表し，σ は横線に対応する互換の積になります．このとき，次の定理が成り立つことが知られています（30 ページ参照）．

> **定理 1**　1 から n の置換はすべて互換の積で表すことができる．積としての表し方の可能性は何通りもあるが，互換の数の偶奇は一定である．

そこで，σ を互換の積で表すとき，互換の数が偶数の場合，その置換を**偶置換**といって $\mathrm{sgn}(\sigma) = 1$ と書き，奇数の場合，その置換を**奇置換**といって $\mathrm{sgn}(\sigma) = -1$ と書きます．

あみだくじで表したとき，置換 σ, τ の積 $\sigma\tau$ の横線の数は σ, τ それぞれをあみだくじで表したときの横線の数の和になるので，「偶数＋偶数は偶数」「偶数＋奇数は奇数」「奇数＋奇数は偶数」となることから

$$\mathrm{sgn}(\sigma\tau) = \mathrm{sgn}(\sigma)\mathrm{sgn}(\tau)$$

が成り立つことがわかります．

3
Chapter

行列式の性質

§1　行列式の線形性と交代性

前章の§2で見たように，n 次正方行列の行列式は $n!$ 個の項からなります．この定義から行列式を計算しようとすると相当な量の計算が必要です．そこでまず，定義から行列式の性質を調べ，その性質を使って行列式を簡単に計算する方法を考えることにします．この節では，行列式の性質のうち，**線形性**と**交代性**と呼ばれる性質を説明します．

n 次正方行列 $A=[a_{ij}]$ の行列式の定義（32ページ参照）

$$\det A=\sum_{\sigma}\mathrm{sgn}(\sigma)a_{1\sigma(1)}a_{2\sigma(2)}\cdots a_{n\sigma(n)}$$

を確認しましょう．この式は A の成分を，どの行，列からも1つずつ，また1つの行または列からは2つ以上とらないようにして n 個とり（このとり方が $n!$ 通り），その積に $+$ か $-$ をつけて足しあわせたという意味でした．ここでは $n=3$ の場合の項 $a_{12}a_{23}a_{31}$，つまり

$$\begin{bmatrix} a_{11} & \boxed{a_{12}} & a_{13} \\ a_{21} & a_{22} & \boxed{a_{23}} \\ \boxed{a_{31}} & a_{32} & a_{33} \end{bmatrix}$$

に着目して説明します．

定理1　行列式の線形性

(1) A のある行が和の形 $\Longrightarrow$ $\det A$ も和の形

A のある列が和の形 $\Longrightarrow$ $\det A$ も和の形 (2) A のある行がスカラ倍の形 $\Longrightarrow$ $\det A$ もスカラ倍の形 A のある列がスカラ倍の形 $\Longrightarrow$ $\det A$ もスカラ倍の形

例 1　(1) の例（第 2 行目が和の形の場合）

$$\det\begin{bmatrix} a_{11} & a_{12} & a_{13} \\ a_{21}+a_{21}' & a_{22}+a_{22}' & a_{23}+a_{23}' \\ a_{31} & a_{32} & a_{33} \end{bmatrix} = \det\begin{bmatrix} a_{11} & a_{12} & a_{13} \\ a_{21} & a_{22} & a_{23} \\ a_{31} & a_{32} & a_{33} \end{bmatrix} + \det\begin{bmatrix} a_{11} & a_{12} & a_{13} \\ a_{21}' & a_{22}' & a_{23}' \\ a_{31} & a_{32} & a_{33} \end{bmatrix}$$

和の形になっていない行（第 1 行目と第 3 行目）は，どの項ももとの行列と同じ成分になっていることに注意してください．◈

(1) が成り立つ理由　$\det A$ 項の中で $\begin{bmatrix} \cdot & \boxed{a_{12}} & \cdot \\ \cdot & \cdot & \boxed{a_{23}} \\ \boxed{a_{31}} & \cdot & \cdot \end{bmatrix}$ に対応するものを考えると，左辺では

$$+a_{12}(a_{23}+a_{23}')a_{31} = +a_{12}a_{23}a_{31} + a_{12}a_{23}'a_{31}$$

右辺では

第 1 項目が $+a_{12}a_{23}a_{31}$，　第 2 項目が $+a_{12}a_{23}'a_{31}$

となり一致します．このことは，どの項についても成り立つので (1) が成り立ちます．■

(1) で「ある」と書かれているように，$\det A$ が和の形になるためには，どれか 1 つの行または列が和の形であればよいのです．

例 2　(2) の例（第 2 行目がスカラ倍の場合）

$$\det\begin{bmatrix} a_{11} & a_{12} & a_{13} \\ ka_{21} & ka_{22} & ka_{23} \\ a_{31} & a_{32} & a_{33} \end{bmatrix} = k\det\begin{bmatrix} a_{11} & a_{12} & a_{13} \\ a_{21} & a_{22} & a_{23} \\ a_{31} & a_{32} & a_{33} \end{bmatrix}$$

スカラ倍の形になっていない行は，どの項ももとの行列と同じ成分になって

いることに注意してください. ◈

(2) が成り立つ理由　det A 項の中で $\begin{bmatrix} \cdot & \boxed{a_{12}} & \cdot \\ \cdot & \cdot & \boxed{a_{23}} \\ \boxed{a_{31}} & \cdot & \cdot \end{bmatrix}$ に対応するものを考えると，左辺では

$$+a_{12}(ka_{23})a_{31} = +ka_{12}a_{23}a_{31}$$

右辺では

$$ka_{12}a_{23}a_{31}$$

となり一致します．このことは，どの項についても成り立つので (2) が成り立ちます． ■

> (2) で「ある」と書かれているように，det A がスカラ倍の形になるためには，どれか1つの行または列がスカラ倍の形であればよいのです．

定理2　行列式の交代性

(1) A のある2つの行を入れ替える $\Longrightarrow$ det A が -1 倍になる
　A のある2つの列を入れ替える $\Longrightarrow$ det A が -1 倍になる

(2) A のある2つの行が一致 $\Longrightarrow$ $\det A = 0$
　A のある2つの列が一致 $\Longrightarrow$ $\det A = 0$

例3　(1) は，第1行目と第3行目を入れ替えると次のようになることを意味します．

$$\det\begin{bmatrix} a_{11} & a_{12} & a_{13} \\ a_{21} & a_{22} & a_{23} \\ a_{31} & a_{32} & a_{33} \end{bmatrix} = -\det\begin{bmatrix} a_{31} & a_{32} & a_{33} \\ a_{21} & a_{22} & a_{23} \\ a_{11} & a_{12} & a_{13} \end{bmatrix}$$ ◈

上の式が成り立つ理由を説明します．

まず，左辺の det A 項の中で $\begin{bmatrix} \cdot & \boxed{a_{12}} & \cdot \\ \cdot & \cdot & \boxed{a_{23}} \\ \boxed{a_{31}} & \cdot & \cdot \end{bmatrix}$ に対応するものを考えると，

あみだくじは次の形になるので，$+a_{12}a_{23}a_{31}$ になります．

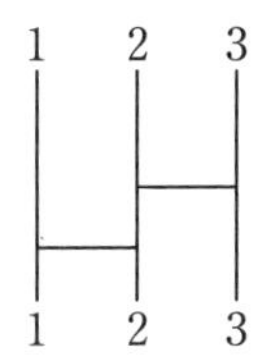

しかし，右辺は左辺の行列の第1行目と第3行目を入れ替えているので，

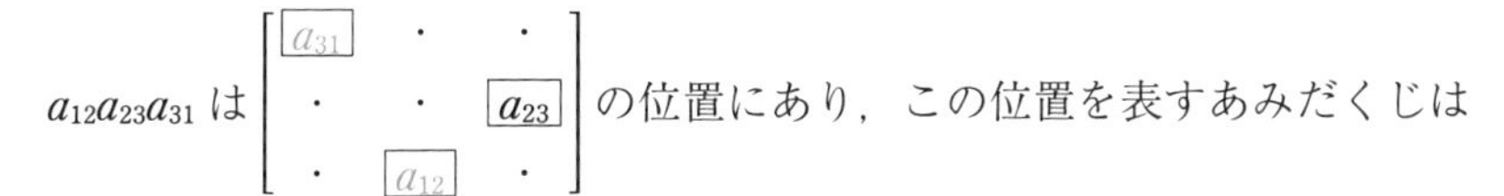

$a_{12}a_{23}a_{31}$ は $\begin{bmatrix} \boxed{a_{31}} & \cdot & \cdot \\ \cdot & \cdot & \boxed{a_{23}} \\ \cdot & \boxed{a_{12}} & \cdot \end{bmatrix}$ の位置にあり，この位置を表すあみだくじは

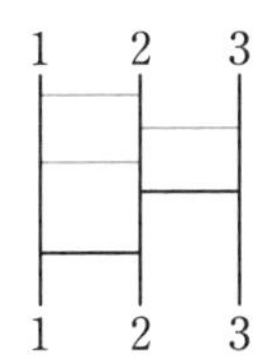

なので，右辺では，このあみだくじに対応する項は $-a_{12}a_{23}a_{31}$ となります．このあみだくじは，もとのあみだくじに青の横線を3本加えたものです．

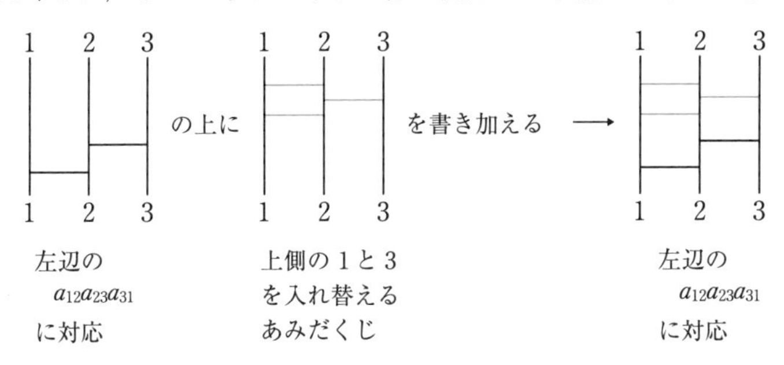

> このように，あみだくじの上側の2つの数字を入れ替えるには奇数本の横線が必要です．

例4　2と6を入れ替えるには，横線が7本の下のあみだくじを加えます．

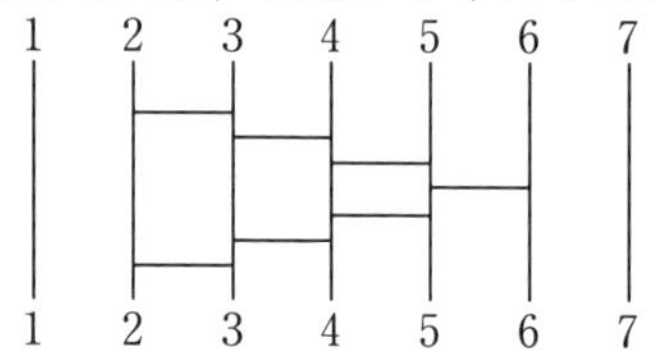

あみだくじの上側の数字は行番号を表すので，もとのあみだくじの上に奇数本の横線を書き加えれば，2つの行を入れ替えたあみだくじに対応します．このことがどの項についても成り立つので，各項に対応する置換の偶奇が入れ替わり（1）が成り立ちます．また，あみだくじの下側の数字が列番号を表すので，2つの列の入れ替えには，もとのあみだくじの下に奇数本の横線を書き加えればよく，列の入れ替えの場合も（1）が成り立つことがわかります．

(2) が成り立つことの説明（**第1行目と第3行目が一致している場合**）　第1行目と第3行目を入れ替えると（1）から

$$\det\begin{bmatrix} a & b & c \\ a_{21} & a_{22} & a_{23} \\ a & b & c \end{bmatrix} = -\det\begin{bmatrix} a & b & c \\ a_{21} & a_{22} & a_{23} \\ a & b & c \end{bmatrix}$$

となりますが，上の両辺に現れる行列は，第1行目と第3行目が一致しているので同じ行列です．したがって，この行列式の値を -1 倍しても同じ値であることがわかり，この値は0になるしかありません．■

実際の行列式の計算には，線形性と交代性から導かれる次の性質が便利です．

定理3　ある行をスカラ倍して別の行に加えても行列式の値は不変．
ある列をスカラ倍して別の列に加えても行列式の値は不変．

例5　4次正方行列で，第1行目の k 倍を第3行目に加えた行列の行列式を計算してみます．

$$\det\begin{bmatrix} a_{11} & a_{12} & a_{13} & a_{14} \\ a_{21} & a_{22} & a_{23} & a_{24} \\ a_{31}+ka_{11} & a_{32}+ka_{12} & a_{33}+ka_{13} & a_{34}+ka_{14} \\ a_{41} & a_{42} & a_{43} & a_{44} \end{bmatrix}$$

$$= \det \begin{bmatrix} a_{11} & a_{12} & a_{13} & a_{14} \\ a_{21} & a_{22} & a_{23} & a_{24} \\ a_{31} & a_{32} & a_{33} & a_{34} \\ a_{41} & a_{42} & a_{43} & a_{44} \end{bmatrix} + \det \begin{bmatrix} a_{11} & a_{12} & a_{13} & a_{14} \\ a_{21} & a_{22} & a_{23} & a_{24} \\ ka_{11} & ka_{12} & ka_{13} & ka_{14} \\ a_{41} & a_{42} & a_{43} & a_{44} \end{bmatrix}$$

（線形性 (1) より）

$$= \det \begin{bmatrix} a_{11} & a_{12} & a_{13} & a_{14} \\ a_{21} & a_{22} & a_{23} & a_{24} \\ a_{31} & a_{32} & a_{33} & a_{34} \\ a_{41} & a_{42} & a_{43} & a_{44} \end{bmatrix} + k \det \begin{bmatrix} a_{11} & a_{12} & a_{13} & a_{14} \\ a_{21} & a_{22} & a_{23} & a_{24} \\ a_{11} & a_{12} & a_{13} & a_{14} \\ a_{41} & a_{42} & a_{43} & a_{44} \end{bmatrix}$$

（線形性 (2) より）

となりますが，最後の式の第２項目では，第１行目＝第３行目となっているので，交代性 (2) から０になります．したがって第１項のみが残りますが，これはもとの行列の行列式です． ◈

この性質を使うと，行列式の値が同じで，成分に０が多い行列をつくることができます．下の問題１として出題しているので，実際に計算してみましょう．

問　題

1　A は次の通りとする．

$$A = \begin{bmatrix} 1 & 2 & 3 & 4 \\ 3 & 7 & 9 & 10 \\ -2 & 5 & 3 & -1 \\ 2 & 10 & -3 & 2 \end{bmatrix}$$

(1) A の第１行目を適当にスカラ倍して，第２行目に加えることで，(2,1)成分が０で $\det A = \det A_1$ となる４次正方行列 A_1 を求めよ．

(2) (1) の A_1 の第１行目を適当にスカラ倍して，第３行目に加えることで，(3,1)成分が０で $\det A_1 = \det A_2$ となる４次正方行列 A_2 を求めよ．

(3) (2) の A_2 の第１行目を適当にスカラ倍して，第４行目に加えることで，(4,1)成分が０で $\det A_2 = \det A_3$ となる４次正方行列 A_3 を求めよ．

(4) (3) の A_3 の第２行目を適当にスカラ倍して，第３行目に加えることで，(3,2)成分が０で $\det A_3 = \det A_4$ となる４次正方行列 A_4 を求めよ．

(5) (4) の A_4 の第２行目を適当にスカラ倍して，第４行目に加えることで，

(4,2)成分が0で $\det A_4 = \det A_5$ となる4次正方行列 A_5 を求めよ．

(6) (5) の A_5 の第3行目を適当にスカラ倍して，第4行目に加えることで，(4,3)成分が0で $\det A_5 = \det A_6$ となる4次正方行列 A_6 を求めよ．

(7) $\det A$ を求めよ．〔**ヒント**　第2章§2の問題3(3) の結果を使う．〕

2　行列式の線形性を用いて次の等式が成り立つことを示せ．

$$\det\begin{bmatrix} a & b & c \\ d & e & f \\ g & h & i \end{bmatrix} = d\det\begin{bmatrix} a & b & c \\ 1 & 0 & 0 \\ g & h & i \end{bmatrix} + e\det\begin{bmatrix} a & b & c \\ 0 & 1 & 0 \\ g & h & i \end{bmatrix} + f\det\begin{bmatrix} a & b & c \\ 0 & 0 & 1 \\ g & h & i \end{bmatrix}$$

〔**ヒント**　第2行目の $[d \ \ e \ \ f]$ を $[d \ \ 0 \ \ 0] + [0 \ \ e \ \ 0] + [0 \ \ 0 \ \ f]$ と考える．〕

§2　積と転置行列の行列式

この節ではまず，積の行列式について次が成り立つことを説明します．

> **定理1**　**積の行列式**　A, B を n 次正方行列とするとき，次が成り立つ．
>
> $$\det(AB) = \det A \cdot \det B$$

上の定理は，行列式の線形性と交代性から導かれます．

定理が成り立つことの説明 ($n = 2$ の場合)

$$A = \begin{bmatrix} a & b \\ c & d \end{bmatrix}, \quad B = \begin{bmatrix} a' & b' \\ c' & d' \end{bmatrix}$$

とします．

$$\det(AB) = \det\begin{bmatrix} aa' + bc' & ab' + bd' \\ ca' + dc' & cb' + dd' \end{bmatrix}$$

右辺の第1列目が和の形なので線形性から

$$\det\begin{bmatrix} aa' & ab' + bd' \\ ca' & cb' + dd' \end{bmatrix} + \det\begin{bmatrix} bc' & ab' + bd' \\ dc' & cb' + dd' \end{bmatrix}$$

この第2列目も和の形なので線形性から

$$\det\begin{bmatrix} aa' & ab' \\ ca' & cb' \end{bmatrix} + \det\begin{bmatrix} aa' & bd' \\ ca' & dd' \end{bmatrix} + \det\begin{bmatrix} bc' & ab' \\ dc' & cb' \end{bmatrix} + \det\begin{bmatrix} bc' & bd' \\ dc' & dd' \end{bmatrix}$$

第1列目，第2列目のそれぞれからスカラ倍をくくり出して

$$a'b' \det \begin{bmatrix} a & a \\ c & c \end{bmatrix} + a'd' \det \begin{bmatrix} a & b \\ c & d \end{bmatrix} + b'c' \det \begin{bmatrix} b & a \\ d & c \end{bmatrix} + c'd' \det \begin{bmatrix} b & b \\ d & d \end{bmatrix}$$

交代性から第1項と第4項は0になるので

$$a'd' \det \begin{bmatrix} a & b \\ c & d \end{bmatrix} + b'c' \det \begin{bmatrix} b & a \\ d & c \end{bmatrix}$$

第2項にAと同じ行列が出てくるように列を入れ替えて

$$a'd' \det \begin{bmatrix} a & b \\ c & d \end{bmatrix} - b'c' \det \begin{bmatrix} a & b \\ c & d \end{bmatrix}$$
$$= (a'd' - b'c') \times \det A = \det A \cdot \det B$$
■

一般の場合も，以下で示す$n = 3$の場合と同じ考え方で線形性と交代性だけから$\det(AB) = \det A \cdot \det B$が成り立つことがわかります．

定理が成り立つことの説明（$n = 3$の場合）

$$A = \begin{bmatrix} a_{11} & a_{12} & a_{13} \\ a_{21} & a_{22} & a_{23} \\ a_{31} & a_{32} & a_{33} \end{bmatrix}, \quad B = \begin{bmatrix} b_{11} & b_{12} & b_{13} \\ b_{21} & b_{22} & b_{23} \\ b_{31} & b_{32} & b_{33} \end{bmatrix}$$

とします．ここでしばらく，式の変形の前後などで対応がわかりやすいように，文字の色と字体をa_{11}, a_{12}, a_{13}などのように変えておきます．さて，まず積AB

$$\begin{bmatrix} a_{11}b_{11}+a_{12}b_{21}+a_{13}b_{31} & a_{11}b_{12}+a_{12}b_{22}+a_{13}b_{32} & a_{11}b_{13}+a_{12}b_{23}+a_{13}b_{33} \\ a_{21}b_{11}+a_{22}b_{21}+a_{23}b_{31} & a_{21}b_{12}+a_{22}b_{22}+a_{23}b_{32} & a_{21}b_{13}+a_{22}b_{23}+a_{23}b_{33} \\ a_{31}b_{11}+a_{32}b_{21}+a_{33}b_{31} & a_{31}b_{12}+a_{32}b_{22}+a_{33}b_{32} & a_{31}b_{13}+a_{32}b_{23}+a_{33}b_{33} \end{bmatrix}$$

において，第1列目が和の形なので線形性から$\det(AB)$も次のように和の形になります．

$$\det \begin{bmatrix} a_{11}b_{11} & a_{11}b_{12}+a_{12}b_{22}+a_{13}b_{32} & a_{11}b_{13}+a_{12}b_{23}+a_{13}b_{33} \\ a_{21}b_{11} & a_{21}b_{12}+a_{22}b_{22}+a_{23}b_{32} & a_{21}b_{13}+a_{22}b_{23}+a_{23}b_{33} \\ a_{31}b_{11} & a_{31}b_{12}+a_{32}b_{22}+a_{33}b_{32} & a_{31}b_{13}+a_{32}b_{23}+a_{33}b_{33} \end{bmatrix}$$
$$+ \det \begin{bmatrix} a_{12}b_{21} & a_{11}b_{12}+a_{12}b_{22}+a_{13}b_{32} & a_{11}b_{13}+a_{12}b_{23}+a_{13}b_{33} \\ a_{22}b_{21} & a_{21}b_{12}+a_{22}b_{22}+a_{23}b_{32} & a_{21}b_{13}+a_{22}b_{23}+a_{23}b_{33} \\ a_{32}b_{21} & a_{31}b_{12}+a_{32}b_{22}+a_{33}b_{32} & a_{31}b_{13}+a_{32}b_{23}+a_{33}b_{33} \end{bmatrix}$$
$$+ \det \begin{bmatrix} a_{13}b_{31} & a_{11}b_{12}+a_{12}b_{22}+a_{13}b_{32} & a_{11}b_{13}+a_{12}b_{23}+a_{13}b_{33} \\ a_{23}b_{31} & a_{21}b_{12}+a_{22}b_{22}+a_{23}b_{32} & a_{21}b_{13}+a_{22}b_{23}+a_{23}b_{33} \\ a_{33}b_{31} & a_{31}b_{12}+a_{32}b_{22}+a_{33}b_{32} & a_{31}b_{13}+a_{32}b_{23}+a_{33}b_{33} \end{bmatrix}$$

さらに上の3つの項は，それぞれ第2列目が和の形なので，線形性から和の形となります．例えば上の第2項は

$$
\det\begin{bmatrix} \mathrm{a}_{12}\mathrm{b}_{21} & a_{11}b_{12} & a_{11}b_{13}+\mathrm{a}_{12}\mathrm{b}_{23}+\mathrm{a}_{13}\mathrm{b}_{33} \\ \mathrm{a}_{22}\mathrm{b}_{21} & a_{21}b_{12} & a_{21}b_{13}+\mathrm{a}_{22}\mathrm{b}_{23}+\mathrm{a}_{23}\mathrm{b}_{33} \\ \mathrm{a}_{32}\mathrm{b}_{21} & a_{31}b_{12} & a_{31}b_{13}+\mathrm{a}_{32}\mathrm{b}_{23}+\mathrm{a}_{33}\mathrm{b}_{33} \end{bmatrix}
$$

$$
+\det\begin{bmatrix} \mathrm{a}_{12}\mathrm{b}_{21} & \mathrm{a}_{12}\mathrm{b}_{22} & a_{11}b_{13}+a_{12}b_{23}+a_{13}b_{33} \\ \mathrm{a}_{22}\mathrm{b}_{21} & \mathrm{a}_{22}\mathrm{b}_{22} & a_{21}b_{13}+a_{22}b_{23}+a_{23}b_{33} \\ \mathrm{a}_{32}\mathrm{b}_{21} & \mathrm{a}_{32}\mathrm{b}_{22} & a_{31}b_{13}+a_{32}b_{23}+a_{33}b_{33} \end{bmatrix}
$$

$$
+\det\begin{bmatrix} \mathrm{a}_{12}\mathrm{b}_{21} & \mathrm{a}_{13}\mathrm{b}_{32} & a_{11}b_{13}+a_{12}b_{23}+a_{13}b_{33} \\ \mathrm{a}_{22}\mathrm{b}_{21} & \mathrm{a}_{23}\mathrm{b}_{32} & a_{21}b_{13}+a_{22}b_{23}+a_{23}b_{33} \\ \mathrm{a}_{32}\mathrm{b}_{21} & \mathrm{a}_{33}\mathrm{b}_{32} & a_{31}b_{13}+a_{32}b_{23}+a_{33}b_{33} \end{bmatrix}
$$

となります．したがって $\det(AB)$ は，この時点で合計 $3\times 3=9$ 個の項の和となります．さらに第3列も和の形なので，この9個の項それぞれがさらに3つの項の和の形になります．例えば上の第1項は

$$
\det\begin{bmatrix} \mathrm{a}_{12}\mathrm{b}_{21} & a_{11}b_{12} & a_{11}b_{13} \\ \mathrm{a}_{22}\mathrm{b}_{21} & a_{21}b_{12} & a_{21}b_{13} \\ \mathrm{a}_{32}\mathrm{b}_{21} & a_{31}b_{12} & a_{31}b_{13} \end{bmatrix}+\det\begin{bmatrix} \mathrm{a}_{12}\mathrm{b}_{21} & a_{11}b_{12} & \mathrm{a}_{12}\mathrm{b}_{23} \\ \mathrm{a}_{22}\mathrm{b}_{21} & a_{21}b_{12} & \mathrm{a}_{22}\mathrm{b}_{23} \\ \mathrm{a}_{32}\mathrm{b}_{21} & a_{31}b_{12} & \mathrm{a}_{32}\mathrm{b}_{23} \end{bmatrix}
$$

$$
+\det\begin{bmatrix} \mathrm{a}_{12}\mathrm{b}_{21} & a_{11}b_{12} & \mathrm{a}_{13}\mathrm{b}_{33} \\ \mathrm{a}_{22}\mathrm{b}_{21} & a_{21}b_{12} & \mathrm{a}_{23}\mathrm{b}_{33} \\ \mathrm{a}_{32}\mathrm{b}_{21} & a_{31}b_{12} & \mathrm{a}_{33}\mathrm{b}_{33} \end{bmatrix}
$$

となります．こうして $\det(AB)$ は結局，$3\times 3\times 3=3^3=27$ 個の項の和の形となります（n 次正方行列の場合は，n^n 個の項の和になります）．

ここで27個の3個の列はすべて，次のどれかになっています．

$$
\begin{bmatrix} a_{11}b_{1j} \\ a_{21}b_{1j} \\ a_{31}b_{1j} \end{bmatrix}=b_{1j}\begin{bmatrix} a_{11} \\ a_{21} \\ a_{31} \end{bmatrix},\quad \begin{bmatrix} \mathrm{a}_{12}\mathrm{b}_{2j} \\ \mathrm{a}_{22}\mathrm{b}_{2j} \\ \mathrm{a}_{32}\mathrm{b}_{2j} \end{bmatrix}=\mathrm{b}_{2j}\begin{bmatrix} \mathrm{a}_{12} \\ \mathrm{a}_{22} \\ \mathrm{a}_{32} \end{bmatrix},\quad \begin{bmatrix} \mathrm{a}_{13}\mathrm{b}_{3j} \\ \mathrm{a}_{23}\mathrm{b}_{3j} \\ \mathrm{a}_{33}\mathrm{b}_{3j} \end{bmatrix}=\mathrm{b}_{3j}\begin{bmatrix} \mathrm{a}_{13} \\ \mathrm{a}_{23} \\ \mathrm{a}_{33} \end{bmatrix}
$$

つまり，積に現れる列はもともと行列の積の成分の一部なので，積の列にはそれぞれ A の第1列目，第2列目，第3列目が必ず現れるのです．ここで注意すべきことは，このとき同じ色と字体（a_{11}, a_{12}, a_{13} など）で表示された列が2つ以上ある項については次のように，線形性および交代性から0になることです．

$$\det\begin{bmatrix} a_{12}b_{21} & a_{11}b_{12} & a_{12}b_{23} \\ a_{22}b_{21} & a_{21}b_{12} & a_{22}b_{23} \\ a_{32}b_{21} & a_{31}b_{12} & a_{32}b_{23} \end{bmatrix} = b_{21}b_{12}b_{23}\det\begin{bmatrix} a_{12} & a_{11} & a_{12} \\ a_{22} & a_{21} & a_{22} \\ a_{32} & a_{31} & a_{32} \end{bmatrix} = 0$$

このような項はすべて0になります．

一方，3つの列がすべて異なる色と字体で表示された項は順列を考えて，$3^3 = 27$ 個の項のうち ${}_3P_3 = 3! = 6$ 個しかありません（n 次正方行列の場合は $n!$ 個の項だけが残ります）．

このような項は例えば

$$\det\begin{bmatrix} a_{12}b_{21} & a_{11}b_{12} & a_{13}b_{33} \\ a_{22}b_{21} & a_{21}b_{12} & a_{23}b_{33} \\ a_{32}b_{21} & a_{31}b_{12} & a_{33}b_{33} \end{bmatrix} = -b_{21}b_{12}b_{33}\det\begin{bmatrix} a_{11} & a_{12} & a_{13} \\ a_{21} & a_{22} & a_{23} \\ a_{31} & a_{32} & a_{33} \end{bmatrix}$$

（スカラ倍をくくり出して，第1列目と第2列目を入れ替えました）

のように

$$\pm 1 \times (B\text{の成分の積}) \times \det A$$

の形をしています．結局，$\det(AB)$ はこのような形の6個の項の和なので，$\det A$ でくくることができて

$$\det(AB) = \{\pm 1 \times (B\text{の成分の積})\text{の和}\} \times \det A$$

と書けます．ここで，$\{\pm 1 \times (B\text{の成分の積})\text{の和}\}$ の部分は b_{ij} のみから得られる式で，これを T とおくと

$$\det(AB) = T \times \det A$$

が成り立ちます．さらに上の式に $A = E_3$ を代入すると，T には変化がないので $\det(E_3B) = T \times \det E_3$，つまり $\det B = T$ が得られ

$$\det(AB) = \det A \cdot \det B$$

が成り立つことがわかります．■

転置行列の行列式については次が成り立ちます．

> **定理2　転置行列の行列式**　A を n 次正方行列とするとき
>
> $$\det({}^tA) = \det A$$
>
> が成り立つ．

例 1
$$\det\begin{bmatrix} a & b & c \\ d & e & f \\ g & h & i \end{bmatrix} = \det\begin{bmatrix} a & d & g \\ b & e & h \\ c & f & i \end{bmatrix}$$

A と ${}^tA$ では，それぞれの成分の位置の行番号と列番号が入れ替わります．例えば上の成分 b は，左辺では $(1,2)$ 成分ですが，右辺では $(2,1)$ 成分です．

そこで例えば，行列式に現れる bfg を左辺，右辺それぞれで考えると，左辺では

$$\begin{bmatrix} a & b & c \\ d & e & f \\ g & h & i \end{bmatrix}$$

1　2　3
1　2　3
$\longrightarrow \quad +bfg$

右辺では

$$\begin{bmatrix} a & d & g \\ b & e & h \\ c & f & i \end{bmatrix}$$

1　2　3
1　2　3
$\longrightarrow \quad +bfg$

あみだくじ（30 ページ参照）では上段が行番号を表し，下段が列番号を表していることを思い出してください．各成分の位置について行番号と列番号が入れ替わるので，行列式に現れる各項について，左辺に対応するあみだくじの上下を入れ替えると右辺に対応するあみだくじになります．あみだくじの上下を逆転させても横線の本数は変わりません．各項に対応する置換の偶奇が変化しないので $\det({}^tA) = \det A$ が成り立つことがわかります．◇

問　題

1　以下の問いに答えよ．
　(1) すべての成分が整数である n 次正方行列 A で，$\det(A^2) = 5$ となるものは存在しないことを示せ．
　(2) すべての成分が実数である n 次正方行列 A と奇数 m に対し，$\det(A^m) = 1$ であるとき，$\det A = 1$ となることを示せ．

2　n 次正方行列 A に対し，$AB = BA = E_n$ となる n 次正方行列 B が存在すると

き，B を A の**逆行列**といい A^{-1} と表します．また，逆行列をもつ正方行列を**正則行列**といいます（第2章§1参照）．A が正則行列のとき $\det A \neq 0$ であり

$$\det(A^{-1}) = \frac{1}{\det A}$$

となることを示せ．

3　3次元実ベクトル $\boldsymbol{a} = \begin{bmatrix} a_1 \\ a_2 \\ a_3 \end{bmatrix}$, $\boldsymbol{b} = \begin{bmatrix} b_1 \\ b_2 \\ b_3 \end{bmatrix}$, $\boldsymbol{c} = \begin{bmatrix} c_1 \\ c_2 \\ c_3 \end{bmatrix}$ に対し

$$A = \begin{bmatrix} a_1 & b_1 & c_1 \\ a_2 & b_2 & c_2 \\ a_3 & b_3 & c_3 \end{bmatrix}$$

とおく．このとき

$${}^tAA = \begin{bmatrix} (\boldsymbol{a},\boldsymbol{a}) & (\boldsymbol{a},\boldsymbol{b}) & (\boldsymbol{a},\boldsymbol{c}) \\ (\boldsymbol{b},\boldsymbol{a}) & (\boldsymbol{b},\boldsymbol{b}) & (\boldsymbol{b},\boldsymbol{c}) \\ (\boldsymbol{c},\boldsymbol{a}) & (\boldsymbol{c},\boldsymbol{b}) & (\boldsymbol{c},\boldsymbol{c}) \end{bmatrix}$$

を示せ．ここで $(\boldsymbol{a},\boldsymbol{b})$ は $\boldsymbol{a},\boldsymbol{b}$ の内積を表す．また

$$\det \begin{bmatrix} (\boldsymbol{a},\boldsymbol{a}) & (\boldsymbol{a},\boldsymbol{b}) & (\boldsymbol{a},\boldsymbol{c}) \\ (\boldsymbol{b},\boldsymbol{a}) & (\boldsymbol{b},\boldsymbol{b}) & (\boldsymbol{b},\boldsymbol{c}) \\ (\boldsymbol{c},\boldsymbol{a}) & (\boldsymbol{c},\boldsymbol{b}) & (\boldsymbol{c},\boldsymbol{c}) \end{bmatrix} \geq 0$$

であることを示せ．

§3　行列式の余因子展開

この節では，行列式を計算するためのテクニックである，サイズが1つ小さい行列への帰着法を解説します．まず，次の特別な場合に着目します．

定理1　（サイズが1つ小さい行列に帰着させるときの基本操作）

$$\det \begin{bmatrix} a_{11} & a_{12} & a_{13} & a_{14} \\ 0 & a_{22} & a_{23} & a_{24} \\ 0 & a_{32} & a_{33} & a_{34} \\ 0 & a_{42} & a_{43} & a_{44} \end{bmatrix} = a_{11} \det \begin{bmatrix} a_{22} & a_{23} & a_{24} \\ a_{32} & a_{33} & a_{34} \\ a_{42} & a_{43} & a_{44} \end{bmatrix} \qquad (1)$$

$$\det\begin{bmatrix} a_{11} & 0 & 0 & 0 \\ a_{21} & a_{22} & a_{23} & a_{24} \\ a_{31} & a_{32} & a_{33} & a_{34} \\ a_{41} & a_{42} & a_{43} & a_{44} \end{bmatrix} = a_{11}\det\begin{bmatrix} a_{22} & a_{23} & a_{24} \\ a_{32} & a_{33} & a_{34} \\ a_{42} & a_{43} & a_{44} \end{bmatrix} \qquad (2)$$

定理が成り立つ理由の説明（第2章§2の問題3（1）参照）　成分が0の位置だけを考えると，（1）の左辺の行列と（2）の左辺の行列は転置行列の関係にあるので，（1）が成り立つ理由がわかれば，$\det({}^tA) = \det A$ から（2）が成り立つこともわかります．そこで（1）が成り立つ理由を説明します．

29ページにあるように4次正方行列の行列式には $4! = 24$ 個の項があります．しかし(2,1)成分，(3,1)成分，(4,1)成分が0なので，24項のうち，積が0でない可能性がある項は，次のように成分を選んだ6項だけです．

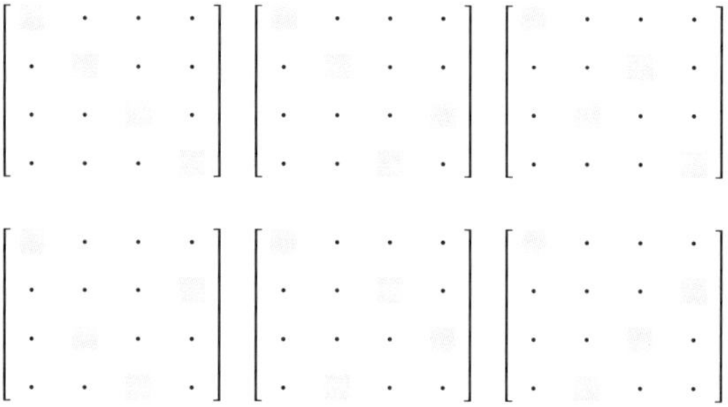

$$\begin{bmatrix} & \cdot & \cdot & \cdot \\ \cdot & & \cdot & \cdot \\ \cdot & \cdot & & \cdot \\ \cdot & \cdot & \cdot & \end{bmatrix} \begin{bmatrix} & \cdot & \cdot & \cdot \\ \cdot & & \cdot & \cdot \\ \cdot & \cdot & \cdot & \\ \cdot & \cdot & & \cdot \end{bmatrix} \begin{bmatrix} & \cdot & \cdot & \cdot \\ \cdot & \cdot & & \cdot \\ \cdot & & \cdot & \cdot \\ \cdot & \cdot & \cdot & \end{bmatrix}$$

$$\begin{bmatrix} & \cdot & \cdot & \cdot \\ \cdot & \cdot & \cdot & \\ \cdot & & \cdot & \cdot \\ \cdot & \cdot & & \cdot \end{bmatrix} \begin{bmatrix} & \cdot & \cdot & \cdot \\ \cdot & \cdot & & \cdot \\ \cdot & \cdot & \cdot & \\ \cdot & & \cdot & \cdot \end{bmatrix} \begin{bmatrix} & \cdot & \cdot & \cdot \\ \cdot & \cdot & \cdot & \\ \cdot & \cdot & & \cdot \\ \cdot & & \cdot & \cdot \end{bmatrix}$$

言い換えると，第1行目から成分を選ぶとき，第1列目の成分 a_{11} 以外を選んでしまうと，第2行目以下のどこかで必ず(2,1)成分，(3,1)成分，(4,1)成分を選ばなくてはいけなくなるので，選んだ成分の積は0になります．したがって積が0でない可能性があるのは，第1行目から(1,1)成分 a_{11} を選んだときのみです．まずこのことから，6個あるどの項にも a_{11} が現れることがわかります．

さらに a_{11} を選んでいるので，それぞれの項は例えば次のように，対応するあみだくじで，上段の1の下は必ず1です．これは，あみだくじでは1の縦線と2の縦線の間には横線を書かなくてもよいことを意味します．

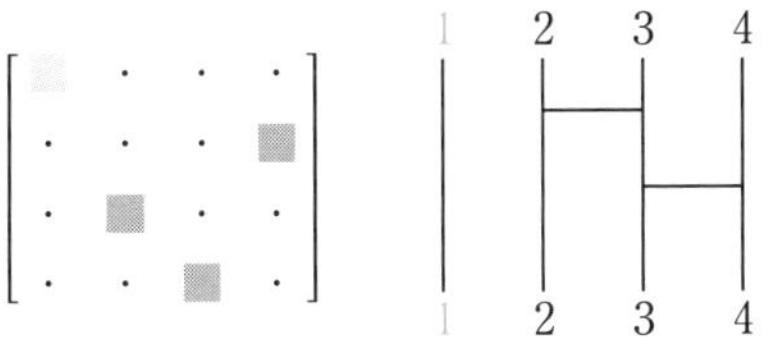

$$\longrightarrow \quad +a_{11}a_{24}a_{32}a_{43}$$

しかも，上で $a_{24}a_{32}a_{43}$ の部分は，$\begin{bmatrix} a_{22} & a_{23} & a_{24} \\ a_{32} & a_{33} & a_{34} \\ a_{42} & a_{43} & a_{44} \end{bmatrix}$の行列式の対応する項を考えていることと同じになり，上段と下段に 2 から 4 を書いたあみだくじと考えて ＋，－ をつけて足しあわせると $\det\begin{bmatrix} a_{22} & a_{23} & a_{24} \\ a_{32} & a_{33} & a_{34} \\ a_{42} & a_{43} & a_{44} \end{bmatrix}$が得られ，(1) が成り立つことがわかります．■

さて次の事項は，ここまでで説明したことを一般化したもので，行列式の**余因子展開**と呼ばれるたいへん重要な事項です．

例 1　4 次正方行列の行列式の第 3 行目に関する余因子展開

$$\det\begin{bmatrix} a_{11} & a_{12} & a_{13} & a_{14} \\ a_{21} & a_{22} & a_{23} & a_{24} \\ a_{31} & a_{32} & a_{33} & a_{34} \\ a_{41} & a_{42} & a_{43} & a_{44} \end{bmatrix}$$

$$= (-1)^{3+1}a_{31}\det\begin{bmatrix} a_{12} & a_{13} & a_{14} \\ a_{22} & a_{23} & a_{24} \\ a_{42} & a_{43} & a_{44} \end{bmatrix} + (-1)^{3+2}a_{32}\det\begin{bmatrix} a_{11} & a_{13} & a_{14} \\ a_{21} & a_{23} & a_{24} \\ a_{41} & a_{43} & a_{44} \end{bmatrix}$$

$$+ (-1)^{3+3}a_{33}\det\begin{bmatrix} a_{11} & a_{12} & a_{14} \\ a_{21} & a_{22} & a_{24} \\ a_{41} & a_{42} & a_{44} \end{bmatrix} + (-1)^{3+4}a_{34}\det\begin{bmatrix} a_{11} & a_{12} & a_{13} \\ a_{21} & a_{22} & a_{23} \\ a_{41} & a_{42} & a_{43} \end{bmatrix}$$

◆

余因子展開ができる理由の説明

行列式の線形性，交代性から簡単に導かれます．まず，キーとなっている第 3 行目 $[a_{31} \quad a_{32} \quad a_{33} \quad a_{34}]$ を次のように和の形と見なします．

$$[a_{31}\ \ a_{32}\ \ a_{33}\ \ a_{34}] = [a_{31}\ \ 0\ \ 0\ \ 0] + [0\ \ a_{32}\ \ 0\ \ 0] + [0\ \ 0\ \ a_{33}\ \ 0] + [0\ \ 0\ \ 0\ \ a_{34}]$$

このとき，第3行目に線形性を適用して，$\det A$ は次のように変形できます．

$$\det\begin{bmatrix} a_{11} & a_{12} & a_{13} & a_{14} \\ a_{21} & a_{22} & a_{23} & a_{24} \\ a_{31} & 0 & 0 & 0 \\ a_{41} & a_{42} & a_{43} & a_{44} \end{bmatrix} + \det\begin{bmatrix} a_{11} & a_{12} & a_{13} & a_{14} \\ a_{21} & a_{22} & a_{23} & a_{24} \\ 0 & a_{32} & 0 & 0 \\ a_{41} & a_{42} & a_{43} & a_{44} \end{bmatrix} + \det\begin{bmatrix} a_{11} & a_{12} & a_{13} & a_{14} \\ a_{21} & a_{22} & a_{23} & a_{24} \\ 0 & 0 & a_{33} & 0 \\ a_{41} & a_{42} & a_{43} & a_{44} \end{bmatrix} + \det\begin{bmatrix} a_{11} & a_{12} & a_{13} & a_{14} \\ a_{21} & a_{22} & a_{23} & a_{24} \\ 0 & 0 & 0 & a_{34} \\ a_{41} & a_{42} & a_{43} & a_{44} \end{bmatrix}$$

この先は，どの項についても同じなので，ここでは第2項をくわしく見ましょう．

第2項にある第3行目の成分である a_{32} を(1,1)成分に移動させるために，① 第3行目と第2行目の入れ替え，② 第2行目と第1行目の入れ替え，③ 第2列目と第1列目の入れ替えを順次行うと，交代性から次のように変形されます．

$$第2項 = \det\begin{bmatrix} a_{11} & a_{12} & a_{13} & a_{14} \\ a_{21} & a_{22} & a_{23} & a_{24} \\ 0 & \boxed{a_{32}} & 0 & 0 \\ a_{41} & a_{42} & a_{43} & a_{44} \end{bmatrix} = -\det\begin{bmatrix} a_{11} & a_{12} & a_{13} & a_{14} \\ 0 & \boxed{a_{32}} & 0 & 0 \\ a_{21} & a_{22} & a_{23} & a_{24} \\ a_{41} & a_{42} & a_{43} & a_{44} \end{bmatrix}$$

$$= (-1)^2 \det\begin{bmatrix} 0 & \boxed{a_{32}} & 0 & 0 \\ a_{11} & a_{12} & a_{13} & a_{14} \\ a_{21} & a_{22} & a_{23} & a_{24} \\ a_{41} & a_{42} & a_{43} & a_{44} \end{bmatrix} = (-1)^3 \det\begin{bmatrix} \boxed{a_{32}} & 0 & 0 & 0 \\ a_{12} & a_{11} & a_{13} & a_{14} \\ a_{22} & a_{21} & a_{23} & a_{24} \\ a_{42} & a_{41} & a_{43} & a_{44} \end{bmatrix}$$

最後に，この節の最初に解説したことから，結局

$$第2項 = (-1)^3 \boxed{a_{32}} \det\begin{bmatrix} a_{11} & a_{13} & a_{14} \\ a_{21} & a_{23} & a_{24} \\ a_{41} & a_{43} & a_{44} \end{bmatrix}$$

となり，示したい等式の右辺の第2項に一致することがわかります．

ここで，それぞれの項に + か − のどちらがつくかについて確認しておきま

しょう．着目している成分の位置から(1,1)成分の位置まで，何回の行または列の入れ替えを行う必要があるかを考えればよいので，その成分の場所によって以下のように考えて＋，－をつければよいことがわかります．第2項のように，もとの行列の(3,2)成分 a_{32} が現れている場合は，行の入れ替えを2回，列の入れ替えを1回行う必要があるので，$(-1)^{2+1}=-1$ が必要です．これは第(i,j)成分が現れている場合は $(-1)^{(i-1)+(j-1)}=(-1)^{i+j}$ をつけるといっていることと同じです．

例2　(3,2)成分に現れる項を(1,1)成分の場所に移動させるには，行を $3-1=2$ 回，列を $2-1=1$ 回入れ替える．一般には合計 $(i-1)+(j-1)$ 回の入れ替えなので，$(-1)^{(i-1)+(j-1)}=(-1)^{i+j}$ をつける．◆

$$\begin{bmatrix} + & - & + & - \\ - & + & - & + \\ + & \boxed{-} & + & - \\ - & + & - & + \end{bmatrix}$$

ここで，あらためて49ページの例1の余因子展開の右辺をよく観察してみましょう．

右辺の各項は，まず＋か－があり，次に第3行目の成分 a_{3j} に3次正方行列の行列式を掛けた形をしています．この3次正方行列は，その前に書かれている第3行目の成分 a_{3j} がもともとあった位置を含む行と列を除いた行列になっていることに注意してください．例えば，右辺の第2項には $\boxed{a_{32}}$ が現れていて，その $\boxed{a_{32}}$ は，もとの4次正方行列の(3,2)成分です．このとき右辺の $\boxed{a_{32}}$ に掛けるのは，もとの行列から $\boxed{a_{32}}$ があった第3行目と第2列目を除いた3次正方行列の行列式になっています．

つまり，第3行目に関する余因子展開の第2項は

$$\begin{bmatrix} a_{11} & a_{12} & a_{13} & a_{14} \\ a_{21} & a_{22} & a_{23} & a_{24} \\ a_{31} & \boxed{a_{32}} & a_{33} & a_{34} \\ a_{41} & a_{42} & a_{43} & a_{44} \end{bmatrix} \longrightarrow (-1)^{2+1}\boxed{a_{32}}\times\begin{bmatrix} a_{11} & a_{13} & a_{14} \\ a_{21} & a_{23} & a_{24} \\ a_{41} & a_{43} & a_{44} \end{bmatrix}\text{の行列式}$$

上の3次正方行列は，もとの行列から第3行目と第2列目を除いたもの

ここで**余因子**を次のように定めます．

> **定義**　n 次正方行列 A の第 j 行目と第 i 列目を除いた $(n-1)$ 次正方行列を A_{ji} とおき
>
> $$a_{ij}{}^* = (-1)^{i+j} \det A_{ji}$$
>
> を A の **(i, j) 余因子**という.

✓**注意**　A_{ij} の添字と $a_{ji}{}^*$ の添字は順序が逆である.

上の例では，第3行目と第2列目について考えると

$$A_{32} = \begin{bmatrix} a_{11} & a_{13} & a_{14} \\ a_{21} & a_{23} & a_{24} \\ a_{41} & a_{43} & a_{44} \end{bmatrix}, \qquad a_{23}{}^* = (-1)^{2+3} \det A_{32}$$

となり，第3行目に関する余因子展開は次のように書くことができます.

$$\det A = a_{31}a_{13}{}^* + a_{32}a_{23}{}^* + a_{33}a_{33}{}^* + a_{34}a_{43}{}^*$$

また，第2列目に関する余因子展開は次のように書くことができます.

$$\det A = a_{12}a_{21}{}^* + a_{22}a_{22}{}^* + a_{32}a_{23}{}^* + a_{42}a_{24}{}^*$$

問　題

1　次の A, B に対して，(i, j) 余因子 $a_{ij}{}^*$ $(1 \leq i, j \leq 2)$ および $b_{ij}{}^*$ $(1 \leq i, j \leq 3)$ を具体的に書け.

$$A = \begin{bmatrix} a_{11} & a_{12} \\ a_{21} & a_{22} \end{bmatrix}, \qquad B = \begin{bmatrix} b_{11} & b_{12} & b_{13} \\ b_{21} & b_{22} & b_{23} \\ b_{31} & b_{32} & b_{33} \end{bmatrix}$$

2　以下の問いに答えよ.

(1)　次の行列 A の行列式の第2行目に関する余因子展開，および第3列目に関する余因子展開の式を書け．ただし各項に現れる3次正方行列の行列式を計算する必要はない.

$$A = \begin{bmatrix} 1 & 0 & 1 & 2 \\ b & 2 & a & 1 \\ -1 & 2 & 3 & 4 \\ -2 & 1 & c & -1 \end{bmatrix}$$

(2)　$\det A$ の値が a の値によらないことを $\det A$ を計算せずに示せ.

(3) $\det A$ の値が c の値によらないような b の値を $\det A$ を計算せずに求めよ.

3 以下の問いに答えよ.

(1) 次の2つの3次正方行列の行列式の第3行目に関する余因子展開の式を書け. ただし, 各項に現れる2次正方行列の行列式を計算する必要はない.

$$\begin{bmatrix} a & b & p \\ c & d & q \\ a & b & p \end{bmatrix}, \quad \begin{bmatrix} a & b & p \\ c & d & q \\ c & d & q \end{bmatrix}$$

(2) (1) の2つの行列の行列式の値がどちらも0になることを計算ではなく, 行列式の性質を用いて説明せよ. また, その事実から $ad - bc \neq 0$ のとき, 連立1次方程式

$$\begin{cases} ax + by = p \\ cx + dy = q \end{cases}$$

の一般解が $x = \dfrac{dp - bq}{ad - bc}$, $y = \dfrac{aq - cp}{ad - bc}$ であることを確めよ.

§4 逆行列の公式とクラーメルの公式

まず, 3次正方行列 A を次のようにおきます.

$$A = \begin{bmatrix} a_{11} & a_{12} & a_{13} \\ a_{21} & a_{22} & a_{23} \\ a_{31} & a_{32} & a_{33} \end{bmatrix}$$

ここで43ページで行ったのと同じように, しばらく文字の色と字体を変えます. さて $\det A$ の第1行目, 第2行目, 第3行目に関する余因子展開は, それぞれ順に

$$\det A = a_{11} \det \begin{bmatrix} a_{22} & a_{23} \\ a_{32} & a_{33} \end{bmatrix} - a_{12} \det \begin{bmatrix} a_{21} & a_{23} \\ a_{31} & a_{33} \end{bmatrix} + a_{13} \det \begin{bmatrix} a_{21} & a_{22} \\ a_{31} & a_{32} \end{bmatrix}$$

$$\det A = -a_{21} \det \begin{bmatrix} a_{12} & a_{13} \\ a_{32} & a_{33} \end{bmatrix} + a_{22} \det \begin{bmatrix} a_{11} & a_{13} \\ a_{31} & a_{33} \end{bmatrix} - a_{23} \det \begin{bmatrix} a_{11} & a_{12} \\ a_{31} & a_{32} \end{bmatrix}$$

$$\det A = a_{31} \det \begin{bmatrix} a_{12} & a_{13} \\ a_{22} & a_{23} \end{bmatrix} - a_{32} \det \begin{bmatrix} a_{11} & a_{13} \\ a_{21} & a_{23} \end{bmatrix} + a_{33} \det \begin{bmatrix} a_{11} & a_{12} \\ a_{21} & a_{22} \end{bmatrix}$$

となることを思い出しましょう. また, この式は余因子の記号を使うと

$$\det A = a_{11}a_{11}{}^* + a_{12}a_{21}{}^* + a_{13}a_{31}{}^*$$
$$\det A = a_{21}a_{12}{}^* + a_{22}a_{22}{}^* + a_{23}a_{32}{}^*$$
$$\det A = a_{31}a_{13}{}^* + a_{32}a_{23}{}^* + a_{33}a_{33}{}^*$$

と書けます.

ここで $\det A$ の第1行目に関する余因子展開の右辺の a_{11}, a_{12}, a_{13} のそれぞれに，第2行目の成分 a_{21}, a_{22}, a_{23} を代入するとどうなるか考えてみましょう.

$$a_{21}\det\begin{bmatrix} a_{22} & a_{23} \\ a_{32} & a_{33} \end{bmatrix} - a_{22}\det\begin{bmatrix} a_{21} & a_{23} \\ a_{31} & a_{33} \end{bmatrix} + a_{23}\det\begin{bmatrix} a_{21} & a_{22} \\ a_{31} & a_{32} \end{bmatrix}$$

この式は，次の行列式を第1行目に関して余因子展開したものに他なりません．これは，行列式の交代性から0になります.

$$\det\begin{bmatrix} a_{21} & a_{22} & a_{23} \\ a_{21} & a_{22} & a_{23} \\ a_{31} & a_{32} & a_{33} \end{bmatrix} = a_{21}a_{11}{}^* + a_{22}a_{21}{}^* + a_{23}a_{31}{}^* = 0$$

（行列式の交代性より）

同じように第3行目の成分を代入する場合や，第2行目に関する余因子展開の式に，第1行目の成分や第3行目の成分を代入する場合も値は0になります.
つまり，次のような式が成り立つのです.

- 第1行目に関する余因子展開の式 $a_{11}a_{11}{}^* + a_{12}a_{21}{}^* + a_{13}a_{31}{}^*$ に，第1行目の成分の代わりに第2行目の成分，第3行目の成分を代入した以下の式

$$a_{21}a_{11}{}^* + a_{22}a_{21}{}^* + a_{23}a_{31}{}^* = 0$$
$$a_{31}a_{11}{}^* + a_{32}a_{21}{}^* + a_{33}a_{31}{}^* = 0$$

- 第2行目に関する余因子展開の式 $a_{21}a_{12}{}^* + a_{22}a_{22}{}^* + a_{23}a_{32}{}^*$ に，第2行目の成分の代わりに第1行目の成分，第3行目の成分を代入した以下の式

$$a_{11}a_{12}{}^* + a_{12}a_{22}{}^* + a_{13}a_{32}{}^* = 0$$
$$a_{31}a_{12}{}^* + a_{32}a_{22}{}^* + a_{33}a_{32}{}^* = 0$$

- 第3行目に関する余因子展開の式 $a_{31}a_{13}{}^* + a_{32}a_{23}{}^* + a_{33}a_{33}{}^*$ に，第3行目の成分の代わりに第1行目の成分，第2行目の成分を代入した以下の式

$$a_{11}a_{13}{}^* + a_{12}a_{23}{}^* + a_{13}a_{33}{}^* = 0$$
$$a_{21}a_{13}{}^* + a_{22}a_{23}{}^* + a_{23}a_{33}{}^* = 0$$

上の6個の式と第1行目から第3行目に関する余因子展開の式は，まとめて次

のように書けます.

$$\begin{bmatrix} a_{11} & a_{12} & a_{13} \\ a_{21} & a_{22} & a_{23} \\ a_{31} & a_{32} & a_{33} \end{bmatrix}\begin{bmatrix} a_{11}{}^* & a_{12}{}^* & a_{13}{}^* \\ a_{21}{}^* & a_{22}{}^* & a_{23}{}^* \\ a_{31}{}^* & a_{32}{}^* & a_{33}{}^* \end{bmatrix} = \begin{bmatrix} \det A & 0 & 0 \\ 0 & \det A & 0 \\ 0 & 0 & \det A \end{bmatrix} = (\det A)E_3$$

また，計算は省略しますが，列に関する余因子展開の式を使うと

$$\begin{bmatrix} a_{11}{}^* & a_{12}{}^* & a_{13}{}^* \\ a_{21}{}^* & a_{22}{}^* & a_{23}{}^* \\ a_{31}{}^* & a_{32}{}^* & a_{33}{}^* \end{bmatrix}\begin{bmatrix} a_{11} & a_{12} & a_{13} \\ a_{21} & a_{22} & a_{23} \\ a_{31} & a_{32} & a_{33} \end{bmatrix} = (\det A)E_3$$

となることもわかります.

一般の n 次正方行列についても同様に，次が成り立ちます.

定理 1 n 次正方行列

$$A = \begin{bmatrix} a_{11} & \cdots & a_{1n} \\ \vdots & & \vdots \\ a_{n1} & \cdots & a_{nn} \end{bmatrix}$$

について，$\det A \neq 0$ であれば，A は逆行列

$$A^{-1} = \frac{1}{\det A}\begin{bmatrix} a_{11}{}^* & \cdots & a_{1n}{}^* \\ \vdots & & \vdots \\ a_{n1}{}^* & \cdots & a_{nn}{}^* \end{bmatrix}$$

をもつ.

例 1 2 次正方行列 $A = \begin{bmatrix} a & b \\ c & d \end{bmatrix}$ の場合

$\det A = ad - bc$ です．また A_{11} は A から第 1 行と第 1 列を除いた 1×1 行列 $[d]$ です．同様に $A_{12} = [c]$，$A_{21} = [b]$，$A_{22} = [a]$ なので，余因子の定義に注意して逆行列を考えると，A は $\det A = ad - bc \neq 0$ のとき逆行列をもち，そのとき

$$A^{-1} = \frac{1}{ad - bc}\begin{bmatrix} (-1)^{1+1}A_{11} & (-1)^{1+2}A_{21} \\ (-1)^{2+1}A_{12} & (-1)^{2+2}A_{22} \end{bmatrix} = \frac{1}{ad - bc}\begin{bmatrix} d & -b \\ -c & a \end{bmatrix}$$

となります．この A^{-1} は 21 ページですでに見ています. ◆

例 2　3次正方行列 $A = \begin{bmatrix} a_{11} & a_{12} & a_{13} \\ a_{21} & a_{22} & a_{23} \\ a_{31} & a_{32} & a_{33} \end{bmatrix}$ の場合

$$A^{-1} = \frac{1}{\det A}\begin{bmatrix} a_{11}{}^* & a_{12}{}^* & a_{13}{}^* \\ a_{21}{}^* & a_{22}{}^* & a_{23}{}^* \\ a_{31}{}^* & a_{32}{}^* & a_{33}{}^* \end{bmatrix}$$

です．例えば $a_{12}{}^*$ を余因子の定義に注意して書き直すと

$$a_{12}{}^* = (-1)^{1+2}\det A_{21} = -\det\begin{bmatrix} a_{12} & a_{13} \\ a_{32} & a_{33} \end{bmatrix} = -(a_{12}a_{33} - a_{13}a_{32})$$

となるので，A^{-1} の9個の成分をこのように書き直すと次のようになります．

$$A^{-1} = \frac{1}{\det A}\begin{bmatrix} a_{22}a_{33} - a_{23}a_{32} & a_{13}a_{32} - a_{12}a_{33} & a_{12}a_{23} - a_{13}a_{22} \\ a_{23}a_{31} - a_{21}a_{33} & a_{11}a_{33} - a_{13}a_{31} & a_{13}a_{21} - a_{11}a_{23} \\ a_{21}a_{32} - a_{22}a_{31} & a_{12}a_{31} - a_{11}a_{32} & a_{11}a_{22} - a_{12}a_{21} \end{bmatrix}$$ ◆

一般には，次のようなステップで逆行列の成分が計算できます．

> n 次正方行列 A の逆行列の (i, j) 成分は，A の第 j 行目，第 i 列目を除いた $(n-1)$ 次正方行列の行列式に $(-1)^{i+j}$ を掛けたもの，つまり，A の (i, j) 余因子を $\det A$ で割ったものである．

さらにもし，A が逆行列 A^{-1} をもてば，$AA^{-1} = E_n$ が成り立つので，積の行列式の性質から

$$\det A \cdot \det(A^{-1}) = \det(AA^{-1}) = \det E_n = 1$$

が得られ，$\det A \neq 0$ であることがわかります．したがって，次のことが成り立ちます．

> **定理 2**　n 次正方行列 A について次が成り立つ．
>
> A が正則行列つまり逆行列をもつ $\iff \det A \neq 0$

次に，未知数の数と式の数が同じ連立1次方程式の解について考えます．

例 3　$n = 3$ の場合．連立 1 次方程式

$$\begin{cases} a_{11}x + a_{12}y + a_{13}z = b_1 \\ a_{21}x + a_{22}y + a_{23}z = b_2 \\ a_{31}x + a_{32}y + a_{33}z = b_3 \end{cases}$$

に対して，$A = \begin{bmatrix} a_{11} & a_{12} & a_{13} \\ a_{21} & a_{22} & a_{23} \\ a_{31} & a_{32} & a_{33} \end{bmatrix}$，$\boldsymbol{x} = \begin{bmatrix} x \\ y \\ z \end{bmatrix}$，$\boldsymbol{b} = \begin{bmatrix} b_1 \\ b_2 \\ b_3 \end{bmatrix}$ とおくと，$A\boldsymbol{x} = \boldsymbol{b}$ と書けるので，解は $\boldsymbol{x} = A^{-1}\boldsymbol{b}$ となることが予想されます．

確かに A^{-1} が存在すれば，つまり $\det A \neq 0$ であれば，$A\boldsymbol{x} = \boldsymbol{b}$ の両辺に左から A^{-1} を掛けると $A^{-1}A\boldsymbol{x} = A^{-1}\boldsymbol{b}$ となるので，$\boldsymbol{x} = A^{-1}\boldsymbol{b}$ を得ることができます．

では A^{-1} の成分の公式を使って，具体的に解を求めてみましょう．このとき

$$A^{-1} = \frac{1}{\det A}\begin{bmatrix} a_{11}^* & a_{12}^* & a_{13}^* \\ a_{21}^* & a_{22}^* & a_{23}^* \\ a_{31}^* & a_{32}^* & a_{33}^* \end{bmatrix}$$

なので

$$\boldsymbol{x} = A^{-1}\boldsymbol{b} = \frac{1}{\det A}\begin{bmatrix} a_{11}^* & a_{12}^* & a_{13}^* \\ a_{21}^* & a_{22}^* & a_{23}^* \\ a_{31}^* & a_{32}^* & a_{33}^* \end{bmatrix}\begin{bmatrix} b_1 \\ b_2 \\ b_3 \end{bmatrix}$$

$$= \frac{1}{\det A}\begin{bmatrix} a_{11}^*b_1 + a_{12}^*b_2 + a_{13}^*b_3 \\ a_{21}^*b_1 + a_{22}^*b_2 + a_{23}^*b_3 \\ a_{31}^*b_1 + a_{32}^*b_2 + a_{33}^*b_3 \end{bmatrix}$$

となります．

ここに登場した $a_{11}^*b_1 + a_{12}^*b_2 + a_{13}^*b_3$ は，行列式の列に関する余因子展開の式と見ることができます．$\det A$ の列に関しての余因子展開を書いてみましょう．

$$A = \begin{bmatrix} a_{11} & a_{12} & a_{13} \\ a_{21} & a_{22} & a_{23} \\ a_{31} & a_{32} & a_{33} \end{bmatrix}, \qquad \begin{aligned} \det A &= a_{11}a_{11}^* + a_{21}a_{12}^* + a_{31}a_{13}^* \\ \det A &= a_{12}a_{21}^* + a_{22}a_{22}^* + a_{32}a_{23}^* \\ \det A &= a_{13}a_{31}^* + a_{23}a_{32}^* + a_{33}a_{33}^* \end{aligned}$$

これと連立 1 次方程式の解（の $\det A$ 倍）

$$(\det A)x = a_{11}{}^*b_1 + a_{12}{}^*b_2 + a_{13}{}^*b_3 = b_1a_{11}{}^* + b_2a_{12}{}^* + b_3a_{13}{}^*$$
$$(\det A)y = a_{21}{}^*b_1 + a_{22}{}^*b_2 + a_{23}{}^*b_3 = b_1a_{21}{}^* + b_2a_{22}{}^* + b_3a_{23}{}^*$$
$$(\det A)z = a_{31}{}^*b_1 + a_{32}{}^*b_2 + a_{33}{}^*b_3 = b_1a_{31}{}^* + b_2a_{32}{}^* + b_3a_{33}{}^*$$

を見比べると，上の3つの式の右辺は，次のようになります．

$$\det\begin{bmatrix} b_1 & a_{12} & a_{13} \\ b_2 & a_{22} & a_{23} \\ b_3 & a_{32} & a_{33} \end{bmatrix}, \quad \det\begin{bmatrix} a_{11} & b_1 & a_{13} \\ a_{21} & b_2 & a_{23} \\ a_{31} & b_3 & a_{33} \end{bmatrix}, \quad \det\begin{bmatrix} a_{11} & a_{12} & b_1 \\ a_{21} & a_{22} & b_2 \\ a_{31} & a_{32} & b_3 \end{bmatrix}$$

◆

一般に，次が成り立ちます．

クラーメルの公式　連立1次方程式

$$A\boldsymbol{x} = \boldsymbol{b}$$

ただし

$$A = \begin{bmatrix} a_{11} & \cdots & a_{1n} \\ \vdots & & \vdots \\ a_{n1} & \cdots & a_{nn} \end{bmatrix}, \quad \boldsymbol{x} = \begin{bmatrix} x_1 \\ \vdots \\ x_n \end{bmatrix}, \quad \boldsymbol{b} = \begin{bmatrix} b_1 \\ \vdots \\ b_n \end{bmatrix}$$

は，$\det A \neq 0$ であれば，以下の解をもつ（$1 \leq i \leq n$）．

$$x_i = \frac{1}{\det A} \det\begin{bmatrix} a_{11} & \cdots & a_{1,i-1} & b_1 & a_{1,i+1} & \cdots & a_{1n} \\ \vdots & & \vdots & \vdots & \vdots & & \vdots \\ a_{n1} & \cdots & a_{n,i-1} & b_n & a_{n,i+1} & \cdots & a_{nn} \end{bmatrix}$$

（$\boldsymbol{x}_i$ の分子は，A の第 i 列を $\boldsymbol{b}$ で置き換えた行列の行列式になっている）

例4　$n = 2$ の場合．$A = \begin{bmatrix} a & b \\ c & d \end{bmatrix}$，$\boldsymbol{x} = \begin{bmatrix} x \\ y \end{bmatrix}$，$\boldsymbol{b} = \begin{bmatrix} p \\ q \end{bmatrix}$ の場合は，$ad - bc \neq 0$ のとき解をもち，解は次のようになります（20ページ参照）．

$$x = \frac{dp - bq}{ad - bc} = \frac{1}{\det A} \det\begin{bmatrix} p & b \\ q & d \end{bmatrix}$$

$$y = \frac{aq - cp}{ad - bc} = \frac{1}{\det A} \det\begin{bmatrix} a & p \\ c & q \end{bmatrix}$$

◆

例5　$n = 3$ の場合．$A = \begin{bmatrix} a_{11} & a_{12} & a_{13} \\ a_{21} & a_{22} & a_{23} \\ a_{31} & a_{32} & a_{33} \end{bmatrix}$，$\boldsymbol{x} = \begin{bmatrix} x \\ y \\ z \end{bmatrix}$，$\boldsymbol{b} = \begin{bmatrix} b_1 \\ b_2 \\ b_3 \end{bmatrix}$ の場合は，

$\det A \neq 0$ のとき解をもち，解 x, y, z の $\det A$ 倍は次のようになります．

$$\det\begin{bmatrix} b_1 & a_{12} & a_{13} \\ b_2 & a_{22} & a_{23} \\ b_3 & a_{32} & a_{33} \end{bmatrix}, \quad \det\begin{bmatrix} a_{11} & b_1 & a_{13} \\ a_{21} & b_2 & a_{23} \\ a_{31} & b_3 & a_{33} \end{bmatrix}, \quad \det\begin{bmatrix} a_{11} & a_{12} & b_1 \\ a_{21} & a_{22} & b_2 \\ a_{31} & a_{32} & b_3 \end{bmatrix}$$

◈

余因子を使った逆行列の公式やクラーメルの公式は，行列式の計算をいくつもする必要があるので実用的ではありません．逆行列の成分や解が理論上このようになることを示しているだけと思ってもかまいません．効率的な計算方法は次節以降で解説します．

問　題

1　次の行列 A について以下の問いに答えよ．

$$A = \begin{bmatrix} 0 & 1 & 1 \\ a & a & 0 \\ a & 0 & 1 \end{bmatrix}$$

(1)　A が逆行列をもつための条件を求めよ．

(2)　A が (1) の条件をみたすとき，A^{-1} の成分を余因子を計算することで求めよ．

(3)　A が (1) の条件をみたすとき，次の 2 組の連立 1 次方程式の解をクラーメルの公式を用いて求めよ（解は s または t を含む）．

$$A\begin{bmatrix} x_1 \\ x_2 \\ x_3 \end{bmatrix} = \begin{bmatrix} 2 \\ s \\ 0 \end{bmatrix}, \quad A\begin{bmatrix} y_1 \\ y_2 \\ y_3 \end{bmatrix} = \begin{bmatrix} 0 \\ 3 \\ t \end{bmatrix}$$

2　次の行列 B について，逆行列をもつための条件を求め，その条件が成り立つとき，B^{-1} の成分を余因子を計算することで求めよ．

$$B = \begin{bmatrix} a & p & r \\ 0 & b & q \\ 0 & 0 & c \end{bmatrix}$$

§5　行列式の計算の実際

前節で注意したように，行列式を求めるとき，余因子展開ではあまり計算は楽になりません．そこで行列式の性質を使って，効率的な計算方法を考える必要があります．これをまとめたものが**基本変形**です．

行列の「行」の基本変形による行列式の計算

(1) 1つの行を k 倍する $\longrightarrow$ $\det A$ は k 倍になる（線形性の一部）

(2) 2つの行を入れ替える $\longrightarrow$ $\det A$ は -1 倍になる（交代性の一部）

(3) 1つの行を k 倍して別の行に加える $\longrightarrow$ $\det A$ は不変

行列の「列」の基本変形による行列式の計算

(1) 1つの列を k 倍する $\longrightarrow$ $\det A$ は k 倍になる

(2) 2つの列を入れ替える $\longrightarrow$ $\det A$ は -1 倍になる

(3) 1つの列を k 倍して別の列に加える $\longrightarrow$ $\det A$ は不変

(1) は行列式の線形性，(2) は交代性です．また (3) も行列式の性質のところで見ました（40ページ参照）．

行列式の実際の計算は，基本変形を用いて次のように行います．

基本変形による行列式の計算方針

- 基本変形の (2) を用いて$(1,1)$成分を0でないものにする．
- 基本変形の (1) を用いて$(1,1)$成分を1にする．
- 基本変形の (3) を用いて，第1列目の第2行目以下の成分を0にする．
- サイズが1つ小さい行列の行列式の計算に帰着する．

上の3番目の操作は消去法と呼ばれているものです．

例1

$$\det\begin{bmatrix} 0 & 2 & -4 & 3 \\ 1 & -1 & 1 & 2 \\ -2 & -1 & 0 & 7 \\ 2 & 1 & 1 & 1 \end{bmatrix}$$

第1行目と第2行目を入れ替えて$(1,1)$成分を1にすると

$$-\det\begin{bmatrix} 1 & -1 & 1 & 2 \\ 0 & 2 & -4 & 3 \\ -2 & -1 & 0 & 7 \\ 2 & 1 & 1 & 1 \end{bmatrix}$$

(3,1)成分の -2 を 0 にするため，第 1 行目の 2 倍を第 3 行目に加えて

$$-\det\begin{bmatrix} 1 & -1 & 1 & 2 \\ 0 & 2 & -4 & 3 \\ 0 & -3 & 2 & 11 \\ 2 & 1 & 1 & 1 \end{bmatrix}$$

(4,1)成分の 2 を 0 にするため，第 1 行目の -2 倍を第 4 行目に加えて

$$-\det\begin{bmatrix} 1 & -1 & 1 & 2 \\ 0 & 2 & -4 & 3 \\ 0 & -3 & 2 & 11 \\ 0 & 3 & -1 & -3 \end{bmatrix}$$

第 1 列目に関する余因子展開を用いると，以下のようなサイズが 1 つ小さい行列の行列式へ帰着できる.

$$-\det\begin{bmatrix} 2 & -4 & 3 \\ -3 & 2 & 11 \\ 3 & -1 & -3 \end{bmatrix}$$
◇

この後は，もう一度基本変形を用いて，2 次正方行列の場合に帰着させてもよいし，サラスの方法を用いてもかまいません.

もちろん，どの行または列について基本変形を用いるかによって，上の方法以外の計算方法もあります．基本変形は今後何度も出てくるので，本書では，例えば「第 1 行目の 2 倍を第 3 行目に加えたものを新たな第 3 行目とする」操作を省略して

基本変形の略記法　　$r_1 \times 2 + r_3 \longrightarrow$ 新 r_3

と書きます．アルファベットの r は行（row）の略です．「第 1 列目の 2 倍を第 3 列目に加えたものを新たな第 3 列目とする」操作の場合は「$c_1 \times 2 + c_3$

⟶ 新 c_3」と書きます．アルファベットの c は列（column）の略です．

✓**注意**　基本変形の（3）は1つずつ行うのが原則です．ただし上の例1で見たような「第1行目の2倍を第3行目に加える操作」と「第1行目の -2 倍を第4行目に加える操作」は一挙に行ってもかまいません．理由は，2つ目の操作に必要な第1行目と第4行目は1つ目の操作で変わっていないからです．

次に基本変形ではない方法を紹介します．

$$\det\begin{bmatrix} 1 & 1 & \cdots & 1 \\ x_1 & x_2 & \cdots & x_n \\ x_1{}^2 & x_2{}^2 & \cdots & x_n{}^2 \\ \vdots & \vdots & & \vdots \\ x_1{}^{n-1} & x_2{}^{n-1} & \cdots & x_n{}^{n-1} \end{bmatrix}$$

上の行列式は**ヴァンデルモンドの行列式**と呼ばれています．$n=2$，$n=3$，$n=4$ の場合は，それぞれ次のようになります．

$$\det\begin{bmatrix} 1 & 1 \\ x_1 & x_2 \end{bmatrix}, \quad \det\begin{bmatrix} 1 & 1 & 1 \\ x_1 & x_2 & x_3 \\ x_1{}^2 & x_2{}^2 & x_3{}^2 \end{bmatrix}, \quad \det\begin{bmatrix} 1 & 1 & 1 & 1 \\ x_1 & x_2 & x_3 & x_4 \\ x_1{}^2 & x_2{}^2 & x_3{}^2 & x_4{}^2 \\ x_1{}^3 & x_2{}^3 & x_3{}^3 & x_4{}^3 \end{bmatrix}$$

$n=3$ の場合に，この行列式の値を求めてみます．一般の n の場合も同じ方法で求めることができます．

まず，この行列式は x_1, x_2, x_3 を変数とする多項式になります．この多項式を $f(x_1, x_2, x_3)$ とおきます．ここで x_2, x_3 をいったん定数と見なして，変数 x_1 のみの多項式と思います．そこで，変数に（定数と思っている）x_2 を代入すると

$$f(x_2, x_2, x_3) = \det\begin{bmatrix} 1 & 1 & 1 \\ x_2 & x_2 & x_3 \\ x_2{}^2 & x_2{}^2 & x_3{}^2 \end{bmatrix} = 0$$

（行列式の交代性より）

となり，因数定理により，$f(x_1, x_2, x_3)$ は $x_1 - x_2$ で割り切れます．

因数定理

多項式 $F(x)$ について，$F(a)=0$ であれば $F(x)$ は $x-a$ で割り切れる．

x_1 に x_3 を代入しても同様に $f(x_3, x_2, x_3) = 0$ となるので $f(x_1, x_2, x_3)$ は $x_1 - x_3$ でも割り切れます．x_2 を変数と見なしても同じ議論ができるので，結局，$f(x_1, x_2, x_3)$ は 3 次式 $(x_1 - x_2)(x_1 - x_3)(x_2 - x_3)$ で割り切れることがわかります．

一方，行列式の定義により，この行列式の各項は，第 1 行目から 1，第 2 行目から x_i $(1 \leq i \leq 3)$ のいずれか，第 3 行目から x_i^2 $(1 \leq i \leq 3)$ のいずれかをとってその積を足すので $f(x_1, x_2, x_3)$ は 3 次多項式です．$f(x_1, x_2, x_3)$ も $(x_1 - x_2)(x_1 - x_3)(x_2 - x_3)$ も 3 次式なので，次のように書けることがわかります．

$$f(x_1, x_2, x_3) = k(x_1 - x_2)(x_1 - x_3)(x_2 - x_3) \qquad (k \text{ は定数})$$

最後に，定数 k の値を定めましょう．そのために，$f(x_1, x_2, x_3)$ と $(x_1 - x_2)(x_1 - x_3)(x_2 - x_3)$ において，$x_2 x_3^2$ の係数を比べます．

$$f(x_1, x_2, x_3) = \det \begin{bmatrix} 1 & 1 & 1 \\ x_1 & x_2 & x_3 \\ x_1^2 & x_2^2 & x_3^2 \end{bmatrix}$$

では，主対角線

$$\begin{bmatrix} 1 & 1 & 1 \\ x_1 & x_2 & x_3 \\ x_1^2 & x_2^2 & x_3^2 \end{bmatrix}$$

の積が $x_2 x_3^2$ なので係数は $+1$ です．

一方，$(x_1 - x_2)(x_1 - x_3)(x_2 - x_3)$ では，各因子（$x_1 - x_2$，$x_1 - x_3$ など）の 2 項目（$-$ の後の変数）の積が $x_2 x_3^2$ なので，係数は $(-1)^3 = -1$ です．したがって

$$f(x_1, x_2, x_3) = \det \begin{bmatrix} 1 & 1 & 1 \\ x_1 & x_2 & x_3 \\ x_1^2 & x_2^2 & x_3^2 \end{bmatrix} = -(x_1 - x_2)(x_1 - x_3)(x_2 - x_3)$$

となります．これで $n = 3$ の場合の値が求まりました．

ところで一方，一般に x_i と x_j の差 $x_i - x_j$ の積を x_1 から x_n までの**差積**といい $\Delta(x_1, x_2, \cdots, x_n)$ と書きます．重複を避けるため，通常，添字の小さい変数から添字の大きい変数を引いた形の項だけを考えて，その積をつくります．

$$\Delta(x_1, x_2, \cdots, x_n) = \prod_{1 \leq i < j \leq n} (x_i - x_j)$$

とも書きます．ここで Δ はギリシャ文字デルタ δ の大文字です．また，この式の $\prod$ は，ギリシャ文字パイ π の大文字で積を表し，「$1 \leq i < j \leq n$」は，この条件をみたす i, j のすべての組合せを考えてつくった式であることを示しています．したがって

$n = 2$ のときは $\Delta(x_1, x_2) = x_1 - x_2$

$n = 3$ のときは $\Delta(x_1, x_2, x_3) = (x_1 - x_2)(x_1 - x_3)(x_2 - x_3)$

$n = 4$ のときは

$$\Delta(x_1, x_2, x_3, x_4) = (x_1 - x_2)(x_1 - x_3)(x_1 - x_4)(x_2 - x_3)(x_2 - x_4)(x_3 - x_4)$$

一般の n では，次のような $(n-1) + (n-2) + \cdots + 2 + 1 = \dfrac{n(n-1)}{2}$ 次式になります．

$$\begin{array}{ccccc}
(x_1 - x_2) & (x_1 - x_3) & \cdots & (x_1 - x_{n-1}) & (x_1 - x_n) \\
\times & (x_2 - x_3) & \cdots & (x_2 - x_{n-1}) & (x_2 - x_n) \\
 & & \ddots & \vdots & \vdots \\
 & & \times & (x_{n-2} - x_{n-1}) & (x_{n-2} - x_n) \\
 & & & \times & (x_{n-1} - x_n)
\end{array}$$

この差積を用いると，ヴァンデルモンドの行列式について，$n = 3$ のときと同様の考察で，以下の式が成り立つことがわかります．

ヴァンデルモンドの行列式

$$\det \begin{bmatrix} 1 & 1 & \cdots & 1 \\ x_1 & x_2 & \cdots & x_n \\ x_1^{\,2} & x_2^{\,2} & \cdots & x_n^{\,2} \\ \vdots & \vdots & & \vdots \\ x_1^{\,n-1} & x_2^{\,n-1} & \cdots & x_n^{\,n-1} \end{bmatrix} = (-1)^{n(n-1)/2} \Delta(x_1, x_2, \cdots, x_n)$$

問　　題

1　次の行列の行列式を求めよ．

$$A=\begin{bmatrix}1&2&2&1\\1&-1&2&a\\0&0&6&-1\\2&4&5&3\end{bmatrix},\quad B=\begin{bmatrix}1&x&1&y\\x&1&y&1\\1&y&1&x\\y&1&x&1\end{bmatrix},\quad C=\begin{bmatrix}a&b&c&d\\b&b&c&d\\c&c&c&d\\d&d&d&d\end{bmatrix}$$

2　$f(x)=ax^3+bx^2+cx+d$ とおく．異なる値 $\alpha_1,\alpha_2,\alpha_3,\alpha_4$ に対して $f(\alpha_1)=f(\alpha_2)=f(\alpha_3)=f(\alpha_4)=0$ であれば $a=b=c=d=0$ となることを示せ．

発展　置換の符号

33 ページの発展で説明したように，置換 σ について次のことが成り立ちます（35 ページ参照）．

> **定理 1**　1 から n の置換はすべて互換の積で表すことができる．積としての表し方の可能性は何通りもあるが，互換の数の偶奇は一定である．

例と定理の前半の説明

$$\sigma=\begin{pmatrix}1&2&3&4&5&6&7\\4&6&2&7&1&3&5\end{pmatrix}$$

の場合，1 から始めて $1\to4\to7\to5\to1$ と巡回している部分と，$2\to6\to3\to2$ と巡回している部分に分かれるので，巡回している部分ごとに分け，次の左側のあみだくじをつくります．

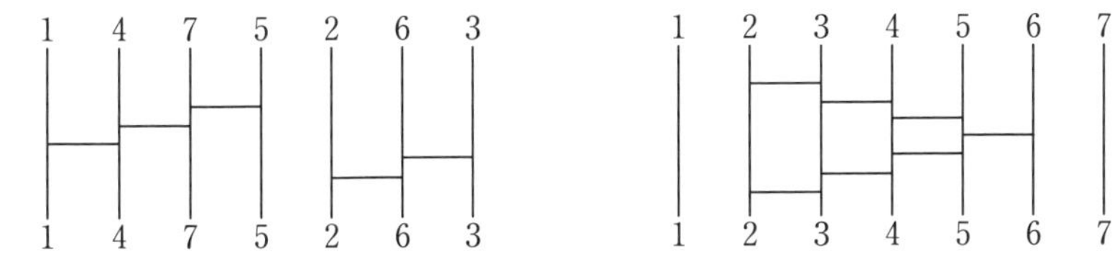

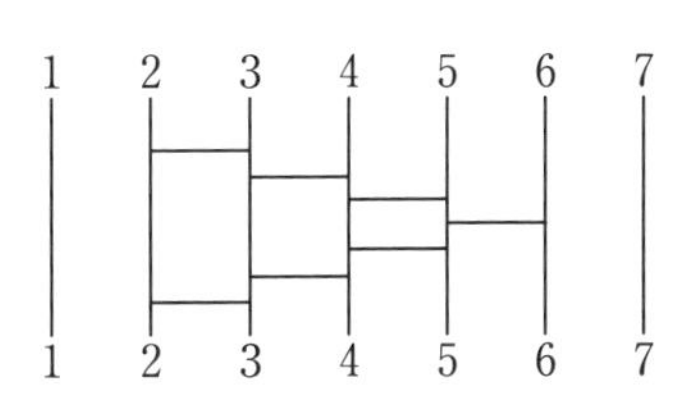

このことから，σ は 7 と 5 の互換，4 と 7 の互換，1 と 4 の互換，3 と 6 の互換，2 と 6 の互換の積で表されることがわかります．さらに，例えば 2 と 6 の互換は 40 ページで見たように上の右側のあみだくじで表されます．このことから置換 σ は，実際は隣り合う数字の互換（5 と 6 の互換のように i と $i+1$ の互換）の積で表されることがわかります．■

定理の後半の説明　このとき，63ページで見た差積を使います．差積とは，x_i と x_j の差 $x_i - x_j$ の積です．

$$\Delta(x_1, x_2, \cdots, x_n) = \prod_{1 \leq i < j \leq n} (x_i - x_j)$$

具体的には，例えば $\Delta(x_1, x_2) = (x_1 - x_2)$，$\Delta(x_1, x_2, x_3) = (x_1 - x_2)(x_1 - x_3)(x_2 - x_3)$，$\Delta(x_1, x_2, x_3, x_4) = (x_1 - x_2)(x_1 - x_3)(x_1 - x_4)(x_2 - x_3)(x_2 - x_4)(x_3 - x_4)$ です．

ここで置換 $\sigma = \begin{pmatrix} 1 & 2 & \cdots & n \\ \sigma(1) & \sigma(2) & \cdots & \sigma(n) \end{pmatrix}$ による変数変換を，x_i を $x_{\sigma(i)}$ にうつすものとします．例えば $\sigma = \begin{pmatrix} 1 & 2 & 3 \\ 2 & 3 & 1 \end{pmatrix}$ で変換したものは $\Delta(x_2, x_3, x_1)$ です．

特に σ が k と l の互換のときを考えます．例として $n = 7$ で，σ が3と5の互換の場合を考え，$x_i - x_j$ $(i < j)$ がどのように変換されるのか考えてみましょう．

$$\begin{array}{cccccc}
(x_1 - x_2) & (x_1 - x_3) & (x_1 - x_4) & (x_1 - x_5) & (x_1 - x_6) & (x_1 - x_7) \\
\times & (x_2 - x_3) & (x_2 - x_4) & (x_2 - x_5) & (x_2 - x_6) & (x_2 - x_7) \\
 & \times & \boxed{(x_3 - x_4)} & \boxed{(x_3 - x_5)} & (x_3 - x_6) & (x_3 - x_7) \\
 & & \times & \boxed{(x_4 - x_5)} & (x_4 - x_6) & (x_4 - x_7) \\
 & & & \times & (x_5 - x_6) & (x_5 - x_7) \\
 & & & & \times & (x_6 - x_7)
\end{array}$$

上で青字で示した項が入れ替わります（$(x_1 - x_3)$ と $(x_1 - x_5)$，$(x_3 - x_6)$ と $(x_5 - x_6)$ など）．また $(x_3 - x_5)$ の左側と下側にある四角で囲んだ項は，左側と下側に同数あり

$$(x_3 - x_4) \to (x_5 - x_4) = -(x_4 - x_5)$$
$$(x_4 - x_5) \to (x_4 - x_3) = -(x_3 - x_4)$$

のように，左側にある項と下側にある項が入れ替わり，かつ，どちらも -1 倍になるので，積を考えると変化はありません．さらに，もちろん $(x_3 - x_5) \to (x_5 - x_3) = -(x_3 - x_5)$ となります．これらのことを合わせると，互換による変数変換を差積に施すと -1 倍になることがわかります．

置換 σ が $\sigma = \sigma_1\sigma_2 \cdots \sigma_r = \tau_1\tau_2 \cdots \tau_s$ と互換 $\sigma_1, \cdots, \sigma_r$，または，$\tau_1, \cdots, \tau_s$ の積として2通りに表されている場合，σ_i または τ_j で差積を1回変数変換するたびに -1 倍になるので，$\sigma_1, \cdots, \sigma_r$ を使うと $(-1)^r$ 倍，$\tau_1, \cdots, \tau_s$ を使うと $(-1)^s$ 倍になります．しかし，どちらも最終的には σ による変数変換なので同じ式

になり $(-1)^r = (-1)^s$ を得ます．以上から r, s の偶奇は同じであることがわかります． ■

連立1次方程式と掃き出し法

§1 掃き出し法と基本変形

まず，具体的な連立1次方程式を考えてみましょう．

$$\begin{cases} x+2y=5 & (1) \\ 4x-7y=2 & (2) \end{cases}$$

この連立1次方程式から x を消去するために，(2) を (1) × (−4) + (2) で置き換えて

$$\begin{cases} x+2y=5 & (1) \\ -15y=-18 & (2') \end{cases}$$

とすることで，y の値が $y=\dfrac{6}{5}$ と求まります．消去法です．しかも逆に，(1), (2′) の連立1次方程式で (2′) を (1) × 4 + (2′) に置き換えると，もとの (1), (2) に戻ります．つまり，この操作は可逆的です．つまり，この操作によって，連立1次方程式の解の集合が変わらないことがわかります．

$$\begin{cases} x+2y=5 & (1) \\ 4x-7y=2 & (2) \end{cases} \quad \underset{(2)=(1)\times 4+(2')}{\overset{(1)\times(-4)+(2)=(2')}{\rightleftarrows}} \quad \begin{cases} x+2y=5 & (1) \\ -15y=-18 & (2') \end{cases}$$

解の集合が変わらない方程式を同値な方程式といいます．さらに当然，次のことも成り立ちます．

- ある式の両辺に0でないスカラを掛けても同値な方程式を得る．

● 式の順序を入れ替えても同値な方程式を得る.

以上の3つの操作をまとめて次のように言います.

連立1次方程式の基本変形（「行」の基本変形）
(1) 1つの式を k 倍する．ただし $k \neq 0 \longrightarrow$ 同値な方程式を得る
(2) 2つの式を入れ替える $\longrightarrow$ 同値な方程式を得る
(3) 1つの式を k 倍して別の式に加える $\longrightarrow$ 同値な方程式を得る

これは，行列式の計算のときに使った「行」の基本変形（下に示します）に対応しています.

行列の「行」の基本変形による行列式の計算
(1) 1つの行を k 倍する $\longrightarrow$ $\det A$ は k 倍になる（線形性の一部）
(2) 2つの行を入れ替える $\longrightarrow$ $\det A$ は -1 倍になる（交代性の一部）
(3) 1つの行を k 倍して別の行に加える $\longrightarrow$ $\det A$ は不変

行列式の計算のときは，(1) では k 倍，(2) では -1 倍になりますが，連立1次方程式の場合は，等式の両辺を同時に「変形」するので，結果として，同値な方程式が得られることになります．また，連立1次方程式の基本変形では，式の両辺を同時に変形するので，「列」の基本変形に対応する操作はありません.

連立1次方程式の基本変形の例を見てみましょう．なおここで基本変形の操作について，61ページと同じ要領で，「第1式の -4 倍を第2式に加えたものを新たな第2式とする」ことを「$\mathrm{r}_1 \times (-4) + \mathrm{r}_2 \longrightarrow$ 新 r_2」と略記することにします.

例1 まず，もとの連立1次方程式と，それを行列で表した式の両方を並べて書きます.

$$\begin{cases} x + 2y = 5 \\ 4x - 7y = 2 \end{cases} \qquad \begin{bmatrix} 1 & 2 \\ 4 & -7 \end{bmatrix}\begin{bmatrix} x \\ y \end{bmatrix} = \begin{bmatrix} 5 \\ 2 \end{bmatrix}$$

$$\Big\downarrow \ \mathrm{r}_1 \times (-4) + \mathrm{r}_2 \longrightarrow \text{新 } \mathrm{r}_2$$

$$\begin{cases} x + 2y = 5 \\ -15y = -18 \end{cases} \qquad \begin{bmatrix} 1 & 2 \\ 0 & -15 \end{bmatrix}\begin{bmatrix} x \\ y \end{bmatrix} = \begin{bmatrix} 5 \\ -18 \end{bmatrix}$$

$$\downarrow \mathrm{r}_2 \times (-1/15) \longrightarrow \text{新 } \mathrm{r}_2$$

$$\begin{cases} x + 2y = 5 \\ y = 6/5 \end{cases} \qquad \begin{bmatrix} 1 & 2 \\ 0 & 1 \end{bmatrix}\begin{bmatrix} x \\ y \end{bmatrix} = \begin{bmatrix} 5 \\ 6/5 \end{bmatrix}$$

$$\downarrow \mathrm{r}_2 \times (-2) + \mathrm{r}_1 \longrightarrow \text{新 } \mathrm{r}_1$$

$$\begin{cases} x = 13/5 \\ y = 6/5 \end{cases} \qquad \begin{bmatrix} 1 & 0 \\ 0 & 1 \end{bmatrix}\begin{bmatrix} x \\ y \end{bmatrix} = \begin{bmatrix} 13/5 \\ 6/5 \end{bmatrix}$$

以上の操作でこの連立1次方程式の解が求まりました．行列で表すと，左辺が

$$E_2\begin{bmatrix} x \\ y \end{bmatrix} = \begin{bmatrix} 1 & 0 \\ 0 & 1 \end{bmatrix}\begin{bmatrix} x \\ y \end{bmatrix}$$

になるように変形しています． ◈

連立1次方程式の基本変形で単位行列をつくる手順は，おおまかには以下のようになります．

STEP 1.1　第1列目の第1成分を1にする

必要なら行を入れ替えて（基本変形（2）），第1列目の第1成分（a_{11} とおく）が0でないようにし，第1行目を $\dfrac{1}{a_{11}}$ 倍する（基本変形（1））．

例2

$$\begin{bmatrix} 0 & 2 \\ 3 & -7 \end{bmatrix}\begin{bmatrix} x \\ y \end{bmatrix} = \begin{bmatrix} 5 \\ 2 \end{bmatrix}$$

$$\downarrow \text{第1行目と第2行目の入れ替え}$$

$$\begin{bmatrix} 3 & -7 \\ 0 & 2 \end{bmatrix}\begin{bmatrix} x \\ y \end{bmatrix} = \begin{bmatrix} 2 \\ 5 \end{bmatrix}$$

$$\downarrow \text{第1行目を 1/3 倍する}$$

$$\begin{bmatrix} 1 & -7/3 \\ 0 & 2 \end{bmatrix}\begin{bmatrix} x \\ y \end{bmatrix} = \begin{bmatrix} 2/3 \\ 5 \end{bmatrix}$$

◈

STEP 1.2　第 1 列目の第 2 成分以下を 0 にする

第 i 行目（$2 \leq i \leq n$）の第 1 列成分（a_{i1} とおく）を見て，第 1 行目の $-a_{i1}$ 倍を第 i 行目に加える（基本変形 (3)）．

例 3

$$\begin{bmatrix} 1 & 2 \\ 4 & -7 \end{bmatrix}\begin{bmatrix} x \\ y \end{bmatrix} = \begin{bmatrix} 5 \\ 2 \end{bmatrix}$$

↓ 第 1 行目の -4 倍を第 2 行目に加える

$$\begin{bmatrix} 1 & 2 \\ 0 & -15 \end{bmatrix}\begin{bmatrix} x \\ y \end{bmatrix} = \begin{bmatrix} 5 \\ -18 \end{bmatrix}$$

◆

STEP 1.1 と 1.2 の結果，左辺の行列の第 1 列目は単位ベクトル $\begin{bmatrix} 1 \\ 0 \end{bmatrix}$ になります．

STEP 2.1　第 2 行目第 2 列目の成分を 1 にする

必要なら第 2 行目と第 n 行目を入れ替えて，第 2 列目の第 2 成分（a_{22} とおく）が 0 でないようにし，第 2 行目を $\dfrac{1}{a_{22}}$ 倍する．

次の例では，第 2 行目第 2 列目の成分が 0 でないので，行を入れ替える必要はありません．

例 4

$$\begin{bmatrix} 1 & -7/3 \\ 0 & 2 \end{bmatrix}\begin{bmatrix} x \\ y \end{bmatrix} = \begin{bmatrix} 2/3 \\ 5 \end{bmatrix}$$

↓ 第 2 行目を 1/2 倍する

$$\begin{bmatrix} 1 & -7/3 \\ 0 & 1 \end{bmatrix}\begin{bmatrix} x \\ y \end{bmatrix} = \begin{bmatrix} 2/3 \\ 5/2 \end{bmatrix}$$

◆

STEP 2.2　第 2 列目の第 2 成分以外をすべて 0 にする

第 i 行目（$i = 1$ または $3 \leq i \leq n$）の第 2 列成分（a_{i2} とおく）を見て，第 2 行目の $-a_{i2}$ 倍を第 i 行目に加える．

例 5

$$\begin{bmatrix} 1 & -7/3 \\ 0 & 1 \end{bmatrix}\begin{bmatrix} x \\ y \end{bmatrix} = \begin{bmatrix} 2/3 \\ 5/2 \end{bmatrix}$$

↓ 第2行目の7/3倍を第1行目に加える

$$\begin{bmatrix} 1 & 0 \\ 0 & 1 \end{bmatrix}\begin{bmatrix} x \\ y \end{bmatrix} = \begin{bmatrix} 13/2 \\ 5/2 \end{bmatrix}$$

◇

STEP 2.1 と 2.2 の結果，左辺の行列の第1列目と第2列目は単位行列

$$E_2 = \begin{bmatrix} 1 & 0 \\ 0 & 1 \end{bmatrix}$$

になります．未知数の数と式の数が一般の場合は $\begin{bmatrix} 1 & 0 \\ 0 & 1 \\ 0 & 0 \\ \vdots & \vdots \\ 0 & 0 \end{bmatrix}$ の形になります．

以下これをくり返します．

STEP 3.1　第3行目第3列目の成分を1にする

必要なら第3行目と第 n 行目を入れ替えて，第3列目の第3成分（a_{33} とおく）が0でないようにし，第3行目を $\dfrac{1}{a_{33}}$ 倍する．

STEP 3.2　第3列目の第3成分以外をすべて0にする

第 i 行目（$i = 1, 2$ または $4 \leq i \leq n$）の第3列成分（a_{i3} とおく）を見て，第3行目の $-a_{i3}$ 倍を第 i 行目に加える．

以上の操作をくり返すことで，単位ベクトルを左から順に並べることができます．

ただし，この操作が続けられない場合があります．極端な場合，例えば左辺の行列の第1列目の成分がすべて0のとき STEP 1.1 は実行できません．また，左辺の行列が $\begin{bmatrix} 1 & 2 \\ 0 & 0 \end{bmatrix}$ となったとき STEP 2.1 は実行できません．このようなときどうするかについては次節で説明します．

例 6　ここまで述べた操作では，未知数のベクトルは変化しないことに注意してください．そこで習慣的に行列を省略して次のように書きます．

$$\begin{bmatrix} 1 & -1 & 1 \\ -2 & -1 & 0 \\ 2 & 1 & 1 \end{bmatrix}\begin{bmatrix} x_1 \\ x_2 \\ x_3 \end{bmatrix} = \begin{bmatrix} 2 \\ 0 \\ -3 \end{bmatrix} \xrightarrow{\text{省略}} \begin{array}{ccc|c} 1 & -1 & 1 & 2 \\ -2 & -1 & 0 & 0 \\ 2 & 1 & 1 & -3 \end{array}$$

省略した書き方で，上の連立1次方程式を基本変形を使って解きます．操作の略記法は例1を参照してください．

$$\begin{array}{ccc|c} 1 & -1 & 1 & 2 \\ -2 & -1 & 0 & 0 \\ 2 & 1 & 1 & -3 \end{array}$$

$$\downarrow \begin{array}{l} \mathrm{r}_1 \times 2 + \mathrm{r}_2 \longrightarrow \text{新}\,\mathrm{r}_2 \\ \mathrm{r}_1 \times (-2) + \mathrm{r}_3 \longrightarrow \text{新}\,\mathrm{r}_3 \end{array}$$

$$\begin{array}{ccc|c} 1 & -1 & 1 & 2 \\ 0 & -3 & 2 & 4 \\ 0 & 3 & -1 & -7 \end{array}$$

$$\downarrow \mathrm{r}_2 \times (-1/3) \longrightarrow \text{新}\,\mathrm{r}_2$$

$$\begin{array}{ccc|c} 1 & -1 & 1 & 2 \\ 0 & 1 & -2/3 & -4/3 \\ 0 & 3 & -1 & -7 \end{array}$$

$$\downarrow \begin{array}{l} \mathrm{r}_2 + \mathrm{r}_1 \longrightarrow \text{新}\,\mathrm{r}_1 \\ \mathrm{r}_2 \times (-3) + \mathrm{r}_3 \longrightarrow \text{新}\,\mathrm{r}_3 \end{array}$$

$$\begin{array}{ccc|c} 1 & 0 & 1/3 & 2/3 \\ 0 & 1 & -2/3 & -4/3 \\ 0 & 0 & 1 & -3 \end{array}$$

$$\downarrow \begin{array}{l} \mathrm{r}_3 \times (-1/3) + \mathrm{r}_1 \longrightarrow \text{新}\,\mathrm{r}_1 \\ \mathrm{r}_3 \times 2/3 + \mathrm{r}_2 \longrightarrow \text{新}\,\mathrm{r}_2 \end{array}$$

$$\begin{array}{ccc|c} 1 & 0 & 0 & 5/3 \\ 0 & 1 & 0 & -10/3 \\ 0 & 0 & 1 & -3 \end{array}$$

上の式を書き直すと

$$x_1 = \frac{5}{3}, \quad x_2 = -\frac{10}{3}, \quad x_3 = -3$$

となり，解が求まりました． ◈

行の基本変形を使った連立1次方程式の解法を**掃き出し法**といいます.

掃き出し法では，方程式の係数を並べた行列が正方行列である必要がないことに注意してください．これについては次節で説明します.

問　題

1　次の連立1次方程式を掃き出し法を用いて解け.

(1) $$\begin{bmatrix} 2 & 2 & -1 & 1 \\ 4 & 3 & -1 & 2 \\ 8 & 5 & -3 & 4 \\ 3 & 3 & -2 & 2 \end{bmatrix}\begin{bmatrix} x_1 \\ x_2 \\ x_3 \\ x_4 \end{bmatrix} = \begin{bmatrix} 4 \\ 6 \\ 12 \\ 6 \end{bmatrix}$$

(2) $$\begin{bmatrix} 1 & 2 & 3 & 4 \\ 4 & 3 & 2 & 1 \\ 2 & -2 & -8 & -13 \\ 5 & 0 & -2 & -7 \end{bmatrix}\begin{bmatrix} x_1 \\ x_2 \\ x_3 \\ x_4 \end{bmatrix} = \begin{bmatrix} 3 \\ 7 \\ -1 \\ 8 \end{bmatrix}$$

2　次の行列 A について以下の問いに答えよ.

$$A = \begin{bmatrix} 1 & a & 0 \\ 1 & a & a \\ 0 & a & 1 \end{bmatrix}$$

(1) $\det A$ を求めよ.

(2) $\det A \neq 0$ となる a に対し，次の連立1次方程式を掃き出し法を用いて解け.

$$A\begin{bmatrix} x_1 \\ x_2 \\ x_3 \end{bmatrix} = \begin{bmatrix} -3 \\ -6 \\ 4 \end{bmatrix}$$

3　次の行列 A について以下の3組の連立1次方程式を掃き出し法を用いて解け．また，この計算によって実際何が求められたか考えよ．さらに，できるだけ少ない操作回数で3組の連立1次方程式を解く方法を考えよ.

$$A = \begin{bmatrix} 1 & 2 & 0 \\ 1 & 2 & 1 \\ 0 & -3 & 1 \end{bmatrix}$$

$$A\begin{bmatrix} x_1 \\ x_2 \\ x_3 \end{bmatrix} = \begin{bmatrix} 1 \\ 0 \\ 0 \end{bmatrix}, \quad A\begin{bmatrix} y_1 \\ y_2 \\ y_3 \end{bmatrix} = \begin{bmatrix} 0 \\ 1 \\ 0 \end{bmatrix}, \quad A\begin{bmatrix} z_1 \\ z_2 \\ z_3 \end{bmatrix} = \begin{bmatrix} 0 \\ 0 \\ 1 \end{bmatrix}$$

発展　基本変形と行列の積

ここでは，基本変形と行列の積について注意しておきます．まず，P, Q, R を次の行列とします．

$$P = \begin{bmatrix} 1 & 0 & 0 \\ 0 & k & 0 \\ 0 & 0 & 1 \end{bmatrix}, \quad Q = \begin{bmatrix} 0 & 1 & 0 \\ 1 & 0 & 0 \\ 0 & 0 & 1 \end{bmatrix}, \quad R = \begin{bmatrix} 1 & 0 & 0 \\ 0 & 1 & 0 \\ k & 0 & 1 \end{bmatrix}$$

上の行列を左から，3×4 行列に掛けると次のようになります．

P を左から掛けると

$$\begin{bmatrix} 1 & 0 & 0 \\ 0 & k & 0 \\ 0 & 0 & 1 \end{bmatrix}\begin{bmatrix} a & b & c & d \\ p & q & r & s \\ u & v & w & x \end{bmatrix} = \begin{bmatrix} a & b & c & d \\ kp & kq & kr & ks \\ u & v & w & x \end{bmatrix}$$

Q を左から掛けると

$$\begin{bmatrix} 0 & 1 & 0 \\ 1 & 0 & 0 \\ 0 & 0 & 1 \end{bmatrix}\begin{bmatrix} a & b & c & d \\ p & q & r & s \\ u & v & w & x \end{bmatrix} = \begin{bmatrix} p & q & r & s \\ a & b & c & d \\ u & v & w & x \end{bmatrix}$$

R を左から掛けると

$$\begin{bmatrix} 1 & 0 & 0 \\ 0 & 1 & 0 \\ k & 0 & 1 \end{bmatrix}\begin{bmatrix} a & b & c & d \\ p & q & r & s \\ u & v & w & x \end{bmatrix} = \begin{bmatrix} a & b & c & d \\ p & q & r & s \\ ak+u & bk+v & ck+w & dk+x \end{bmatrix}$$

このように，P を左から掛けると第 2 行目が k 倍され，Q を左から掛けると第 1 行目と第 2 行目が入れ替わり，R を左から掛けると第 1 行目の k 倍を第 3 行目に加えたものが第 3 行目になります．これは，行の基本変形に対応していることに注意してください．一般には次のような行列を考えます．

- P として単位行列 E_n の (i, i) 成分の 1 を k で置き換えた行列．
- Q として単位行列 E_n の (i, i) 成分と (j, j) 成分の 1 を 0 に変え，(i, j) 成分と (j, i) 成分の 0 を 1 に変えた行列 $(i \neq j)$．
- R として単位行列 E_n の (i, j) 成分の 0 を k に変えた行列 $(i \neq j)$．

例1　4次正方行列で，$i=2$，$j=4$ の場合は次のようになります．

$$P=\begin{bmatrix}1&0&0&0\\0&k&0&0\\0&0&1&0\\0&0&0&1\end{bmatrix},\quad Q=\begin{bmatrix}1&0&0&0\\0&0&0&1\\0&0&1&0\\0&1&0&0\end{bmatrix},\quad R=\begin{bmatrix}1&0&0&0\\0&1&0&k\\0&0&1&0\\0&0&0&1\end{bmatrix}$$ ◆

このような行列を左から掛けると次のようになります．

- P を左から掛けると，第 i 行目が k 倍される ($k\neq 0$).
- Q を左から掛けると，第 i 行目と第 j 行目が入れ替わる．
- R を左から掛けると，第 j 行目の k 倍を第 i 行目に加えたものが第 i 行目になる．

これは，行の基本変形（60ページ参照）に対応しています．

行の基本変形

- 1つの行を k 倍する ($k\neq 0$).
- 2つの行を入れ替える．
- 1つの行を k 倍して別の行に加える．

行列式を求めるとき，n 次正方行列 A に行列式の線形性を用いて行の変形を行うことは，A の左から P,Q,R の形の行列を掛けることと同じです．このとき，$\det P=k$，$\det Q=-1$，$\det R=1$ なので，それぞれの操作で行列式が k 倍，-1 倍，不変となるのです．また，連立1次方程式 $A\boldsymbol{x}=\boldsymbol{b}$ を掃き出し法を用いて解くときの各操作は，$A\boldsymbol{x}=\boldsymbol{b}$ の両辺に左から P,Q,R の形の行列を掛けることと同じです．また掃き出し法で逆行列を求めるとき（第4章§1の問題3，および85ページ参照）の各操作も同様に，A の逆行列を X と想定し，$AX=E_n$ の両辺に左から P,Q,R の形の行列を掛けて左辺を X にすることと同じです．

連立1次方程式を解くときには使いませんが，P,Q,R の形の行列を右から掛けることは，列の基本変形に対応しています．

§2　一般の場合の掃き出し法

この節では，正方行列とは限らない行列も考えることにします．掃き出し法の過程を見ると，正方行列であることは掃き出し法の過程で使ってはいません．つまり，考えている行列が正方行列でなくても実行できることがわかります．

しかし，正方行列であってもなくても，掃き出し法の操作が途中でできなくなる場合もあります．そのことを説明します．

掃き出し法の操作を振り返ってみると，掃き出し法は，単位ベクトルを左から順に並べるプロセスということもできます．ここでいう単位ベクトルとは，正確には

$$\boldsymbol{e}_1 = \begin{bmatrix} 1 \\ 0 \\ 0 \end{bmatrix}, \quad \boldsymbol{e}_2 = \begin{bmatrix} 0 \\ 1 \\ 0 \end{bmatrix}, \quad \boldsymbol{e}_3 = \begin{bmatrix} 0 \\ 0 \\ 1 \end{bmatrix}$$

のように縦ベクトルのことです．しかし，例えば次のような場合，掃き出し法の操作を進めることができません．

$$\begin{bmatrix} 1 & 2 & 3 & 4 & 5 & 6 \\ 0 & 0 & 1 & 2 & 2 & 3 \\ 0 & 0 & 0 & 1 & 4 & 3 \\ 0 & 0 & 0 & 0 & 0 & 1 \\ 0 & 0 & 0 & 0 & 0 & 0 \end{bmatrix} \quad \text{つまり} \quad \begin{array}{cccccc|c} 1 & \mathbf{2} & 3 & 4 & \mathbf{5} & 6 & b_1 \\ \mathbf{0} & \mathbf{0} & 1 & 2 & \mathbf{2} & 3 & b_2 \\ \mathbf{0} & \mathbf{0} & \mathbf{0} & 1 & \mathbf{4} & 3 & b_3 \\ \mathbf{0} & \mathbf{0} & \mathbf{0} & \mathbf{0} & \mathbf{0} & 1 & b_4 \\ \mathbf{0} & \mathbf{0} & \mathbf{0} & \mathbf{0} & \mathbf{0} & \mathbf{0} & b_5 \end{array}$$

この場合は，第2列目について，第2行目から第5行目までの成分がすべて0なので，第2列目に対する操作ができません．そこで第2列目はそのままにして，第3列目の操作を行うことにします．しかし第3列目と第4列目の操作の後，同じように第5列目に対する操作ができません．そこでやはり，第5列目はそのままにして，第6列目の操作を行うことにします．このとき単位ベクトルが並ぶ列は右にずれて，第1列目，第3列目，第4列目，第6列目となります．この場合，掃き出し法の原理を用いて変形しても，次の形が最良といえます．

$$\begin{bmatrix} 1 & 2 & 0 & 0 & 5 & 0 \\ 0 & \mathbf{0} & 1 & 0 & 2 & 0 \\ 0 & \mathbf{0} & 0 & 1 & 4 & 0 \\ 0 & \mathbf{0} & 0 & 0 & \mathbf{0} & 1 \\ 0 & \mathbf{0} & 0 & 0 & \mathbf{0} & 0 \end{bmatrix}$$

> **定義** 掃き出し法を用いて得られる上の形の行列を**簡約な行列**という．また，行列 A を掃き出し法（行の基本変形）を用いて簡約な行列に変形することを A の**簡約化**といい，得られた行列を A の**簡約形**という．

簡約な行列の正確な意味は次の (0), (1), (2), ⋯, (i), ⋯ のようになります．

(0) ゼロ行列は簡約な行列である．

(1) 第1行目の成分が0でない列ベクトルのうち最も左にある列ベクトルは $\boldsymbol{e}_1$ であり，この列ベクトルの左側にある列ベクトルはどれもゼロベクトルである．

(2) 第2行目の成分が0でない列ベクトルのうち最も左にある列ベクトルは $\boldsymbol{e}_2$ であり，この列ベクトルの左側にある列ベクトルはどれも第2行目以下の成分がすべて0である．さらに，この左側にある列ベクトルとして $\boldsymbol{e}_1$ がある．

以下同様に，$i = 3, 4, \cdots$ について

(i) 第 i 行目の成分が0でない列ベクトルのうち最も左にある列ベクトルは $\boldsymbol{e}_i$ であり，この列ベクトルの左側にある列ベクトルはどれも第 i 行目以下の成分がすべて0である．さらに，この左側にある列ベクトルとして $\boldsymbol{e}_1, \cdots, \boldsymbol{e}_{i-1}$ がある．

2×3行列で簡約な行列をすべて書くと以下のようになります（$*$ で書いた成分はどんな数でもかまいません）．

$$\begin{bmatrix} 1 & 0 & * \\ 0 & 1 & * \end{bmatrix}, \quad \begin{bmatrix} 1 & * & 0 \\ 0 & 0 & 1 \end{bmatrix}, \quad \begin{bmatrix} 0 & 1 & 0 \\ 0 & 0 & 1 \end{bmatrix}$$

$$\begin{bmatrix} 1 & * & * \\ 0 & 0 & 0 \end{bmatrix}, \quad \begin{bmatrix} 0 & 1 & * \\ 0 & 0 & 0 \end{bmatrix}, \quad \begin{bmatrix} 0 & 0 & 1 \\ 0 & 0 & 0 \end{bmatrix}, \quad \begin{bmatrix} 0 & 0 & 0 \\ 0 & 0 & 0 \end{bmatrix}$$

$\boldsymbol{e}_1, \boldsymbol{e}_2$ が並んでいる行列が ${}_3\mathrm{C}_2 = 3$ パターン，$\boldsymbol{e}_1$ のみが並んでいる行列が

${}_3C_1 = 3$ パターン，単位ベクトルが1つも並んでいない行列，つまりゼロ行列が ${}_3C_0 = 1$ 個の合計7パターンがあります．2×2行列の場合は次の4パターンがあります．

$$\begin{bmatrix} 1 & 0 \\ 0 & 1 \end{bmatrix}, \quad \begin{bmatrix} 1 & * \\ 0 & 0 \end{bmatrix}, \quad \begin{bmatrix} 0 & 1 \\ 0 & 0 \end{bmatrix}, \quad \begin{bmatrix} 0 & 0 \\ 0 & 0 \end{bmatrix}$$

一般の場合の連立1次方程式の解法例

ここではもとの連立1次方程式は省略し，その連立1次方程式が掃き出し法によって次の形になった場合を考えます．簡約化によって得られた連立1次方程式はもとの連立1次方程式と同値な方程式なので，簡約な行列の場合の解法を示せばよいのです．例えば，掃き出し法の結果として次のようになった $x_1, \cdots, x_6$ を未知数とする方程式の場合

$$\left[\begin{array}{cccccc|c} 1 & 2 & 0 & 0 & -1 & 3 & b_1' \\ 0 & 0 & 1 & 0 & 0 & -4 & b_2' \\ 0 & 0 & 0 & 1 & 4 & 0 & b_3' \\ 0 & 0 & 0 & 0 & 0 & 0 & b_4' \\ 0 & 0 & 0 & 0 & 0 & 0 & b_5' \end{array}\right]$$

まず，4番目の式は $0 = b_4'$，5番目の式は $0 = b_5'$ なので，$b_4' \neq 0$ または $b_5' \neq 0$ の場合には解はありません．次に $b_4' = b_5' = 0$ の場合を考えます．ここで単位ベクトルが並んでいない3個の列（第2列目，第5列目，第6列目）に対応する未知数 x_2, x_5, x_6 を**任意定数**（**パラメータ**）と考え，例えば $x_2 = s$，$x_5 = t$，$x_6 = u$ とおきます．そこで，係数がすべて0である4番目の式と5番目の式を除き，1番目から3番目の式を具体的に書いてみると

$$\begin{aligned} x_1 + 2x_2 - x_5 + 3x_6 &= b_1' \\ x_3 - 4x_6 &= b_2' \\ x_4 + 4x_5 &= b_3' \end{aligned}$$

つまり

$$\begin{aligned} x_1 + 2s - t + 3u &= b_1' \\ x_3 - 4u &= b_2' \\ x_4 + 4t &= b_3' \end{aligned}$$

となります．

以上から，$b_4' = b_5' = 0$ のときの解は次の形に書けます．

$$\begin{bmatrix} x_1 \\ x_2 \\ x_3 \\ x_4 \\ x_5 \\ x_6 \end{bmatrix} = \begin{bmatrix} b_1' - 2s + t - 3u \\ s \\ b_2' + 4u \\ b_3' - 4t \\ t \\ u \end{bmatrix} = \begin{bmatrix} b_1' \\ 0 \\ b_2' \\ b_3' \\ 0 \\ 0 \end{bmatrix} + \begin{bmatrix} -2 \\ 1 \\ 0 \\ 0 \\ 0 \\ 0 \end{bmatrix} s + \begin{bmatrix} 1 \\ 0 \\ 0 \\ -4 \\ 1 \\ 0 \end{bmatrix} t + \begin{bmatrix} -3 \\ 0 \\ 4 \\ 0 \\ 0 \\ 1 \end{bmatrix} u$$

ただし s, t, u は任意定数で，上の式がすべての解を表します．

✓**注意** 連立1次方程式 $A\boldsymbol{x} = \boldsymbol{b}$ について，A の列の数が未知数の個数であり，また，これは $A\boldsymbol{x} = \boldsymbol{b}$ が解をもつとき，A の簡約形の列に並んでいる単位ベクトルの個数と解が含む任意定数の個数の和になります．

連立1次方程式の解法のまとめ

$$A = \begin{bmatrix} a_{11} & \cdots & a_{1n} \\ \vdots & & \vdots \\ a_{m1} & \cdots & a_{mn} \end{bmatrix}, \quad \boldsymbol{x} = \begin{bmatrix} x_1 \\ \vdots \\ x_n \end{bmatrix}, \quad \boldsymbol{b} = \begin{bmatrix} b_1 \\ \vdots \\ b_m \end{bmatrix}$$

とし，連立1次方程式 $A\boldsymbol{x} = \boldsymbol{b}$ を掃き出し法（行の基本変形）を使って，（省略した書き方での）縦線の左側が A の簡約形になるようにします．下では，A の簡約形は列ベクトルとして単位ベクトル $\boldsymbol{e}_1, \cdots, \boldsymbol{e}_r$ を含んでいるとします（$\boldsymbol{e}_{r+1}$ は含んでいません）．

$$\begin{array}{ccc|c} a_{11} & \cdots & a_{1n} & b_1 \\ \vdots & & \vdots & \vdots \\ a_{m1} & \cdots & a_{mn} & b_m \end{array} \xrightarrow{\text{掃き出し法}} \begin{array}{ccc|c} & & & b_1' \\ & \text{簡約な行列} & & \vdots \\ & & & b_r' \\ 0 & \cdots & 0 & b_{r+1}' \\ \vdots & & \vdots & \vdots \\ 0 & \cdots & 0 & b_m' \end{array}$$

このとき次が成り立つ．

● $\begin{bmatrix} b_{r+1}' \\ \vdots \\ b_m' \end{bmatrix} \neq \begin{bmatrix} 0 \\ \vdots \\ 0 \end{bmatrix}$ のとき，解なし．

● $\begin{bmatrix} b_{r+1}' \\ \vdots \\ b_m' \end{bmatrix} = \begin{bmatrix} 0 \\ \vdots \\ 0 \end{bmatrix}$ のとき，簡約形において単位ベクトルが並んでいない列に

対応させて任意定数をおくと，すべての解を任意定数を用いて表すことができる．

掃き出し法の利点

掃き出し法の操作は，行列でいうと A，また省略した書き方でいうと，縦線の左側のみを見て実行できます．

例 1　次の 2 組の連立 1 次方程式

$$A\boldsymbol{x} = \boldsymbol{b}_1 \quad と \quad A\boldsymbol{x} = \boldsymbol{b}_2$$

ただし

$$A = \begin{bmatrix} 2 & 3 & -3 \\ 1 & 1 & -4 \\ 3 & 5 & -2 \end{bmatrix}, \quad \boldsymbol{x} = \begin{bmatrix} x_1 \\ x_2 \\ x_3 \end{bmatrix}, \quad \boldsymbol{b}_1 = \begin{bmatrix} 1 \\ 0 \\ 2 \end{bmatrix}, \quad \boldsymbol{b}_2 = \begin{bmatrix} 0 \\ 1 \\ -3 \end{bmatrix}$$

この場合，掃き出し法を使って A を簡約化するとき，2 組の連立 1 次方程式に対して同じ操作を行えばよく，結果として縦線の左側の結果は同じものになります．したがって，それぞれの連立 1 次方程式に掃き出し法を使うのではなく，縦線の右側に連立 1 次方程式の右辺を 2 列並べて $A \mid \boldsymbol{b}_1 \ \ \boldsymbol{b}_2$ とし，次のように行の基本変形を一度だけ行うことで，2 組の連立 1 次方程式を同時に解くことができます（途中経過は省略しています）．

$$\begin{array}{ccc|cc} 2 & 3 & -3 & 1 & 0 \\ 1 & 1 & -4 & 0 & 1 \\ 3 & 5 & -2 & 2 & -3 \end{array} \xrightarrow{\text{掃き出し法}} \begin{array}{ccc|cc} 1 & 0 & -9 & -1 & 3 \\ 0 & 1 & 5 & 1 & -2 \\ 0 & 0 & 0 & 0 & -2 \end{array}$$

この結果，$A\boldsymbol{x} = \boldsymbol{b}_1$ の解は

$$\boldsymbol{x} = \begin{bmatrix} -1 + 9t \\ 1 - 5t \\ t \end{bmatrix} \qquad (t \text{ は任意定数})$$

$A\boldsymbol{x} = \boldsymbol{b}_2$ は解なしであることがわかります．◈

問　題

1　次の行列を簡約化せよ．ただし a は実数とする（C の簡約化の最終形は a の値に

よって異なる).

$$A = \begin{bmatrix} 1 & 2 & -1 \\ 2 & 0 & 2 \\ 4 & 0 & 0 \\ 2 & 1 & 4 \end{bmatrix}, \quad B = \begin{bmatrix} 1 & -2 & 0 \\ 2 & -4 & 0 \\ 0 & 0 & 1 \\ -1 & 2 & 2 \end{bmatrix}, \quad C = \begin{bmatrix} 1 & 0 & a \\ a & 1 & 0 \\ 0 & a & 1 \end{bmatrix}$$

2　3次正方行列で簡約な行列は，$2^3 = 8$ パターンあることを示せ．一般の $\boldsymbol{n}$ 次正方行列の場合はどうか．

3　$A, \boldsymbol{x}, \boldsymbol{b}$ を以下の通りとする．

$$A = \begin{bmatrix} 1 & 3 & 2 \\ 2 & 1 & 4 \\ 2 & 2 & 4 \end{bmatrix}, \quad \boldsymbol{x} = \begin{bmatrix} x_1 \\ x_2 \\ x_3 \end{bmatrix}, \quad \boldsymbol{b} = \begin{bmatrix} 3 \\ 1 \\ b \end{bmatrix}$$

連立1次方程式 $A\boldsymbol{x} = \boldsymbol{b}$ が解をもつための b の条件を求めよ．またそのときの解をすべて求めよ．

§3　行列の階数

まず，この節のタイトルにある「階数」の意味を書きます．

> **定義**　行列 A の簡約形において，並んでいる単位ベクトルの個数を A の**階数**（**ランク**）といい，$\mathrm{rank}\, A$ で表す．

✓**注意**　行列 A のランクが $\boldsymbol{r}$ のとき，A の簡約形の $\boldsymbol{r}+1$ 行目以下の行の成分はすべて0です．また，ゼロ行列の階数は0です．

行列 A の簡約化の過程，つまり行の基本変形の過程は何通りもありますが，最終形である A の簡約形は基本変形の過程によらずに定まります．したがって，A の階数も基本変形の過程によらずに定まります．

✓**注意**　階数について，まったく別の定義をしている本もありますが，上の定義と同じ値になります．

例 1　A が 2×3 行列の場合の例（78 ページ参照）

rank A	2	2	1	1
簡約形	$\begin{bmatrix} 1 & 0 & * \\ 0 & 1 & * \end{bmatrix}$	$\begin{bmatrix} 1 & * & 0 \\ 0 & 0 & 1 \end{bmatrix}$	$\begin{bmatrix} 1 & * & * \\ 0 & 0 & 0 \end{bmatrix}$	$\begin{bmatrix} 0 & 1 & * \\ 0 & 0 & 0 \end{bmatrix}$

◈

簡約形において最大何個の単位ベクトルを並べることができるかを考えると，$m \times n$ 行列の階数は m 以下でかつ n 以下であることがわかります．

例 2　A が 3×3 行列の場合の例　連立 1 次方程式と関連していることに注意してください．

rank A	1	2	3
掃き出し法の最終形	$\begin{array}{ccc\|c} 1 & * & * & b_1' \\ 0 & 0 & 0 & b_2' \\ 0 & 0 & 0 & b_3' \end{array}$	$\begin{array}{ccc\|c} 1 & * & 0 & b_1' \\ 0 & 0 & 1 & b_2' \\ 0 & 0 & 0 & b_3' \end{array}$	$\begin{array}{ccc\|c} 1 & 0 & 0 & b_1' \\ 0 & 1 & 0 & b_2' \\ 0 & 0 & 1 & b_3' \end{array}$
解があるための条件	$\begin{bmatrix} b_2' \\ b_3' \end{bmatrix} = \begin{bmatrix} 0 \\ 0 \end{bmatrix}$	$b_3' = 0$	常に解あり
解が含む任意定数の個数	2	1	0 解はただ 1 組

◈

解が含む任意定数の個数を階数を用いて書くと，階数の定義から次のようになります．

定理 1　連立 1 次方程式 $A\boldsymbol{x} = \boldsymbol{b}$ が解をもつ場合，解が含む任意定数の個数は

$$\text{未知数の個数} - \mathrm{rank}\,A = A\ \text{の列の数} - \mathrm{rank}\,A$$

に等しい．

次に，連立 1 次方程式 $A\boldsymbol{x} = \boldsymbol{b}$ で A が正方行列の場合（すなわち，未知数の個数 = 式の個数の場合）を特別に考えることにします．正方行列の場合に

は，行列式も関係させて考えることができるからです．

$$A = \begin{bmatrix} a_{11} & \cdots & a_{1n} \\ \vdots & & \vdots \\ a_{n1} & \cdots & a_{nn} \end{bmatrix}, \quad \boldsymbol{x} = \begin{bmatrix} x_1 \\ \vdots \\ x_n \end{bmatrix}, \quad \boldsymbol{b} = \begin{bmatrix} b_1 \\ \vdots \\ b_n \end{bmatrix}$$

の場合を考えましょう．このとき A の階数が $\boldsymbol{n}$ となるのは，単位ベクトル $\boldsymbol{e}_1, \cdots, \boldsymbol{e}_n$ が並ぶ場合なので，掃き出し法の最終形が次のようになる場合です．

$$A \mid \boldsymbol{b} = \begin{array}{ccc|c} a_{11} & \cdots & a_{1n} & b_1 \\ \vdots & & \vdots & \vdots \\ a_{n1} & \cdots & a_{nn} & b_n \end{array} \xrightarrow{\text{掃き出し法}} \begin{array}{cccc|c} 1 & 0 & \cdots & 0 & b_1' \\ 0 & \ddots & \ddots & \vdots & \vdots \\ \vdots & \ddots & \ddots & 0 & \vdots \\ 0 & \cdots & 0 & 1 & b_n' \end{array} = E_n \mid \boldsymbol{b}'$$

また，このとき解が含む任意定数の個数は，未知数の個数 $-$ A の階数 $=$ A の列の数 $-$ A の階数 $=$ A の行の数 $-$ A の階数，なので0です．さらにこのとき，解は必ず存在します．つまり，解はただ1組だけ存在することになります．一方，60ページで述べたように，行の基本変形による行列式の計算では

(1) 1つの行を k 倍する $(k \neq 0)$ $\longrightarrow$ $\det A$ は k 倍になる
(2) 2つの行を入れ替える $\longrightarrow$ $\det A$ は -1 倍になる
(3) 1つの行を k 倍して別の行に加える $\longrightarrow$ $\det A$ は不変

ということを思い出すと，このとき $\det E_n \neq 0$ から $\det A \neq 0$ であることもわかります．また逆に，$\det A \neq 0$ のとき A は逆行列 A^{-1} をもち，解は $A^{-1}\boldsymbol{b}$ ただ1つです．したがって解が含む任意定数の個数は0であり，$\operatorname{rank} A = \boldsymbol{n}$ となります．

つまり，次が成り立っています．

定理2 A が $\boldsymbol{n}$ 次正方行列のとき

$$\operatorname{rank} A = \boldsymbol{n} \iff \det A \neq 0$$

✓**注意** 連立1次方程式を解くとき，行の基本変形（掃き出し法）を使う場合，上の（1）で $k \neq 0$ でないと同値な連立1次方程式になりません．

$\boldsymbol{n}$ 次正方行列 A について，これまで見てきたことは，次のようにまとめることができます．最後の（5）については，連立1次方程式 $A\boldsymbol{x} = \boldsymbol{0}$ は必ず解

$\boldsymbol{x} = \boldsymbol{0}$ をもつので,「解が1組のみ」と「解は $\boldsymbol{x} = \boldsymbol{0}$ のみ」は同じ意味になることに注意してください. A が正方行列でなくても一般に, 連立1次方程式 $A\boldsymbol{x} = \boldsymbol{0}$ の解 $\boldsymbol{0}$ は**自明な解**と呼ばれています.

定理3 n 次正方行列 A に対して, 次は同値.

(1) $\det A \neq 0$ (つまり A は正則行列)

(2) $\operatorname{rank} A = n$

(3) A の簡約形は E_n

(4) $A\boldsymbol{x} = \boldsymbol{b}$ の解が含む任意定数の個数は0, つまり解は $A^{-1}\boldsymbol{b}$ のみ

(5) $A\boldsymbol{x} = \boldsymbol{0}$ の解は $\boldsymbol{x} = \boldsymbol{0}$ のみである ($A\boldsymbol{x} = \boldsymbol{0}$ は自明な解のみをもつ)

さて, 3次正方行列 A に対し

$$\boldsymbol{x}_1 = \begin{bmatrix} x_{11} \\ x_{21} \\ x_{31} \end{bmatrix}, \quad \boldsymbol{x}_2 = \begin{bmatrix} x_{12} \\ x_{22} \\ x_{32} \end{bmatrix}, \quad \boldsymbol{x}_3 = \begin{bmatrix} x_{13} \\ x_{23} \\ x_{33} \end{bmatrix}, \quad \boldsymbol{b}_1 = \begin{bmatrix} 1 \\ 0 \\ 0 \end{bmatrix}, \quad \boldsymbol{b}_2 = \begin{bmatrix} 0 \\ 1 \\ 0 \end{bmatrix}, \quad \boldsymbol{b}_3 = \begin{bmatrix} 0 \\ 0 \\ 1 \end{bmatrix}$$

とおき, 連立1次方程式

$$A\boldsymbol{x}_1 = \boldsymbol{b}_1, \qquad A\boldsymbol{x}_2 = \boldsymbol{b}_2, \qquad A\boldsymbol{x}_3 = \boldsymbol{b}_3$$

を考えてみてください. このとき, 前節の最後で見たように, この3組の方程式をまとめて書くと

$$A\boldsymbol{x}_1 = \boldsymbol{b}_1,\ A\boldsymbol{x}_2 = \boldsymbol{b}_2,\ A\boldsymbol{x}_3 = \boldsymbol{b}_3 \iff A\begin{bmatrix} x_{11} & x_{12} & x_{13} \\ x_{21} & x_{22} & x_{23} \\ x_{31} & x_{32} & x_{33} \end{bmatrix} = \begin{bmatrix} 1 & 0 & 0 \\ 0 & 1 & 0 \\ 0 & 0 & 1 \end{bmatrix}$$

となるので, この3組の連立1次方程式を解くことは, A の逆行列を求めることと同じです. つまり, A の逆行列も掃き出し法で求めることができます.

例3 A が次の3次正方行列の場合に, 掃き出し法を用いて A^{-1} を求めてみましょう.

$$A = \begin{bmatrix} 1 & 2 & 3 \\ 2 & 3 & -4 \\ 3 & 5 & 1 \end{bmatrix}$$

上のように3組の連立1次方程式を考えて

$$\left.\begin{array}{ccc}1&2&3\\2&3&-4\\3&5&1\end{array}\right|\begin{array}{c}1\\0\\0\end{array},\quad \left.\begin{array}{ccc}1&2&3\\2&3&-4\\3&5&1\end{array}\right|\begin{array}{c}0\\1\\0\end{array},\quad \left.\begin{array}{ccc}1&2&3\\2&3&-4\\3&5&1\end{array}\right|\begin{array}{c}0\\0\\1\end{array} \iff \left.\begin{array}{ccc}1&2&3\\2&3&-4\\3&5&1\end{array}\right|\begin{array}{ccc}1&0&0\\0&1&0\\0&0&1\end{array}$$

これを解きます.

$$\left.\begin{array}{ccc}1&2&3\\2&3&-4\\3&5&1\end{array}\right|\begin{array}{ccc}1&0&0\\0&1&0\\0&0&1\end{array}$$

$$\downarrow \begin{array}{l}r_1\times(-2)+r_2\longrightarrow \text{新}\,r_2\\ r_1\times(-3)+r_3\longrightarrow \text{新}\,r_3\end{array}$$

$$\left.\begin{array}{ccc}1&2&3\\0&-1&-10\\0&-1&-8\end{array}\right|\begin{array}{ccc}1&0&0\\-2&1&0\\-3&0&1\end{array}$$

$$\downarrow\ r_2\times(-1)\longrightarrow \text{新}\,r_2$$

$$\left.\begin{array}{ccc}1&2&3\\0&1&10\\0&-1&-8\end{array}\right|\begin{array}{ccc}1&0&0\\2&-1&0\\-3&0&1\end{array}$$

$$\downarrow \begin{array}{l}r_2\times(-2)+r_1\longrightarrow \text{新}\,r_1\\ r_2+r_3\longrightarrow \text{新}\,r_3\end{array}$$

$$\left.\begin{array}{ccc}1&0&-17\\0&1&10\\0&0&2\end{array}\right|\begin{array}{ccc}-3&2&0\\2&-1&0\\-1&-1&1\end{array}$$

$$\downarrow\ r_3\times 1/2\longrightarrow \text{新}\,r_3$$

$$\left.\begin{array}{ccc}1&0&-17\\0&1&10\\0&0&1\end{array}\right|\begin{array}{ccc}-3&2&0\\2&-1&0\\-1/2&-1/2&1/2\end{array}$$

$$\downarrow \begin{array}{l}r_3\times 17+r_1\longrightarrow \text{新}\,r_1\\ r_3\times(-10)+r_2\longrightarrow \text{新}\,r_2\end{array}$$

$$\left.\begin{array}{ccc}1&0&0\\0&1&0\\0&0&1\end{array}\right|\begin{array}{ccc}-23/2&-13/2&17/2\\7&4&-5\\-1/2&-1/2&1/2\end{array}$$

したがって

$$A^{-1} = \begin{bmatrix} -\frac{23}{2} & -\frac{13}{2} & \frac{17}{2} \\ 7 & 4 & -5 \\ -\frac{1}{2} & -\frac{1}{2} & \frac{1}{2} \end{bmatrix}$$

となります. ◇

これまでに見た，連立1次方程式の2つの解法と逆行列の2つの求め方の違いをまとめておきます.

	連立1次方程式	逆行列
公式的	クラーメルの公式 [a)]	余因子行列
計算量少なめ	掃き出し法 [b)]	掃き出し法

a) 未知数の個数 = 式の個数 であり，かつ，行列式 ≠ 0 の場合のみ.
b) 未知数の個数 ≠ 式の個数 の場合も実行可能.

次に，右辺がゼロベクトルのときの連立1次方程式の解とベクトルの関係について見ておきましょう.

例 4

$$\begin{bmatrix} 1 & 1 & 6 \\ 2 & 3 & 16 \\ 3 & -1 & 2 \end{bmatrix}\begin{bmatrix} x \\ y \\ z \end{bmatrix} = \begin{bmatrix} 0 \\ 0 \\ 0 \end{bmatrix}$$

省略した書き方を使って

$$\begin{array}{ccc|c} 1 & 1 & 6 & 0 \\ 2 & 3 & 16 & 0 \\ 3 & -1 & 2 & 0 \end{array}$$

$$\downarrow \begin{array}{l} \mathrm{r}_1 \times (-2) + \mathrm{r}_2 \longrightarrow 新\ \mathrm{r}_2 \\ \mathrm{r}_1 \times (-3) + \mathrm{r}_3 \longrightarrow 新\ \mathrm{r}_3 \end{array}$$

$$\begin{array}{ccc|c} 1 & 1 & 6 & 0 \\ 0 & 1 & 4 & 0 \\ 0 & -4 & -16 & 0 \end{array}$$

$$\downarrow \begin{array}{l} \mathrm{r}_2 \times (-1) + \mathrm{r}_1 \longrightarrow 新\ \mathrm{r}_1 \\ \mathrm{r}_2 \times 4 + \mathrm{r}_3 \longrightarrow 新\ \mathrm{r}_3 \end{array}$$

$$\begin{array}{ccc|c} 1 & 0 & 2 & 0 \\ 0 & 1 & 4 & 0 \\ 0 & 0 & 0 & 0 \end{array}$$

となるので解は $\begin{bmatrix} -2t \\ -4t \\ t \end{bmatrix}$ となり，例えば自明でない解として $\begin{bmatrix} -2 \\ -4 \\ 1 \end{bmatrix}$ があります．このとき

$$\begin{bmatrix} 1 & 1 & 6 \\ 2 & 3 & 16 \\ 3 & -1 & 2 \end{bmatrix}\begin{bmatrix} -2 \\ -4 \\ 1 \end{bmatrix} = \begin{bmatrix} 0 \\ 0 \\ 0 \end{bmatrix}$$

は

$$-2\begin{bmatrix} 1 \\ 2 \\ 3 \end{bmatrix} - 4\begin{bmatrix} 1 \\ 3 \\ -1 \end{bmatrix} + \begin{bmatrix} 6 \\ 16 \\ 2 \end{bmatrix} = \begin{bmatrix} 0 \\ 0 \\ 0 \end{bmatrix}$$

と書けるので，自明でない解を求めることは，列ベクトルの間の関係を求めることになります．このことは，今後の展開でたいへん重要になります．◆

問　題

1　次の行列について以下の問いに答えよ．

$$A = \begin{bmatrix} 1 & 0 & 1 \\ 2 & 1 & 0 \\ 1 & 0 & 1 \end{bmatrix}, \quad B = \begin{bmatrix} 1 & 2 & -1 \\ 2 & 0 & 2 \\ 4 & 0 & 0 \\ 2 & 1 & 4 \end{bmatrix}, \quad C = \begin{bmatrix} 1 & 2 & 3 & 4 \\ 4 & 3 & 2 & 1 \\ 2 & -3 & -8 & -13 \\ 5 & 1 & -3 & -7 \end{bmatrix}$$

(1) 階数を求めよ．

(2) 次の連立1次方程式の解を求めよ．

$$A\begin{bmatrix} x \\ y \\ z \end{bmatrix} = \begin{bmatrix} 0 \\ 0 \\ 0 \end{bmatrix}, \quad B\begin{bmatrix} x \\ y \\ z \end{bmatrix} = \begin{bmatrix} 0 \\ 0 \\ 0 \\ 0 \end{bmatrix}, \quad C\begin{bmatrix} x \\ y \\ z \\ u \end{bmatrix} = \begin{bmatrix} 0 \\ 0 \\ 0 \\ 0 \end{bmatrix}$$

2　次の行列 A の逆行列 A^{-1} を掃き出し法を用いて求めよ．

$$A = \begin{bmatrix} 1 & -1 & -3 \\ 1 & 1 & -1 \\ -1 & 1 & 5 \end{bmatrix}$$

3　a, b, c を実数とするとき，次の行列 A, B の階数を求めよ（階数は a, b, c による）．

$$A = \begin{bmatrix} 1 & a & a^2 \\ 1 & b & b^2 \\ 1 & c & c^2 \end{bmatrix}, \quad B = \begin{bmatrix} a & 1 & 1 \\ 1 & a & 1 \\ 1 & 1 & a \end{bmatrix}$$

〔**ヒント**　まず，階数が 3 となる場合を決定する．行列式が役に立つ．〕

発展　最小二乗法

まず，次の連立 1 次方程式を考えます．

$$A\boldsymbol{x} = \boldsymbol{b}$$

ただし

$$A = \begin{bmatrix} 1 & 2 & -1 \\ 2 & 0 & 2 \\ 4 & 0 & 0 \\ 2 & 1 & 4 \end{bmatrix}, \quad \boldsymbol{x} = \begin{bmatrix} x_1 \\ x_2 \\ x_3 \end{bmatrix}, \quad \boldsymbol{b} = \begin{bmatrix} 1 \\ 4 \\ -3 \\ 2 \end{bmatrix}$$

実は掃き出し法により，この連立 1 次方程式は解をもたないことがわかります．したがって方程式を解く問題ととらえれば，これ以上考えることはありません．しかし $A\boldsymbol{x} = \boldsymbol{b}$ をみたす $\boldsymbol{x}$ が求まらなくても，左辺 $A\boldsymbol{x}$ と右辺 $\boldsymbol{b}$ の差が小さくなるような x_1, x_2, x_3 を求めることは意味があります．

そこで，A の第 1 列目，第 2 列目，第 3 列目をそれぞれ $\boldsymbol{a}_1, \boldsymbol{a}_2, \boldsymbol{a}_3$ とおいて $A\boldsymbol{x} = \boldsymbol{b}$ を

$$x_1\boldsymbol{a}_1 + x_2\boldsymbol{a}_2 + x_3\boldsymbol{a}_3 = \boldsymbol{b}$$

と書き直し，さらに

$$F(x_1, x_2, x_3) = |x_1\boldsymbol{a}_1 + x_2\boldsymbol{a}_2 + x_3\boldsymbol{a}_3 - \boldsymbol{b}|^2$$

とおいて，$F(x_1, x_2, x_3)$ が最小となるような x_1, x_2, x_3 を求める問題を考えることにします．このとき，連立 1 次方程式が解をもつことと，$F(x_1, x_2, x_3)$ の最

小値が0になることは同値です．

ここで，$F(x_1, x_2, x_3)$ を展開すると

$$\begin{aligned}F(x_1, x_2, x_3) = {} & x_1^2(\boldsymbol{a}_1, \boldsymbol{a}_1) + x_2^2(\boldsymbol{a}_2, \boldsymbol{a}_2) + x_3^2(\boldsymbol{a}_3, \boldsymbol{a}_3) \\ & + 2x_1x_2(\boldsymbol{a}_1, \boldsymbol{a}_2) + 2x_2x_3(\boldsymbol{a}_2, \boldsymbol{a}_3) + 2x_3x_1(\boldsymbol{a}_3, \boldsymbol{a}_1) \\ & - 2x_1(\boldsymbol{a}_1, \boldsymbol{b}) - 2x_2(\boldsymbol{a}_2, \boldsymbol{b}) - 2x_3(\boldsymbol{a}_3, \boldsymbol{b}) + (\boldsymbol{b}, \boldsymbol{b})\end{aligned}$$

となり，F を x_1, x_2, x_3 で偏微分し，その値を0とおくと

$$\frac{\partial F}{\partial x_1} = 2x_1(\boldsymbol{a}_1, \boldsymbol{a}_1) + 2x_2(\boldsymbol{a}_1, \boldsymbol{a}_2) + 2x_3(\boldsymbol{a}_3, \boldsymbol{a}_1) - 2(\boldsymbol{a}_1, \boldsymbol{b}) = 0$$

$$\frac{\partial F}{\partial x_2} = 2x_2(\boldsymbol{a}_2, \boldsymbol{a}_2) + 2x_1(\boldsymbol{a}_1, \boldsymbol{a}_2) + 2x_3(\boldsymbol{a}_2, \boldsymbol{a}_3) - 2(\boldsymbol{a}_2, \boldsymbol{b}) = 0$$

$$\frac{\partial F}{\partial x_3} = 2x_3(\boldsymbol{a}_3, \boldsymbol{a}_3) + 2x_2(\boldsymbol{a}_2, \boldsymbol{a}_3) + 2x_1(\boldsymbol{a}_3, \boldsymbol{a}_1) - 2(\boldsymbol{a}_3, \boldsymbol{b}) = 0$$

となるので，これをみたす x_1, x_2, x_3 は次もみたすことがわかります．

$$\begin{bmatrix}(\boldsymbol{a}_1, \boldsymbol{a}_1) & (\boldsymbol{a}_1, \boldsymbol{a}_2) & (\boldsymbol{a}_1, \boldsymbol{a}_3) \\ (\boldsymbol{a}_2, \boldsymbol{a}_1) & (\boldsymbol{a}_2, \boldsymbol{a}_2) & (\boldsymbol{a}_2, \boldsymbol{a}_3) \\ (\boldsymbol{a}_3, \boldsymbol{a}_1) & (\boldsymbol{a}_3, \boldsymbol{a}_2) & (\boldsymbol{a}_3, \boldsymbol{a}_3)\end{bmatrix}\begin{bmatrix}x_1 \\ x_2 \\ x_3\end{bmatrix} = \begin{bmatrix}(\boldsymbol{a}_1, \boldsymbol{b}) \\ (\boldsymbol{a}_2, \boldsymbol{b}) \\ (\boldsymbol{a}_3, \boldsymbol{b})\end{bmatrix}$$

この式は次のようにも書けます（162ページも参照のこと）．ここで $\boldsymbol{x}$ は未知数のベクトルです．

$${}^tAA\boldsymbol{x} = {}^tA\boldsymbol{b}$$

この ${}^tAA\boldsymbol{x} = {}^tA\boldsymbol{b}$ を連立1次方程式 $A\boldsymbol{x} = \boldsymbol{b}$ の**正規方程式**といいます．以上のことは，一般の連立1次方程式に対しても次のように成り立ちます．このように $|A\boldsymbol{x} - \boldsymbol{b}|$ の最小値を求める方法を**最小二乗法**といいます．

> **定理1**　連立1次方程式 $A\boldsymbol{x} = \boldsymbol{b}$ の正規方程式 ${}^tAA\boldsymbol{x} = {}^tA\boldsymbol{b}$ の解は $|A\boldsymbol{x} - \boldsymbol{b}|$ の最小値を与える．

ただし ${}^tAA\boldsymbol{x} = {}^tA\boldsymbol{b}$ が解をもつとは限りません．しかし最小二乗法は，連立1次方程式の式の数が多く，未知数の個数が小さいときに有効です．

例1　次のようなデータがあるとき，データの関係を最も良く表す1次関数 $y = ax + b$ を求めます．

x	1	2	3	4	5
y	2.1	4.6	4.8	8.2	9.8

$y = ax + b$ に，このデータの $x = 1$，$y = 2.1$ を代入すると $2.1 = a + b$ となり，同じように，$4.6 = 2a + b$ などが得られます．つまりこれは

$$A = \begin{bmatrix} 1 & 1 \\ 2 & 1 \\ 3 & 1 \\ 4 & 1 \\ 5 & 1 \end{bmatrix}, \qquad \boldsymbol{b} = \begin{bmatrix} 2.1 \\ 4.6 \\ 4.8 \\ 8.2 \\ 9.8 \end{bmatrix}$$

とおいて

$$A \begin{bmatrix} a \\ b \end{bmatrix} = \boldsymbol{b}$$

を解く問題ですが，この方程式には解がなく

$${}^tAA = \begin{bmatrix} 55 & 15 \\ 15 & 5 \end{bmatrix}, \qquad {}^tA\boldsymbol{b} = \begin{bmatrix} 107.5 \\ 29.5 \end{bmatrix}$$

から正規方程式 ${}^tAA \begin{bmatrix} a \\ b \end{bmatrix} = {}^tA\boldsymbol{b}$ は

$$\begin{bmatrix} 55 & 15 \\ 15 & 5 \end{bmatrix} \begin{bmatrix} a \\ b \end{bmatrix} = \begin{bmatrix} 107.5 \\ 29.5 \end{bmatrix}$$

となります．正規方程式の解は $a = 1.9$，$b = 0.2$ なので，このとき $\left|A \begin{bmatrix} a \\ b \end{bmatrix} - \boldsymbol{b}\right|$ は最も小さくなり，$y = 1.9x + 0.2$ が，データの関係を最も良く表す 1 次関数になります． ◈

PART II

ベクトル空間と線形写像

ベクトル空間

§1　ベクトル空間とは何か

n 個の実数を縦に並べてカッコでくくったものすべてからなる集合を $\mathbb{R}^n$ と書きます．また本書ではこれまで同様，数ベクトルといえば，特に断らない限り，**縦実ベクトル**を意味します（15 ページ参照）．

$$\mathbb{R}^3 = \left\{ \begin{bmatrix} a_1 \\ a_2 \\ a_3 \end{bmatrix} \;\middle|\; a_1, a_2, a_3 \in \mathbb{R} \right\}, \qquad \mathbb{R}^n = \left\{ \begin{bmatrix} a_1 \\ \vdots \\ a_n \end{bmatrix} \;\middle|\; a_1, \cdots, a_n \in \mathbb{R} \right\}$$

この節では，数ベクトルの概念を拡張します．

数ベクトルに対して可能な計算として，**和**と**スカラ倍**があります．また，内積も考えられます．まず，和とスカラ倍に注目します．よりくわしくいうと，和とスカラ倍が考えられ，和の交換法則，結合法則などのルールが成り立つ状況に注目します．このようなルールが成立していないと計算を進めることができないので，当然のルールといえます．そこで，新しい単語としてベクトル空間を次のように定義します．

定義　空集合でない集合 V が**ベクトル空間**とは

- $\boldsymbol{a}_1, \boldsymbol{a}_2 \in V$ に対し，**和** $\boldsymbol{a}_1 + \boldsymbol{a}_2 \in V$ が考えられる．
- $\boldsymbol{a} \in V$ とスカラ k に対し，**スカラ倍** $k\boldsymbol{a} \in V$ が考えられる．
- 和の交換法則などの「法則」が成り立つ．

最後に述べた「法則」は次の通りです．

$\boldsymbol{a}_1, \boldsymbol{a}_2, \boldsymbol{a}_3 \in V$，$k, k_1, k_2$ はスカラ．

- 和の交換法則　$\boldsymbol{a}_1 + \boldsymbol{a}_2 = \boldsymbol{a}_2 + \boldsymbol{a}_1$
- 和の結合法則　$(\boldsymbol{a}_1 + \boldsymbol{a}_2) + \boldsymbol{a}_3 = \boldsymbol{a}_1 + (\boldsymbol{a}_2 + \boldsymbol{a}_3)$
- すべての $\boldsymbol{a} \in V$ に対して $\boldsymbol{a} + \boldsymbol{0} = \boldsymbol{0} + \boldsymbol{a} = \boldsymbol{a}$ をみたすベクトル $\boldsymbol{0}$ が V にある．
- 各 $\boldsymbol{a} \in V$ に対して $\boldsymbol{a} + \boldsymbol{a}' = \boldsymbol{a}' + \boldsymbol{a} = \boldsymbol{0}$ をみたすベクトル $\boldsymbol{a}'$ が V にある．
- 分配法則　$k(\boldsymbol{a}_1 + \boldsymbol{a}_2) = k\boldsymbol{a}_1 + k\boldsymbol{a}_2$，$(k_1 + k_2)\boldsymbol{a}_1 = k_1\boldsymbol{a}_1 + k_2\boldsymbol{a}_1$
- スカラ倍の結合法則　$k_1(k_2\boldsymbol{a}_1) = (k_1k_2)\boldsymbol{a}_1$ と 1 倍の意味　$1\boldsymbol{a}_1 = \boldsymbol{a}_1$

また，ベクトル空間の元を**ベクトル**といいます．

✓**注意**　ベクトル空間の定義で「考えられる」といっているのは，V において和が考えられて，和も V に属すること，かつ，スカラ倍が考えられて，スカラ倍も V に属することを意味します．和を考えてみたものの，もし和が V に属するとは限らないのであれば，このような V はベクトル空間とは考えません．

スカラとして実数を考える場合は，$\mathbb{R}$ 上のベクトル空間のように，「$\mathbb{R}$ 上の」をつけることもあります．

次のような例があります．

例 1　(1) n 次元縦実ベクトルの全体 $\mathbb{R}^n$．（n 次元横実ベクトルの全体もベクトル空間です．）

(2) n 次以下の実係数多項式の全体 $\mathbb{R}[x]_n$．（$[x]$ は変数として x を使っていることを明示しています．）

(3) $m \times n$ 実行列（実数成分の行列）の全体．（$M_{m,n}(\mathbb{R})$ と書きます．和とスカラ倍のみ見ると $\mathbb{R}^{mn}$ と同じです．）

(4) $\mathbb{R}$ 上 1 変数連続関数の全体 $C(\mathbb{R})$．

(5) $\mathbb{R}$ 上連続微分可能関数の全体 $C^1(\mathbb{R})$．

(6) n 次元ゼロベクトルだけからなる集合 $V = \left\{\begin{bmatrix} 0 \\ \vdots \\ 0 \end{bmatrix}\right\}$．（例えば和につい

て，$\boldsymbol{a}_1 = \boldsymbol{a}_2 = \boldsymbol{0}$ しかないので $\boldsymbol{a}_1 + \boldsymbol{a}_2 = \boldsymbol{0} \in V$.）

(7) $m \times n$ 行列 A について，連立1次方程式 $A\boldsymbol{x} = \boldsymbol{0}$ の解全体．（右辺が $\boldsymbol{0}$ であることに注意してください．）

(8) n 次以下の実係数多項式 $f(x)$ で $f(1) = 0$ となるものの全体．（$\{f(x) \in \mathbb{R}[x]_n \mid f(1) = 0\}$.）◈

上に書いた例で，(7) の連立1次方程式の解全体は，(1) の $\mathbb{R}^n$ の部分集合であり，(5) の $C^1(\mathbb{R})$ は (4) の $C(\mathbb{R})$ の部分集合です．このように，あるベクトル空間 V の部分集合 W もベクトル空間であるとき，W は V の**部分空間**であるといいます．例えば (8) の $W = \{f(x) \in \mathbb{R}[x]_n \mid f(1) = 0\}$ は，(2) の $\mathbb{R}[x]_n$ の部分空間です．

ベクトル空間 V に対し，その部分集合 W でも交換法則などのルールは成立するので，W がベクトル空間かどうかを判定するには，すなわち部分空間かどうかを判定するには，次の3条件を確認すればよいことになります．

定義　V がベクトル空間で，W が V の部分集合であるとき，W が V の部分空間であるとは

- W は空集合でない．
- $\boldsymbol{a}_1, \boldsymbol{a}_2 \in W$ に対し，和 $\boldsymbol{a}_1 + \boldsymbol{a}_2$ は W の元である．
- $\boldsymbol{a} \in W$ とスカラ k に対し，スカラ倍 $k\boldsymbol{a}$ は W の元である．

の3条件をみたすことである．

W が V の部分空間になるのが結論であれば，上の条件を確認すれば，その結論が示されたことになります．

例2　例1の (8) にある $x = 1$ を代入して0になる n 次以下の実係数多項式全体

$$W = \{f(x) \in \mathbb{R}[x]_n \mid f(1) = 0\}$$

については，まずゼロ多項式に $x = 1$ を代入すると値は0なので，W はゼロ多項式を含み，空集合ではありません．また $f(x), g(x) \in W$ とすると $f(1) = g(1) = 0$ なので，和 $f(x) + g(x)$ についても $f(1) + g(1) = 0 + 0 = 0$ となり，$f(x) + g(x) \in W$．さらに $kf(1) = k \cdot 0 = 0$ なので，$kf(x) \in W$ と

なります．以上から，W は $\mathbb{R}[x]_n$ の部分空間になります．◈

例3　(7) にある $m \times n$ 行列 A について，連立1次方程式 $A\boldsymbol{x} = \boldsymbol{0}$ の解全体

$$W = \{\boldsymbol{x} \in \mathbb{R}^n \mid A\boldsymbol{x} = \boldsymbol{0}\}$$

については，次のように $\mathbb{R}^n$ の部分空間であることがわかります．まず $A\boldsymbol{0} = \boldsymbol{0}$ から $\boldsymbol{0} \in W$ となり，W は空集合ではありません．また $\boldsymbol{x}, \boldsymbol{x}' \in W$ とすると $A\boldsymbol{x} = A\boldsymbol{x}' = \boldsymbol{0}$ より，$A(\boldsymbol{x} + \boldsymbol{x}') = A\boldsymbol{x} + A\boldsymbol{x}' = \boldsymbol{0} + \boldsymbol{0} = \boldsymbol{0}$ となり，$\boldsymbol{x} + \boldsymbol{x}' \in W$ となります．さらに $A(k\boldsymbol{x}) = kA\boldsymbol{x} = k\boldsymbol{0} = \boldsymbol{0}$ から $k\boldsymbol{x} \in W$ であることがわかります．◈

定義　V をベクトル空間とするとき，$\boldsymbol{v}_1, \boldsymbol{v}_2, \cdots, \boldsymbol{v}_r \in V$ に対し

$$k_1\boldsymbol{v}_1 + k_2\boldsymbol{v}_2 + \cdots + k_r\boldsymbol{v}_r \qquad (k_1, k_2, \cdots, k_r \text{ はスカラ})$$

を $\boldsymbol{v}_1, \boldsymbol{v}_2, \cdots, \boldsymbol{v}_r$ の **1次結合**という．$\boldsymbol{v}_1, \boldsymbol{v}_2, \cdots, \boldsymbol{v}_r$ の1次結合の全体

$$W = \{k_1\boldsymbol{v}_1 + k_2\boldsymbol{v}_2 + \cdots + k_r\boldsymbol{v}_r \mid k_1, k_2, \cdots, k_r \in \mathbb{R}\}$$

は V の部分空間になり，$\boldsymbol{v}_1, \boldsymbol{v}_2, \cdots, \boldsymbol{v}_r$ で**生成される** V の部分空間という．

例4　$\boldsymbol{a}_1, \boldsymbol{a}_2 \in \mathbb{R}^3$ の1次結合全体 $W = \{k_1\boldsymbol{a}_1 + k_2\boldsymbol{a}_2 \mid k_1, k_2 \in \mathbb{R}\}$ は $\boldsymbol{a}_1, \boldsymbol{a}_2$ で生成される $\mathbb{R}^3$ の部分空間です．◈

W が V の部分空間になることの確認　まず，$\boldsymbol{0} = 0\boldsymbol{a}_1 + 0\boldsymbol{a}_2$ から $\boldsymbol{0} \in W$ となり，W は空集合ではありません．次に，$k_1\boldsymbol{a}_1 + k_2\boldsymbol{a}_2, k_1'\boldsymbol{a}_1 + k_2'\boldsymbol{a}_2 \in W$ に対し $(k_1\boldsymbol{a}_1 + k_2\boldsymbol{a}_2) + (k_1'\boldsymbol{a}_1 + k_2'\boldsymbol{a}_2) = (k_1 + k_1')\boldsymbol{a}_1 + (k_2 + k_2')\boldsymbol{a}_2 \in W$ となります．さらに $k(k_1\boldsymbol{a}_1 + k_2\boldsymbol{a}_2) = kk_1\boldsymbol{a}_1 + kk_2\boldsymbol{a}_2 \in W$ であることがわかるので，W は V の部分空間となります．■

では，部分空間にならないことを示すときは，どのようにすればよいでしょう．

例5　$x = 1$ を代入して1になる3次以下の実係数多項式全体

$$W_1 = \{f(x) \in \mathbb{R}[x]_3 \mid f(1) = 1\}$$

であれば，$f(x) = x^2 - x + 1$ とおくと $f(1) = 1$ なので $f(x) \in W_1$ ですが，スカラ倍 $2f(x)$ について，$2f(1) = 2 \neq 1$ から，$2f(x) \notin W_1$ となり，W_1 は

$\mathbb{R}[x]_3$ の部分空間ではないといえます. ◆

このように, 部分空間でないことを示すには, W が空集合であることを示すか, 部分空間の残りの2条件のどちらかについての反例を明示することが必要です. 必要なのは具体的な反例です. 「$f(x) \in W_1$ であっても, $kf(x) \in W_1$ とは限らないから W_1 が部分空間でない」は理由になりません. これを理由として認めると, 部分空間にならないことを示すための理由は, どの場合も同じ文章になってしまいます. なぜ, この W_1 の場合は部分空間にならないのかを W_1 の定義（意味）に即して述べなければなりません！

問　題

1　次の W_1, W_2, W_3, W_4 は $\mathbb{R}^3$ の部分空間になるかどうか理由をつけて答えよ.

(1) $W_1 = \{\begin{bmatrix} x_1 \\ x_2 \\ x_3 \end{bmatrix} \in \mathbb{R}^3 \mid x_1 + 2x_2 - 3x_3 \leq 1\}$

(2) $W_2 = \{\begin{bmatrix} x_1 \\ x_2 \\ x_3 \end{bmatrix} \in \mathbb{R}^3 \mid x_1^2 - 3x_2 - x_3 = 0\}$

(3) $W_3 = \{\begin{bmatrix} x_1 \\ x_2 \\ x_3 \end{bmatrix} \in \mathbb{R}^3 \mid x_1 + x_2 + 2x_3 = -1\}$

(4) $W_4 = \{\begin{bmatrix} x_1 \\ x_2 \\ x_3 \end{bmatrix} \in \mathbb{R}^3 \mid 2x_1 - 3x_2 - x_3 = 0\}$

2　V を3次以下の実係数多項式の全体 $\mathbb{R}[x]_3 = \{f(x) = a_3x^3 + a_2x^2 + a_1x + a_0 \mid a_i \in \mathbb{R},\ i = 0, 1, 2, 3\}$ とする. 次の $W_1, W_2, W_3, W_4, W_5, W_6$ は V の部分空間になるかどうか理由をつけて答えよ.

(1) $W_1 = \{f(x) \in V \mid f(-x) = f(x)\}$

(2) $W_2 = \{f(x) \in V \mid f(0)$ は整数$\}$

(3) $W_3 = \{f(x) \in V \mid f(1) \leq 1\}$

(4) $W_4 = \{f(x) \in V \mid f(1) = -1\}$

(5) $W_5 = \{f(x) \in V \mid f(-1) = 0\}$

(6) $W_6 = \{f(x) \in V \mid f(1) + f(2) \geq 1\}$

3 V を $\mathbb{R}$ 上 1 変数連続微分可能な関数の全体 $C^1(\mathbb{R})$ とする．次の W_1, W_2, W_3, W_4 は V の部分空間になるかどうか理由をつけて答えよ．

(1) $W_1 = \{f(x) \in V \mid$ すべての実数 x に対して $f'(x) + f(x) \geq 0\}$

(2) $W_2 = \{f(x) \in V \mid$ すべての実数 x に対して $f'(x) = f(x)\}$

(3) $W_3 = \{f(x) \in V \mid$ すべての実数 x に対して $f(-x) = f(x)\}$

(4) $W_4 = \{f(x) \in V \mid$ すべての実数 x に対して $f'(x) \geq f(x)\}$

4 V を 2 次実正方行列の全体

$$M_{2,2}(\mathbb{R}) = \{\begin{bmatrix} a_1 & a_2 \\ a_3 & a_4 \end{bmatrix} \mid a_i \in \mathbb{R},\ i = 1, 2, 3, 4\}$$

とする．次の W_1, W_2, W_3, W_4, W_5 は V の部分空間になるかどうか理由をつけて答えよ．

(1) $W_1 = \{\begin{bmatrix} a_1 & a_2 \\ a_3 & a_4 \end{bmatrix} \in V \mid \begin{bmatrix} a_1 & a_2 \\ a_3 & a_4 \end{bmatrix}\begin{bmatrix} 0 & 1 \\ -1 & 0 \end{bmatrix} = \begin{bmatrix} 0 & 1 \\ -1 & 0 \end{bmatrix}\begin{bmatrix} a_1 & a_2 \\ a_3 & a_4 \end{bmatrix}\}$

(2) $W_2 = \{\begin{bmatrix} a_1 & a_2 \\ a_3 & a_4 \end{bmatrix} \in V \mid a_1 + a_2 + a_3 + a_4 = 0\}$

(3) $W_3 = \{\begin{bmatrix} a_1 & a_2 \\ a_3 & a_4 \end{bmatrix} \in V \mid \begin{bmatrix} a_1 & a_2 \\ a_3 & a_4 \end{bmatrix}^2 = \begin{bmatrix} a_1 & a_2 \\ a_3 & a_4 \end{bmatrix}\}$

(4) $W_4 = \{\begin{bmatrix} a_1 & a_2 \\ a_3 & a_4 \end{bmatrix} \in V \mid \det\begin{bmatrix} a_1 & a_2 \\ a_3 & a_4 \end{bmatrix} = 0\}$

(5) $W_5 = \{\begin{bmatrix} a_1 & a_2 \\ a_3 & a_4 \end{bmatrix} \in V \mid \det\begin{bmatrix} a_1 & a_2 \\ a_3 & a_4 \end{bmatrix} = 1\}$

5 実数列 $\{a_n\}$ の全体を V とおくと，V はベクトル空間になる．次の W_1, W_2, W_3, W_4, W_5 は V の部分空間になるかどうか理由をつけて答えよ．

(1) $W_1 = \{\{a_n\} \in V \mid a_n + a_{n+1} = 1,\ n = 1, 2, \cdots\}$

(2) $W_2 = \{\{a_n\} \in V \mid a_n + 2a_{n+1} = 0,\ n = 1, 2, \cdots\}$

(3) $W_3 = \{\{a_n\} \in V \mid a_n^2 - a_{n+1} = 0,\ n = 1, 2, \cdots\}$

(4) $W_4 = \{\{a_n\} \in V \mid a_n + a_{n+1} \geq 1,\ n = 1, 2, \cdots\}$

(5) $W_5 = \{\{a_n\} \in V \mid a_n + a_{n+1} = a_{n+2},\ n = 1, 2, \cdots\}$

6 V をベクトル空間とする．W_1, W_2 が V の部分空間であれば，共通部分 $W_1 \cap W_2$ も V の部分空間であることを示せ．

§2　ベクトルの1次独立性

まず，次のようなベクトルの組を考えましょう．

$$\begin{bmatrix}1\\2\\3\end{bmatrix},\quad \begin{bmatrix}1\\3\\-1\end{bmatrix},\quad \begin{bmatrix}2\\0\\1\end{bmatrix} \tag{1}$$

$$\begin{bmatrix}1\\2\\3\end{bmatrix},\quad \begin{bmatrix}1\\3\\-1\end{bmatrix},\quad \begin{bmatrix}6\\16\\2\end{bmatrix} \tag{2}$$

$$\begin{bmatrix}1\\2\\3\end{bmatrix},\quad \begin{bmatrix}1\\3\\-1\end{bmatrix},\quad \begin{bmatrix}2\\-1\\0\end{bmatrix},\quad \begin{bmatrix}-4\\2\\-26\end{bmatrix} \tag{3}$$

(1) と (2) には3個のベクトルがありますが，(2) の3個には

$$2\begin{bmatrix}1\\2\\3\end{bmatrix}+4\begin{bmatrix}1\\3\\-1\end{bmatrix}=\begin{bmatrix}6\\16\\2\end{bmatrix} \quad \text{または} \quad 2\begin{bmatrix}1\\2\\3\end{bmatrix}+4\begin{bmatrix}1\\3\\-1\end{bmatrix}-\begin{bmatrix}6\\16\\2\end{bmatrix}=\begin{bmatrix}0\\0\\0\end{bmatrix}$$

という関係があります．しかし (1) の3個にはこのような関係はありません（このことは，後で見ます）．(3) の4個のベクトルには次の関係があります．

$$7\begin{bmatrix}1\\2\\3\end{bmatrix}-5\begin{bmatrix}1\\3\\-1\end{bmatrix}+\begin{bmatrix}2\\-1\\0\end{bmatrix}+\begin{bmatrix}-4\\2\\-26\end{bmatrix}=\begin{bmatrix}0\\0\\0\end{bmatrix}$$

上の等式は，ベクトルの成分を並べた3×4行列を使って次のように表すこともできます．

$$\begin{bmatrix}1&1&2&-4\\2&3&-1&2\\3&-1&0&-26\end{bmatrix}\begin{bmatrix}7\\-5\\1\\1\end{bmatrix}=\begin{bmatrix}0\\0\\0\end{bmatrix}$$

2つ上の式の左辺のように r 個の $\mathbb{R}^n$ の元 $\boldsymbol{a}_1, \boldsymbol{a}_2, \cdots, \boldsymbol{a}_r$ のそれぞれにスカラを掛けて足したもの

$$c_1\boldsymbol{a}_1 + c_2\boldsymbol{a}_2 + \cdots + c_r\boldsymbol{a}_r$$

を $\boldsymbol{a}_1, \boldsymbol{a}_2, \cdots, \boldsymbol{a}_r$ の**1次結合**と呼んだことを思い出しましょう（97ページ参照）．

また

$$7\begin{bmatrix}1\\2\\3\end{bmatrix}-5\begin{bmatrix}1\\3\\-1\end{bmatrix}+\begin{bmatrix}2\\-1\\0\end{bmatrix}+\begin{bmatrix}-4\\2\\-26\end{bmatrix}=\begin{bmatrix}0\\0\\0\end{bmatrix}$$

のような式，すなわち

$$c_1\boldsymbol{a}_1+c_2\boldsymbol{a}_2+\cdots+c_r\boldsymbol{a}_r=\boldsymbol{0}$$

を $\boldsymbol{a}_1, \boldsymbol{a}_2, \cdots, \boldsymbol{a}_r$ の**1次関係（式）**といいます．

右辺が $\boldsymbol{0}$ である式に限らず，$c_1\boldsymbol{a}_1+c_2\boldsymbol{a}_2+c_3\boldsymbol{a}_3=c_4\boldsymbol{a}_4$ のような等式も**1次関係（式）**と呼ぶことがあります．ただし

$$0\begin{bmatrix}1\\2\\3\end{bmatrix}+0\begin{bmatrix}1\\3\\-1\end{bmatrix}+0\begin{bmatrix}2\\-1\\0\end{bmatrix}+0\begin{bmatrix}-4\\2\\-26\end{bmatrix}=\begin{bmatrix}0\\0\\0\end{bmatrix}$$

のように，1次関係には，すべてのスカラ（係数）が0である1次関係

$$0\boldsymbol{a}_1+0\boldsymbol{a}_2+\cdots+0\boldsymbol{a}_r=\boldsymbol{0}$$

もあります．このような1次関係を**自明な1次関係**といいます．自明な1次関係は，どんなベクトルの組にもあります．

前のページの（2）の3個のベクトルのように

$$2\begin{bmatrix}1\\2\\3\end{bmatrix}+4\begin{bmatrix}1\\3\\-1\end{bmatrix}-\begin{bmatrix}6\\16\\2\end{bmatrix}=\begin{bmatrix}0\\0\\0\end{bmatrix}$$

という自明でない1次関係があれば，この3個のベクトルからスタートして何かを考えるとき，$\begin{bmatrix}6\\16\\2\end{bmatrix}$ は $2\begin{bmatrix}1\\2\\3\end{bmatrix}+4\begin{bmatrix}1\\3\\-1\end{bmatrix}$ で置き換えることができるので，実際は $\begin{bmatrix}1\\2\\3\end{bmatrix}$ と $\begin{bmatrix}1\\3\\-1\end{bmatrix}$ を考えれば十分となります．例えば，次の例を見ましょう．

例1　c_1, c_2, c_3 としてすべての実数値を考えるとき，前ページ（2）の3個のベクトルの1次結合

$$c_1\begin{bmatrix}1\\2\\3\end{bmatrix}+c_2\begin{bmatrix}1\\3\\-1\end{bmatrix}+c_3\begin{bmatrix}6\\16\\2\end{bmatrix}$$

としてどのようなベクトルの可能性があるでしょうか．

上のベクトルは

$$c_1\begin{bmatrix}1\\2\\3\end{bmatrix}+c_2\begin{bmatrix}1\\3\\-1\end{bmatrix}+c_3(2\begin{bmatrix}1\\2\\3\end{bmatrix}+4\begin{bmatrix}1\\3\\-1\end{bmatrix})=(c_1+2c_3)\begin{bmatrix}1\\2\\3\end{bmatrix}+(c_2+4c_3)\begin{bmatrix}1\\3\\-1\end{bmatrix}$$

と書きかえることができて，しかも c_1, c_2, c_3 としてすべての実数値を考えるとき，c_1+2c_3, c_2+4c_3 もすべての実数値を取り得るので，結局，この3個のベクトルの1次結合の可能性を考えることは $\begin{bmatrix}1\\2\\3\end{bmatrix}, \begin{bmatrix}1\\3\\-1\end{bmatrix}$ の1次結合の可能性を考えることと同じになります．言い換えると，自明でない1次関係があるときは，考える必要のない余分なベクトルが含まれているときになります．◈

定義　一般に，r 個の $\mathbb{R}^n$ の元 $\boldsymbol{a}_1, \boldsymbol{a}_2, \cdots, \boldsymbol{a}_r$ について，自明でない1次関係がないとき（つまり1次関係は自明なものだけのとき），$\boldsymbol{a}_1, \boldsymbol{a}_2, \cdots, \boldsymbol{a}_r$ は **1次独立**であるといい，自明でない1次関係があるとき，$\boldsymbol{a}_1, \boldsymbol{a}_2, \cdots, \boldsymbol{a}_r$ は **1次従属**であるという．

さて，では自明でない1次関係があるかどうかをどのように確めればよいでしょうか？　1次独立，1次従属の定義は，このままではわかりにくいので，次のように言い換えます．

$\boldsymbol{a}_1, \boldsymbol{a}_2, \cdots, \boldsymbol{a}_r$ が1次独立

$\Longleftrightarrow$　$\boldsymbol{a}_1, \boldsymbol{a}_2, \cdots, \boldsymbol{a}_r$ に対して成立する1次関係は自明なものだけである

$\Longleftrightarrow$　$c_1\boldsymbol{a}_1+c_2\boldsymbol{a}_2+\cdots+c_r\boldsymbol{a}_r=\boldsymbol{0}$ となるような $c_1, c_2, \cdots, c_r$ は $c_1=c_2=\cdots=c_r=0$ のみである

$\Longleftrightarrow$　$c_1, c_2 \cdots, c_r$ を未知数とする連立1次方程式 $c_1\boldsymbol{a}_1+c_2\boldsymbol{a}_2+\cdots+c_r\boldsymbol{a}_r=\boldsymbol{0}$ は自明な解のみをもつ

このように考えて，r 個の $\mathbb{R}^n$ のベクトル $\boldsymbol{a}_1, \boldsymbol{a}_2, \cdots, \boldsymbol{a}_r$ について

$$\boldsymbol{a}_1 = \begin{bmatrix} a_{11} \\ \vdots \\ a_{n1} \end{bmatrix}, \quad \cdots, \quad \boldsymbol{a}_r = \begin{bmatrix} a_{1r} \\ \vdots \\ a_{nr} \end{bmatrix}, \quad A = \begin{bmatrix} a_{11} & \cdots & a_{1r} \\ \vdots & & \vdots \\ a_{n1} & \cdots & a_{nr} \end{bmatrix}, \quad \boldsymbol{c} = \begin{bmatrix} c_1 \\ \vdots \\ c_r \end{bmatrix}$$

とおくと，$c_1\boldsymbol{a}_1 + c_2\boldsymbol{a}_2 + \cdots + c_r\boldsymbol{a}_r$ は

$$c_1 \begin{bmatrix} a_{11} \\ \vdots \\ a_{n1} \end{bmatrix} + c_2 \begin{bmatrix} a_{12} \\ \vdots \\ a_{n2} \end{bmatrix} + \cdots + c_r \begin{bmatrix} a_{1r} \\ \vdots \\ a_{nr} \end{bmatrix} = \begin{bmatrix} a_{11} & \cdots & a_{1r} \\ \vdots & & \vdots \\ a_{n1} & \cdots & a_{nr} \end{bmatrix} \begin{bmatrix} c_1 \\ \vdots \\ c_r \end{bmatrix} = A\boldsymbol{c}$$

と書きかえられるので，$c_1\boldsymbol{a}_1 + c_2\boldsymbol{a}_2 + \cdots + c_r\boldsymbol{a}_r = \boldsymbol{0}$ は $A\boldsymbol{c} = \boldsymbol{0}$ に変形され，次が成り立ちます．

> $\boldsymbol{a}_1, \boldsymbol{a}_2, \cdots, \boldsymbol{a}_r$ が1次独立 $\Longleftrightarrow$ $A\boldsymbol{c} = \boldsymbol{0}$ の解は自明なものだけである

連立1次方程式 $A\boldsymbol{c} = \boldsymbol{0}$ は必ず自明な解（$\boldsymbol{c} = \boldsymbol{0}$）をもち，解が自明なもののみであるということは，解が任意定数を含まない（つまり，解が含む任意定数の個数 $= 0$ である）ことと同じです．したがって第4章§3（83ページ）で見たように

> A の列の数 $-$ rank $A = r -$ rank $A =$ 解が含む任意定数の個数 $= 0$

が成り立ち，さらに $r = n$ のときは A は正方行列で

$$n = \operatorname{rank} A \Longleftrightarrow \det A \neq 0$$

なので，結局，次のようになります．

> $\mathbb{R}^n$ の元 $\boldsymbol{a}_1, \boldsymbol{a}_2, \cdots, \boldsymbol{a}_r$ が1次独立 $\Longleftrightarrow$ $r = \operatorname{rank} A$
>
> 特に，$r = n$ のときは
>
> $\boldsymbol{a}_1, \boldsymbol{a}_2, \cdots, \boldsymbol{a}_n$ が1次独立 $\Longleftrightarrow$ $n = \operatorname{rank} A$ $\Longleftrightarrow$ $\det A \neq 0$

つまり，**数ベクトルの組が1次独立かどうかの問題は，ベクトルからつくられる行列の階数や行列式の問題に帰着される**のです．

例2　100ページの（1），（2），（3）の場合は，それぞれ階数は3, 2, 3となり，また $r = n = 3$ である（1），（2）の場合は，行列式が（1）では $-21 \neq 0$，（2）では0になるので，（1）の組は1次独立，（2）の組は1次従属，さらに

$r = 4$ である (3) の組は1次従属であることがわかります. ◈

✓**注意** (3) の $\begin{bmatrix}1\\2\\3\end{bmatrix}, \begin{bmatrix}1\\3\\-1\end{bmatrix}, \begin{bmatrix}2\\-1\\0\end{bmatrix}, \begin{bmatrix}-4\\2\\-26\end{bmatrix}$ の場合，このベクトルを並べた 3×4 行列の簡約形を計算してみると

$$\begin{bmatrix}1 & 0 & 0 & -7\\0 & 1 & 0 & 5\\0 & 0 & 1 & -1\end{bmatrix}$$

となります. 3×4 行列の簡約形に並ぶ単位ベクトルは3個以下です. 一般に, n 次元単位ベクトルは n 個しかないので, $n\times r$ 行列の階数は n 以下です. したがって $r > n$ の場合は, $r = \mathrm{rank}\, A$ にはなり得ません. つまり $r > n$ の場合, r 個の n 次元ベクトルは必ず1次従属です. (3) では, 3次元ベクトルが4個 ($n = 3, r = 4$) なので (階数を計算するまでもなく) 1次従属になります. したがって1次独立かどうかを判定するために, 実際に階数か行列式を計算する必要があるのは $r \leq n$ のときだけです.

第5章§1で見た一般のベクトル空間の場合もベクトルの1次独立, 1次従属などの定義は数ベクトルの場合と同じです.

例3 2次以下の実係数多項式の全体 $\mathbb{R}[x]_2$ の場合. $x+1,\ x-2,\ x^2$ について

$$c_1(x+1) + c_2(x-2) + c_3x^2 = 0 \Longrightarrow c_1 = c_2 = c_3 = 0$$

が成り立つとき, この3個の多項式は1次独立となります. この場合, $c_1(x+1) + c_2(x-2) + c_3x^2 = 0$ は, 左辺の x にどのような実数を代入しても0になるという意味なので, 例えば $x = -1,\ x = 2,\ x = 1$ を左辺に代入して

$$-3c_2 + c_3 = 0, \qquad 3c_1 + 4c_3 = 0, \qquad 2c_1 - c_2 + c_3 = 0$$

を得ます. これを c_1, c_2, c_3 についての連立1次方程式と見なして解を求めると簡単に $c_1 = c_2 = c_3 = 0$ を得られるので, $x+1,\ x-2,\ x^2$ は1次独立であることがわかります. このように, 数ベクトルのときと同じように, 1次独立かどうかの問題は, 連立1次方程式が自明でない解をもつかどうかの問題に帰着されます. ◈

問　　題

1　次のベクトルの組が1次独立かどうか調べよ（(2), (3) は a の値によって結果が異なる）.

(1) $\begin{bmatrix}1\\2\\1\end{bmatrix}, \begin{bmatrix}1\\1\\2\end{bmatrix}, \begin{bmatrix}2\\1\\1\end{bmatrix}$　　(2) $\begin{bmatrix}1\\0\\1\end{bmatrix}, \begin{bmatrix}0\\1\\1\end{bmatrix}, \begin{bmatrix}1\\a\\2\end{bmatrix}$

(3) $\begin{bmatrix}2\\0\\0\\-1\end{bmatrix}, \begin{bmatrix}-1\\3\\0\\2\end{bmatrix}, \begin{bmatrix}1\\2\\-1\\-2\end{bmatrix}, \begin{bmatrix}0\\1\\3\\a+6\end{bmatrix}$

2　$\sqrt{x}$, $\sqrt{x+1}$, $\sqrt{x+2}$ は1次独立であることを示してみましょう. $c_1\sqrt{x} + c_2\sqrt{x+1} + c_3\sqrt{x+2} = 0$ とおいて（右辺は, 常に0の値をとる関数）, この式に $x = 0$, $x = 1$, $x = 2$ を代入すると, $c_2 + c_3\sqrt{2} = 0$, $c_1 + c_2\sqrt{2} + c_3\sqrt{3} = 0$, $c_1\sqrt{2} + c_2\sqrt{3} + 2c_3 = 0$ を得ます. この c_1, c_2, c_3 についての連立1次方程式を解くと $c_1 = c_2 = c_3 = 0$ を得るので, $\sqrt{x}$, $\sqrt{x+1}$, $\sqrt{x+2}$ は1次独立であることが示されました（c_1, c_2, c_3 は有理数とは限りません）.

　$V = \mathbb{R}[x]_3$ とする. V の次のベクトルの組が1次独立かどうか判定せよ.

(1) 1, $x+2$, $(x+2)^2$, $(x+2)^3$

(2) 1, $x+1$, x^2+x+1, x^3+x^2+x+1

(3) $x-1$, $(x-1)^2$, $(x-1)^3$

(4) $x+1$, $x+2$, $x+3$

(5) $x+1$, $x+2$, x^2+1

(6) $x+1$, $x+2$, x^3+1, x^3+2

3　$V = C(\mathbb{R})$ とする. V の次のベクトルの組が1次独立かどうか判定せよ.

(1) 1, $\sin x$, $\sin 2x$, $\sin 3x$

(2) 1, $\cos x$, $\cos 2x$, $\cos 3x$

(3) $\sin x$, $\sin x\cos x$

(4) 1, $\sin^2 x$, $\cos^2 x$

§3　1次独立なベクトルの最大個数と次元

$\mathbb{R}^n$ では，1次独立なベクトルを最大何個まで見つけることができるでしょうか．$\mathbb{R}^3$ では $\begin{bmatrix}1\\0\\0\end{bmatrix}, \begin{bmatrix}0\\1\\0\end{bmatrix}, \begin{bmatrix}0\\0\\1\end{bmatrix}$ が1次独立であることと，4個以上のベクトルは1次従属であることが簡単にわかります．つまり，1次独立なベクトルの最大個数は3です．$\mathbb{R}[x]_2$ の場合も $1, x, x^2$ を考えて，最大個数は3です．

もう少し複雑になった場合を考えます．

例1　次の連立1次方程式の解全体を考えましょう．

$$\begin{bmatrix}1 & 1 & -4 & 2\\ 2 & 3 & -3 & 0\\ 3 & 5 & -2 & -2\end{bmatrix}\begin{bmatrix}x_1\\x_2\\x_3\\x_4\end{bmatrix}=\begin{bmatrix}0\\0\\0\end{bmatrix}$$

この連立1次方程式の解は，途中計算は省略しますが，掃き出し法により

$$\begin{array}{cccc|c}1 & 1 & -4 & 2 & 0\\ 2 & 3 & -3 & 0 & 0\\ 3 & 5 & -2 & -2 & 0\end{array} \xrightarrow{\text{掃き出し法}} \begin{array}{cccc|c}1 & 0 & -9 & 6 & 0\\ 0 & 1 & 5 & -4 & 0\\ 0 & 0 & 0 & 0 & 0\end{array}$$

となるので，次のようになります．

$$\begin{bmatrix}x_1\\x_2\\x_3\\x_4\end{bmatrix}=\begin{bmatrix}9s-6t\\-5s+4t\\s\\t\end{bmatrix}=\begin{bmatrix}9\\-5\\1\\0\end{bmatrix}s+\begin{bmatrix}-6\\4\\0\\1\end{bmatrix}t \qquad (s, t\text{ は任意定数})$$

ここで $\begin{bmatrix}9\\-5\\1\\0\end{bmatrix}, \begin{bmatrix}-6\\4\\0\\1\end{bmatrix}$ は1次独立であることは容易にわかります．さらに，どの解も上の形をしているので，解の中から1次独立なベクトルを3個以上見つけることはできません．したがって，解全体の中で1次独立なベクトルの最大個数は2となります．◆

例2 連立1次方程式が

$$\begin{bmatrix} 1 & 1 & -4 & 2 \\ 2 & 3 & -3 & 0 \\ 3 & 5 & -2 & -2 \end{bmatrix}\begin{bmatrix} x_1 \\ x_2 \\ x_3 \\ x_4 \end{bmatrix} = \begin{bmatrix} 0 \\ 1 \\ 2 \end{bmatrix}$$

のときは，計算は省略しますが，解は次のようになります．

$$\begin{bmatrix} x_1 \\ x_2 \\ x_3 \\ x_4 \end{bmatrix} = \begin{bmatrix} 9s-6t-1 \\ -5s+4t+1 \\ s \\ t \end{bmatrix}$$

$$= \begin{bmatrix} 9 \\ -5 \\ 1 \\ 0 \end{bmatrix} s + \begin{bmatrix} -6 \\ 4 \\ 0 \\ 1 \end{bmatrix} t + \begin{bmatrix} -1 \\ 1 \\ 0 \\ 0 \end{bmatrix} \qquad (s, t \text{ は任意定数})$$

このとき $\begin{bmatrix} 8 \\ -4 \\ 1 \\ 0 \end{bmatrix}, \begin{bmatrix} -7 \\ 5 \\ 0 \\ 1 \end{bmatrix}, \begin{bmatrix} -1 \\ 1 \\ 0 \\ 0 \end{bmatrix}$ は，どれも解で，しかも1次独立です．

しかし例えば，次のベクトルの集合

$$\left\{ \begin{bmatrix} s \\ t \\ 1 \end{bmatrix} = \begin{bmatrix} 1 \\ 0 \\ 0 \end{bmatrix} s + \begin{bmatrix} 0 \\ 1 \\ 0 \end{bmatrix} t + \begin{bmatrix} 0 \\ 0 \\ 1 \end{bmatrix} \,\middle|\, s, t \in \mathbb{R} \right\}$$

を $\mathbb{R}^3$ に図示すると $(0, 0, 1)$ を通り xy 平面に平行な平面となるように，上の連立1次方程式の解全体は，3個の1次独立なベクトルを含んでいますが，実は平面的な図形になっています．◈

ここで97ページで見たように，$m \times n$ 行列 A に対し，連立1次方程式 $A\boldsymbol{x} = \boldsymbol{0}$ の解全体は $\mathbb{R}^n$ の部分空間になりますが，$\boldsymbol{b} \neq \boldsymbol{0}$ の場合は $\boldsymbol{x}$ が解でも，例えば $2\boldsymbol{x}$ は，$A(2\boldsymbol{x}) = 2A\boldsymbol{x} = 2\boldsymbol{b} \neq \boldsymbol{b}$ なので，解にはなりません．つまり $\boldsymbol{b} \neq \boldsymbol{0}$ の場合，解全体は部分空間ではありません．

上のことから，解全体からなるベクトルの中で，1次独立なベクトルの最大個数を考えるのは，解全体がベクトル空間になっている場合のみです．

ここで，ベクトル空間の次元，基を次のように定めます．

定義　ベクトル空間 V において，V に含まれる1次独立なベクトルの最大個数を V の**次元**といい，$\dim V$ で表す．

また $\dim V = n$ のとき，V の1次独立なベクトルの組 $\{\boldsymbol{v}_1, \boldsymbol{v}_2, \cdots, \boldsymbol{v}_n\}$ を V の**基**という．

✓**注意**　n 次元単位ベクトル $\boldsymbol{e}_1, \cdots, \boldsymbol{e}_n$ を並べた $\{\boldsymbol{e}_1, \cdots, \boldsymbol{e}_n\}$ は $\mathbb{R}^n$ の基で，$\dim \mathbb{R}^n = n$ です．

✓**注意**　$\{1, x, x^2, \cdots, x^n\}$ は $\mathbb{R}[x]_n$ の基で，$\dim \mathbb{R}[x]_n = n+1$ です．

✓**注意**　基は何通りもあります．また，基に含まれるベクトルは順序も考慮しています．したがって $\{\boldsymbol{v}_1, \boldsymbol{v}_2, \boldsymbol{v}_3\}$ が基であるとき，$\{\boldsymbol{v}_2, \boldsymbol{v}_3, \boldsymbol{v}_1\}$ は $\{\boldsymbol{v}_1, \boldsymbol{v}_2, \boldsymbol{v}_3\}$ とは別の基と考えます．

✓**注意**　V が3個，4個，… と何個でも1次独立なベクトルを含んでいるときは，V は無限次元であるといいます．例えば $C(\mathbb{R})$ や $C^1(\mathbb{R})$ は無限次元です．

基と1次独立なベクトルの最大個数について以下が成り立ちます．

定理1　V をベクトル空間とする．$\{\boldsymbol{v}_1, \cdots, \boldsymbol{v}_n\}$ が V の基であるとき，V のすべてのベクトルは $\boldsymbol{v}_1, \cdots, \boldsymbol{v}_n$ の1次結合で表すことができる．逆に V のベクトル $\boldsymbol{v}_1, \cdots, \boldsymbol{v}_n$ が1次独立で，V のすべてのベクトルが $\boldsymbol{v}_1, \cdots, \boldsymbol{v}_n$ の1次結合で表すことができるとき，$\dim V = n$ であり，$\{\boldsymbol{v}_1, \cdots, \boldsymbol{v}_n\}$ は V の基である．

前半が成り立つ理由（$n=3$ のとき）　まず，V のベクトル $\boldsymbol{v}$ をとります．このとき $\dim V = 3$ なので，V のベクトルの中で1次独立なベクトルの最大個数は3であり，4個のベクトル $\boldsymbol{v}, \boldsymbol{v}_1, \boldsymbol{v}_2, \boldsymbol{v}_3$ は1次従属となります．したがって $c\boldsymbol{v} + c_1\boldsymbol{v}_1 + c_2\boldsymbol{v}_2 + c_3\boldsymbol{v}_3 = \boldsymbol{0}$ となる c, c_1, c_2, c_3 で $(c, c_1, c_2, c_3) \neq (0, 0, 0, 0)$ となるものが存在します．しかも，もし $c = 0$ であれば，$c_1\boldsymbol{v}_1 + c_2\boldsymbol{v}_2 + c_3\boldsymbol{v}_3 = \boldsymbol{0}$ で，かつ $(c_1, c_2, c_3) \neq (0, 0, 0)$ となるので，$\boldsymbol{v}_1, \boldsymbol{v}_2, \boldsymbol{v}_3$ の1次独立性に反します．

したがって，必ず $c \neq 0$ であり，$\boldsymbol{v} = -\dfrac{1}{c}(c_1\boldsymbol{v}_1 + c_2\boldsymbol{v}_2 + c_3\boldsymbol{v}_3)$ となります．

$\dim V = n$ の場合も同様に前半が成り立つことがわかります．■

後半が成り立つ理由（$n=3$ のとき）　まず，1次独立なベクトルの最大個数は3以上です．そこで実際に最大個数が3であることを確めるため，V の4個のベクトル $\boldsymbol{w}_1, \boldsymbol{w}_2, \boldsymbol{w}_3, \boldsymbol{w}_4$ をとります．仮定から，この4個のベクトルは $\boldsymbol{v}_1, \boldsymbol{v}_2, \boldsymbol{v}_3$ の1次結合として

$$\boldsymbol{w}_1 = k_{11}\boldsymbol{v}_1 + k_{21}\boldsymbol{v}_2 + k_{31}\boldsymbol{v}_3, \qquad \boldsymbol{w}_2 = k_{12}\boldsymbol{v}_1 + k_{22}\boldsymbol{v}_2 + k_{32}\boldsymbol{v}_3$$
$$\boldsymbol{w}_3 = k_{13}\boldsymbol{v}_1 + k_{23}\boldsymbol{v}_2 + k_{33}\boldsymbol{v}_3, \qquad \boldsymbol{w}_4 = k_{14}\boldsymbol{v}_1 + k_{24}\boldsymbol{v}_2 + k_{34}\boldsymbol{v}_3$$

と書けます．ここで，3×4 行列 $\begin{bmatrix} k_{11} & k_{12} & k_{13} & k_{14} \\ k_{21} & k_{22} & k_{23} & k_{24} \\ k_{31} & k_{32} & k_{33} & k_{34} \end{bmatrix}$ の階数は3以下なので，連立1次方程式

$$\begin{bmatrix} k_{11} & k_{12} & k_{13} & k_{14} \\ k_{21} & k_{22} & k_{23} & k_{24} \\ k_{31} & k_{32} & k_{33} & k_{34} \end{bmatrix}\begin{bmatrix} c_1 \\ c_2 \\ c_3 \\ c_4 \end{bmatrix} = \begin{bmatrix} 0 \\ 0 \\ 0 \end{bmatrix}$$

の解は，少なくとも1個の任意定数を含み，自明でない解 c_1, c_2, c_3, c_4 をもちます．このとき

$$\begin{aligned}
&c_1\boldsymbol{w}_1 + c_2\boldsymbol{w}_2 + c_3\boldsymbol{w}_3 + c_4\boldsymbol{w}_4 \\
&= c_1(k_{11}\boldsymbol{v}_1 + k_{21}\boldsymbol{v}_2 + k_{31}\boldsymbol{v}_3) + c_2(k_{12}\boldsymbol{v}_1 + k_{22}\boldsymbol{v}_2 + k_{32}\boldsymbol{v}_3) \\
&\qquad + c_3(k_{13}\boldsymbol{v}_1 + k_{23}\boldsymbol{v}_2 + k_{33}\boldsymbol{v}_3) + c_4(k_{14}\boldsymbol{v}_1 + k_{24}\boldsymbol{v}_2 + k_{34}\boldsymbol{v}_3) \\
&= (k_{11}c_1 + k_{12}c_2 + k_{13}c_3 + k_{14}c_4)\boldsymbol{v}_1 + (k_{21}c_1 + k_{22}c_2 + k_{23}c_3 + k_{24}c_4)\boldsymbol{v}_2 \\
&\qquad + (k_{31}c_1 + k_{32}c_2 + k_{33}c_3 + k_{34}c_4)\boldsymbol{v}_3 \\
&= \boldsymbol{0}
\end{aligned}$$

となるので，$\boldsymbol{w}_1, \boldsymbol{w}_2, \boldsymbol{w}_3, \boldsymbol{w}_4$ は1次従属です．したがって $\dim V = 3$ であり，$\{\boldsymbol{v}_1, \boldsymbol{v}_2, \boldsymbol{v}_3\}$ は V の基となります．■

定義　一般に，V のすべてのベクトルが $\boldsymbol{v}_1, \cdots, \boldsymbol{v}_n$ の1次結合で表すことができるとき，つまり

$$V = \{c_1\boldsymbol{v}_1 + \cdots + c_n\boldsymbol{v}_n \mid c_1, \cdots, c_n \in \mathbb{R}\}$$

となっているとき，$\boldsymbol{v}_1, \cdots, \boldsymbol{v}_n$ は V を生成する，または，V は $\boldsymbol{v}_1, \cdots, \boldsymbol{v}_n$ で

生成されるという.

ベクトル空間 V が $\boldsymbol{v}_1, \cdots, \boldsymbol{v}_n$ で生成されているとき，$\{\boldsymbol{v}_1, \cdots, \boldsymbol{v}_n\}$ に含まれる1次独立なベクトルの最大個数を m $(m \leq n)$ とし，この中から m 個の1次独立なベクトルを選びます．すると定理1の前半の説明のように，それ以外の $n - m$ 個のベクトルは選ばれた m 個のベクトルの1次結合で表されるので，この m 個の1次独立なベクトルが V を生成し，定理1の後半から V の基となるので，$\dim V = m$ となることがわかります.

さらに $\dim V = n$ であれば $n = m$ となり，$\{\boldsymbol{v}_1, \cdots, \boldsymbol{v}_n\}$ は V の基になることがわかります．このことから，ベクトル空間 V について，$\dim V = n$ のとき，V の n 個のベクトルは「1次独立である」か「V を生成する」かのどちらかの条件が成り立っていれば V の基になります.

また，基については次のようにいうこともできます.

ベクトル空間 V のベクトル $\boldsymbol{v}_1, \cdots, \boldsymbol{v}_n$ が1次独立で，かつ，V を生成しているとき，$\{\boldsymbol{v}_1, \cdots, \boldsymbol{v}_n\}$ は V の基である.

108ページで見たように，単位ベクトルは $\mathbb{R}^n$ の基です．また $\{1, x, x^2, x^3\}$ も $\{1, x-1, (x-1)^2, (x-1)^3\}$ も $\mathbb{R}[x]_3$ の基です．単位ベクトルや $\{1, x, x^2, x^3\}$ のようなわかりやすい基があるのに，なぜ様々な基を考えるのかと思うかもしれません．そう思って当然です．しかし，ベクトル空間として考えるのは $\mathbb{R}^n$ や $\mathbb{R}[x]_n$ だけではなく，連立1次方程式 $A\boldsymbol{x} = \boldsymbol{0}$ の解全体など，$\mathbb{R}^n$ や $\mathbb{R}[x]_n$ の部分空間のときもあります．そのようなときは，わかりやすい基があるとは限りません．また，その後に考える問題によっては，別の基を使ったほうが計算しやすいこともあり得ます．そのような理由から，一般的な形で基という概念を定めているのです.

問　　題

1　以下の問いに答えよ.

(1) ベクトル空間 V のベクトル $\boldsymbol{v}_1, \boldsymbol{v}_2, \boldsymbol{v}_3$ の1次結合の全体

$$W = \{c_1\boldsymbol{v}_1 + c_2\boldsymbol{v}_2 + c_3\boldsymbol{v}_3 \mid c_1, c_2, c_3 \in \mathbb{R}\}$$

は V の部分空間になることを示せ．

(2) 上の(1)で，$\boldsymbol{v}_1, \boldsymbol{v}_2$ が 1 次独立で，$\boldsymbol{v}_1, \boldsymbol{v}_2, \boldsymbol{v}_3$ は 1 次従属であるとき，$\{\boldsymbol{v}_1, \boldsymbol{v}_2\}$ は W の基であることを示せ．

2　次の V について，V がベクトル空間であることを認めて，基をひと組求めよ．

(1) $V = \left\{\begin{bmatrix} a & b \\ c & d \end{bmatrix} \in M_{2,2}(\mathbb{R}) \mid a + d = 0\right\}$

(2) 次の連立 1 次方程式の解全体 V.

(a) $\begin{bmatrix} 1 & 0 & -1 \\ -1 & 1 & 0 \\ 0 & -1 & 1 \end{bmatrix}\begin{bmatrix} x_1 \\ x_2 \\ x_3 \end{bmatrix} = \begin{bmatrix} 0 \\ 0 \\ 0 \end{bmatrix}$　　(b) $\begin{bmatrix} 1 & 3 & 2 \\ 2 & 1 & 4 \\ 2 & 2 & 4 \end{bmatrix}\begin{bmatrix} x_1 \\ x_2 \\ x_3 \end{bmatrix} = \begin{bmatrix} 0 \\ 0 \\ 0 \end{bmatrix}$

(c) $\begin{bmatrix} 1 & 2 & 0 & 1 \\ -2 & -4 & 0 & 2 \\ 0 & 0 & 1 & 2 \end{bmatrix}\begin{bmatrix} x_1 \\ x_2 \\ x_3 \\ x_4 \end{bmatrix} = \begin{bmatrix} 0 \\ 0 \\ 0 \end{bmatrix}$

3　W_1, W_2, W_3 を $V = \mathbb{R}[x]_3$ の以下のような部分空間とする．

$$W_1 = \{f(x) \in V \mid f(2) = 0\}$$
$$W_2 = \{f(x) \in V \mid f(x) = f(-x)\}$$
$$W_3 = \{f(x) \in V \mid f(x) = xf'(x)\}$$

(1) $\{x - 2, (x - 2)^2, (x - 2)^3\}$ は W_1 の基であることを示せ．

(2) $W_2 = \{c_0 + c_2x^2 \mid c_0, c_2 \in \mathbb{R}\}$ と書けることを示せ．また $\{1, x^2\}$ は W_2 の基であることを示せ．

(3) W_3 の基をひと組求めよ．

§4　次元と行列の階数

ここでは，$m \times n$ 行列 A の列ベクトルについて考えます．

$$A = \begin{bmatrix} a_{11} & \cdots & a_{1n} \\ \vdots & & \vdots \\ a_{m1} & \cdots & a_{mn} \end{bmatrix}, \quad \boldsymbol{a}_1 = \begin{bmatrix} a_{11} \\ \vdots \\ a_{m1} \end{bmatrix}, \quad \boldsymbol{a}_2 = \begin{bmatrix} a_{12} \\ \vdots \\ a_{m2} \end{bmatrix}, \quad \cdots, \quad \boldsymbol{a}_n = \begin{bmatrix} a_{1n} \\ \vdots \\ a_{mn} \end{bmatrix}$$

とおきます．$\boldsymbol{a}_1, \boldsymbol{a}_2, \cdots, \boldsymbol{a}_n$ は A の列ベクトルです．便宜上

$$A = [\,\boldsymbol{a}_1 \ \cdots \ \boldsymbol{a}_n\,]$$

とも書くことにします．上の右辺は，$\boldsymbol{a}_i$ たちの［　］と，行列 A の［　］が重複して書かれていることになりますが，$\boldsymbol{a}_i$ たちの［　］は無視します．「便宜上」と書いているのはそのためです．

$\boldsymbol{a}_1, \cdots, \boldsymbol{a}_n$ が1次独立かどうかは，$c_1, \cdots, c_n$ についての連立1次方程式

$$c_1\boldsymbol{a}_1 + \cdots + c_n\boldsymbol{a}_n = c_1\begin{bmatrix} a_{11} \\ \vdots \\ a_{m1} \end{bmatrix} + \cdots + c_n\begin{bmatrix} a_{1n} \\ \vdots \\ a_{mn} \end{bmatrix} = \begin{bmatrix} a_{11} & \cdots & a_{1n} \\ \vdots & & \vdots \\ a_{m1} & \cdots & a_{mn} \end{bmatrix}\begin{bmatrix} c_1 \\ \vdots \\ c_n \end{bmatrix} = \begin{bmatrix} 0 \\ \vdots \\ 0 \end{bmatrix}$$

が自明でない解をもつかどうかで決まります．さらに一部の列ベクトル，例えば $\boldsymbol{a}_1, \boldsymbol{a}_2, \boldsymbol{a}_5$ が1次独立かどうかは，次の c_1, c_2, c_5 についての連立1次方程式が自明でない解をもつかどうかで決まります．

$$c_1\boldsymbol{a}_1 + c_2\boldsymbol{a}_2 + c_5\boldsymbol{a}_5 = \begin{bmatrix} a_{11} & a_{12} & a_{15} \\ \vdots & \vdots & \vdots \\ a_{m1} & a_{m2} & a_{m5} \end{bmatrix}\begin{bmatrix} c_1 \\ c_2 \\ c_5 \end{bmatrix} = \begin{bmatrix} 0 \\ 0 \\ 0 \end{bmatrix}$$

しかしこれは，すべての列ベクトル $\boldsymbol{a}_1, \boldsymbol{a}_2, \cdots, \boldsymbol{a}_n$ の1次独立性を考えるときに，$c_3 = c_4 = c_6 = \cdots = c_n = 0$ となる自明でない解があるかどうかを考えるのと同じです．したがって基本的には，すべての列ベクトルの1次独立性の考察と同じ考察で，一部の列ベクトルの1次独立性を調べることができます．

例1　4×3 行列 $A = \begin{bmatrix} 1 & 2 & 4 \\ 2 & 3 & 5 \\ 1 & 1 & 1 \\ 4 & 1 & -5 \end{bmatrix}$ について，A の列ベクトルの中で1次独立なベクトルの最大個数を求めましょう．連立1次方程式

$$\begin{bmatrix} 1 & 2 & 4 \\ 2 & 3 & 5 \\ 1 & 1 & 1 \\ 4 & 1 & -5 \end{bmatrix}\begin{bmatrix} c_1 \\ c_2 \\ c_3 \end{bmatrix} = \begin{bmatrix} 0 \\ 0 \\ 0 \\ 0 \end{bmatrix}$$

を考えて，掃き出し法（行の基本変形）により以下のように変形します．ここで基本変形を61ページで述べたように略記します．もう一度書くと，例えば「$\mathrm{r}_1 \times (-2) + \mathrm{r}_2 \longrightarrow$ 新 r_2」は「第1行目を -2 倍して第2行目に加えたものを新たな第2行目とする」という意味です．

$$\begin{array}{ccc|c} 1 & 2 & 4 & 0 \\ 2 & 3 & 5 & 0 \\ 1 & 1 & 1 & 0 \\ 4 & 1 & -5 & 0 \end{array}$$

$$\Big\downarrow \begin{array}{l} r_1 \times (-2) + r_2 \longrightarrow 新\ r_2 \\ r_1 \times (-1) + r_3 \longrightarrow 新\ r_3 \\ r_1 \times (-4) + r_4 \longrightarrow 新\ r_4 \end{array}$$

$$\begin{array}{ccc|c} 1 & 2 & 4 & 0 \\ 0 & -1 & -3 & 0 \\ 0 & -1 & -3 & 0 \\ 0 & -7 & -21 & 0 \end{array}$$

$$\Big\downarrow\ r_2 \times (-1) \longrightarrow 新\ r_2$$

$$\begin{array}{ccc|c} 1 & 2 & 4 & 0 \\ 0 & 1 & 3 & 0 \\ 0 & -1 & -3 & 0 \\ 0 & -7 & -21 & 0 \end{array}$$

$$\Big\downarrow \begin{array}{l} r_2 \times (-2) + r_1 \longrightarrow 新\ r_1 \\ r_2 + r_3 \longrightarrow 新\ r_3 \\ r_2 \times 7 + r_4 \longrightarrow 新\ r_4 \end{array}$$

$$\begin{array}{ccc|c} 1 & 0 & -2 & 0 \\ 0 & 1 & 3 & 0 \\ 0 & 0 & 0 & 0 \\ 0 & 0 & 0 & 0 \end{array}$$

変形完了後のベクトル，つまり簡約形の列ベクトルを $\boldsymbol{b}_1, \boldsymbol{b}_2, \boldsymbol{b}_3$ とおくと，$\boldsymbol{b}_1, \boldsymbol{b}_2$ は単位ベクトルなので1次独立ですが，$\boldsymbol{b}_1, \boldsymbol{b}_2, \boldsymbol{b}_3$ は1次従属です．

✓**注意**　$\boldsymbol{b}_2, \boldsymbol{b}_3$ も1次独立ですが，$\boldsymbol{b}_1, \boldsymbol{b}_2, \boldsymbol{b}_3$ は1次独立ではありません．1次独立かどうかを調べるときは，すべてのベクトルを同時に考える必要があります．

以上から，変形完了後の行列，つまり簡約形の列ベクトルの3つの列ベクトルの中で，1次独立なベクトルの最大個数は2です．ここで82ページの階数の定義「簡約形に並ぶ単位ベクトルの個数」を思い出すと，結局，簡約形の1次独立な列ベクトルの最大個数は階数であることがわかります．◈

一方，掃き出し法（行の基本変形）の各ステップの前後の連立1次方程式は同値です．つまり，前後の2組の連立1次方程式の解の集合は同じです．例えば上の例1の場合，どのステップに現れる連立1次方程式の解も

$$\begin{bmatrix} c_1 \\ c_2 \\ c_3 \end{bmatrix} = \begin{bmatrix} 2t \\ -3t \\ t \end{bmatrix} = \begin{bmatrix} 2 \\ -3 \\ 1 \end{bmatrix} t \qquad (t\text{は任意定数})$$

となります．例えば $c_1 = 2,\ c_2 = -3,\ c_3 = 1$ が，どのステップでも連立1次方程式の解なので，A の列ベクトル $\boldsymbol{a}_1, \boldsymbol{a}_2, \boldsymbol{a}_3$ の間に，$2\boldsymbol{a}_1 - 3\boldsymbol{a}_2 + \boldsymbol{a}_3 = \boldsymbol{0}$ という1次関係があり，$\boldsymbol{b}_1, \boldsymbol{b}_2, \boldsymbol{b}_3$ の間にも，$2\boldsymbol{b}_1 - 3\boldsymbol{b}_2 + \boldsymbol{b}_3 = \boldsymbol{0}$ という同じ1次関係があることがわかります．

したがって，列ベクトルの1次関係は，掃き出し法の各ステップの前後で変わらず，結局，次のことがわかります．

定理1　行列 A の列ベクトルのうち，1次独立なベクトルの最大個数は A の階数である．

ここまで行列の列ベクトルについて考えてきましたが，次に，行ベクトルについて考えます．$m \times n$ 行列 A の行ベクトルを $\boldsymbol{a}_1', \boldsymbol{a}_2', \cdots, \boldsymbol{a}_m'$ とおき

$$A = \begin{bmatrix} \boldsymbol{a}_1' \\ \vdots \\ \boldsymbol{a}_m' \end{bmatrix} = \begin{bmatrix} \boxed{\ \boldsymbol{a}_1'\ } \\ \vdots \\ \boxed{\ \boldsymbol{a}_m'\ } \end{bmatrix}$$

と表します．この場合も，掃き出し法（行の基本変形）を使って考えます．しかし行ベクトルのときは，列ベクトルのときと違って，掃き出し法の各ステップの前後で，行ベクトルの1次関係が変わってしまう可能性があります．

ここで，行の基本変形を復習しましょう．

行の基本変形

(1) 1つの式を k 倍する．ただし $k \neq 0$.

(2) 2つの式を入れ替える．

(3) 1つの式を k 倍して別の式に加える．

このうち（1）と（2）については，もとの m 個の行ベクトルが1次独立であ

れば，基本変形後の m 個の行ベクトルも1次独立になります．また，もとの m 個の行ベクトルが1次従属であれば，基本変形後の m 個の行ベクトルも1次従属です．(3) についてはどうでしょうか．

例えば，第1行目を2倍して第3行目に加えたものを新たな第3行目にする場合を考えます．

$$\begin{bmatrix} \boldsymbol{a}_1' \\ \boldsymbol{a}_2' \\ \boldsymbol{a}_3' \\ \boldsymbol{a}_4' \end{bmatrix} \xrightarrow{\mathrm{r}_1\times 2+\mathrm{r}_3 \longrightarrow \text{新 } \mathrm{r}_3} \begin{bmatrix} \boldsymbol{a}_1' \\ \boldsymbol{a}_2' \\ 2\boldsymbol{a}_1' + \boldsymbol{a}_3' \\ \boldsymbol{a}_4' \end{bmatrix}$$

このとき $\boldsymbol{a}_1', \boldsymbol{a}_2', \boldsymbol{a}_3', \boldsymbol{a}_4'$ が1次独立ならば，$\boldsymbol{a}_1', \boldsymbol{a}_2', 2\boldsymbol{a}_1' + \boldsymbol{a}_3', \boldsymbol{a}_4'$ も1次独立になることが次のように確められます．まず

$$c_1\boldsymbol{a}_1' + c_2\boldsymbol{a}_2' + c_3(2\boldsymbol{a}_1' + \boldsymbol{a}_3') + c_4\boldsymbol{a}_4' = \boldsymbol{0}$$

とおきます．この式は

$$(c_1 + 2c_3)\boldsymbol{a}_1' + c_2\boldsymbol{a}_2' + c_3\boldsymbol{a}_3' + c_4\boldsymbol{a}_4' = \boldsymbol{0}$$

と変形されるので，$\boldsymbol{a}_1', \boldsymbol{a}_2', \boldsymbol{a}_3', \boldsymbol{a}_4'$ が1次独立であることから，$c_1 + 2c_3 = c_2 = c_3 = c_4 = 0$ を得ます．この式から $c_1 = c_2 = c_3 = c_4 = 0$ であることがわかるので，$\boldsymbol{a}_1', \boldsymbol{a}_2', 2\boldsymbol{a}_1' + \boldsymbol{a}_3', \boldsymbol{a}_4'$ は1次独立であることが示されました．

また一部のベクトル，例えば $\boldsymbol{a}_1', \boldsymbol{a}_3', \boldsymbol{a}_4'$ についても，この3個のベクトルが1次独立ならば，$\boldsymbol{a}_1', 2\boldsymbol{a}_1' + \boldsymbol{a}_3', \boldsymbol{a}_4'$ が1次独立であることがわかります．

さらに逆に，$\boldsymbol{a}_1', \boldsymbol{a}_2', 2\boldsymbol{a}_1' + \boldsymbol{a}_3', \boldsymbol{a}_4'$ が1次独立であれば，$\boldsymbol{a}_1', \boldsymbol{a}_2', \boldsymbol{a}_3', \boldsymbol{a}_4'$ が1次独立であることも同じように示すことができます．

また，次のことに注意してください．$\boldsymbol{a}_1', \boldsymbol{a}_2', \boldsymbol{a}_3', \boldsymbol{a}_4'$ は $\boldsymbol{a}_1, \boldsymbol{a}_2, \boldsymbol{a}_3, \boldsymbol{a}_4$ の1次結合で表され，$\boldsymbol{a}_1, \boldsymbol{a}_2, \boldsymbol{a}_3, \boldsymbol{a}_4$ は $\boldsymbol{a}_1', \boldsymbol{a}_2', \boldsymbol{a}_3', \boldsymbol{a}_4'$ の1次結合で表されることから，行ベクトルで生成されるベクトル空間は，行の基本変形の前後で変わりません．

例2　例1で扱った $A = \begin{bmatrix} 1 & 2 & 4 \\ 2 & 3 & 5 \\ 1 & 1 & 1 \\ 4 & 1 & -5 \end{bmatrix}$ を次のように掃き出し法で簡約形に変形すると

$$A = \begin{bmatrix} 1 & 2 & 4 \\ 2 & 3 & 5 \\ 1 & 1 & 1 \\ 4 & 1 & -5 \end{bmatrix} \xrightarrow{\text{掃き出し法}} \begin{bmatrix} 1 & 0 & -2 \\ 0 & 1 & 3 \\ 0 & 0 & 0 \\ 0 & 0 & 0 \end{bmatrix} \quad (\text{簡約形})$$

となるので，簡約形の1次独立な行ベクトルの最大個数は2です． ◇

ここで，この2という数はAの階数に他なりません．Aの簡約形では，Aの階数のところまで上から1次独立な行ベクトルが並び，それより下に並ぶのはゼロベクトルだけだからです．このことと，Aとその簡約形の行ベクトルが生成するベクトル空間が等しいことから，Aの1次独立な行ベクトルの最大個数も2であり，一般に

定理2 行列Aの行ベクトルのうち，1次独立なベクトルの最大個数はAの階数である．

となります．結局，次のことが成り立つことがわかります．

定理3 行列Aの行ベクトルのうち，1次独立なベクトルの最大個数
＝行列Aの列ベクトルのうち，1次独立なベクトルの最大個数
＝Aの階数

行列の階数は簡約形を使って定義しましたが（82ページ参照），階数は行列にとって様々な意味をもつ重要な数なのです．

問 題

1 Vをベクトル空間，$\boldsymbol{a}_1, \boldsymbol{a}_2, \boldsymbol{a}_3, \boldsymbol{a}_4$を$V$のベクトル，$k_1, k_2, k_3$をスカラとする．このとき，次を示せ．

$\boldsymbol{a}_1, \boldsymbol{a}_2, \boldsymbol{a}_3, \boldsymbol{a}_4$は1次独立

$\iff \boldsymbol{a}_1,\ k_1\boldsymbol{a}_1 + \boldsymbol{a}_2,\ k_2\boldsymbol{a}_1 + \boldsymbol{a}_3,\ k_3\boldsymbol{a}_1 + \boldsymbol{a}_4$は1次独立

2 Vをベクトル空間，$\boldsymbol{a}_1, \boldsymbol{a}_2, \boldsymbol{a}_3, \boldsymbol{a}_4$を$V$の1次独立なベクトルとする．次のベクトルが1次独立かどうか判定せよ．

(1) $\boldsymbol{a}_1,\ \boldsymbol{a}_1 + \boldsymbol{a}_2,\ \boldsymbol{a}_1 + \boldsymbol{a}_2 + \boldsymbol{a}_3,\ \boldsymbol{a}_1 + \boldsymbol{a}_2 + \boldsymbol{a}_3 + \boldsymbol{a}_4$

(2) $\boldsymbol{a}_1 + \boldsymbol{a}_2,\ \boldsymbol{a}_2 + \boldsymbol{a}_3,\ \boldsymbol{a}_3 + \boldsymbol{a}_1$

(3) $\boldsymbol{a}_1 + \boldsymbol{a}_2,\ \boldsymbol{a}_2 + \boldsymbol{a}_3,\ \boldsymbol{a}_3 + \boldsymbol{a}_4,\ \boldsymbol{a}_4 + \boldsymbol{a}_1$

3 下の左の行列を行および列の基本変形を用いて，右の行列の形に変形してみましょう．

$$\begin{bmatrix} 1 & 2 & 4 \\ 2 & 3 & 5 \\ 1 & 1 & 1 \\ 4 & 1 & -5 \end{bmatrix} \qquad \begin{bmatrix} 1 & 0 & \cdots & 0 & 0 & \cdots & 0 \\ 0 & \ddots & \ddots & \vdots & \vdots & & \vdots \\ \vdots & \ddots & \ddots & 0 & \vdots & & \vdots \\ 0 & \cdots & 0 & 1 & 0 & \cdots & 0 \\ 0 & \cdots & \cdots & 0 & 0 & \cdots & 0 \\ \vdots & & & \vdots & \vdots & & \vdots \\ 0 & \cdots & \cdots & 0 & 0 & \cdots & 0 \end{bmatrix}$$

まず，行の基本変形を用いて簡約形$\begin{bmatrix} 1 & 0 & -2 \\ 0 & 1 & 3 \\ 0 & 0 & 0 \\ 0 & 0 & 0 \end{bmatrix}$に変形し，次に列の基本変形を用いて右上の成分を 0 にすればよいのです．

次の A, B を行および列の基本変形を用いて，上に示した右側の行列の形に変形せよ．

$$A = \begin{bmatrix} 1 & 2 & -1 \\ 2 & 0 & 0 \\ 4 & 0 & 0 \\ 2 & 1 & 4 \end{bmatrix}, \qquad B = \begin{bmatrix} 1 & 3 & 2 \\ 2 & 1 & 4 \\ 2 & 2 & 4 \end{bmatrix}$$

線形写像

§1　線形写像とは何か

前節で見たベクトル空間では，和とスカラ倍という2種類の操作が重要でした．また行列式も36ページで見たように，和とスカラ倍についての性質，つまり線形性と呼ばれる性質をもっています．さらに1次関数 $f(x)=ax$ については，すべての実数 x, x', k に対して，和とスカラ倍について次の式が成り立ちます．

$$f(x+x')=f(x)+f(x'), \qquad f(kx)=kf(x) \qquad (*)$$

逆に，関数 $f(x)$ が上の（$*$）をみたすとき，$f(1)=a$ とおくと

$$f(x)=f(x\cdot 1)=xf(1)=xa=ax$$

となり，$y=f(x)$ が1次関数であることがわかります．

また1次関数の多変数版，例えば

$$\begin{cases} y_1=a_{11}x_1+a_{12}x_2+a_{13}x_3 \\ y_2=a_{21}x_1+a_{22}x_2+a_{23}x_3 \end{cases}$$

は

$$A=\begin{bmatrix} a_{11} & a_{12} & a_{13} \\ a_{21} & a_{22} & a_{23} \end{bmatrix}, \qquad \boldsymbol{x}=\begin{bmatrix} x_1 \\ x_2 \\ x_3 \end{bmatrix}, \qquad \boldsymbol{y}=\begin{bmatrix} y_1 \\ y_2 \end{bmatrix}$$

とおくと，$y=ax$ のように

$$\boldsymbol{y}=A\boldsymbol{x} \quad \text{または} \quad \boldsymbol{y}=T(\boldsymbol{x}),\ \text{ただし}\ T(\boldsymbol{x})=A\boldsymbol{x}$$

と表すことができます．上の式 $\boldsymbol{y} = T(\boldsymbol{x})$ は，$\boldsymbol{x} \in \mathbb{R}^3$ を $\boldsymbol{y} \in \mathbb{R}^2$ に対応させる仕組みを示しています．また，この $T(\boldsymbol{x})$ について，行列の積の性質から，すべての $\boldsymbol{x}, \boldsymbol{x}' \in \mathbb{R}^3$ と $k \in \mathbb{R}$ に対して，和とスカラ倍に関して，次の式が成り立ちます．

$$T(\boldsymbol{x} + \boldsymbol{x}') = T(\boldsymbol{x}) + T(\boldsymbol{x}'), \qquad T(k\boldsymbol{x}) = kT(\boldsymbol{x}) \qquad (**)$$

実際，上の式は，行列とベクトルについて次の式が成り立つといっているに過ぎません．

$$A(\boldsymbol{x} + \boldsymbol{x}') = A\boldsymbol{x} + A\boldsymbol{x}', \qquad Ak\boldsymbol{x} = kA\boldsymbol{x}$$

逆に，$\boldsymbol{x} \in \mathbb{R}^3$ を $\boldsymbol{y} \in \mathbb{R}^2$ に対応させる T が上の性質（$**$）をもてば，$T(\boldsymbol{x}) = A\boldsymbol{x}$ の形に書けます．

実際，3 次元の単位ベクトル $\boldsymbol{e}_1 = \begin{bmatrix} 1 \\ 0 \\ 0 \end{bmatrix}$, $\boldsymbol{e}_2 = \begin{bmatrix} 0 \\ 1 \\ 0 \end{bmatrix}$, $\boldsymbol{e}_3 = \begin{bmatrix} 0 \\ 0 \\ 1 \end{bmatrix}$ に対して，$T(\boldsymbol{e}_1), T(\boldsymbol{e}_2), T(\boldsymbol{e}_3)$ は 2 次元ベクトルなので

$$T(\boldsymbol{e}_1) = \begin{bmatrix} a_{11} \\ a_{21} \end{bmatrix}, \qquad T(\boldsymbol{e}_2) = \begin{bmatrix} a_{12} \\ a_{22} \end{bmatrix}, \qquad T(\boldsymbol{e}_3) = \begin{bmatrix} a_{13} \\ a_{23} \end{bmatrix}$$

とおくことができます．このとき $\boldsymbol{x} \in \mathbb{R}^3$ に対し

$$\boldsymbol{x} = \begin{bmatrix} x_1 \\ x_2 \\ x_3 \end{bmatrix} = x_1 \begin{bmatrix} 1 \\ 0 \\ 0 \end{bmatrix} + x_2 \begin{bmatrix} 0 \\ 1 \\ 0 \end{bmatrix} + x_3 \begin{bmatrix} 0 \\ 0 \\ 1 \end{bmatrix} = x_1\boldsymbol{e}_1 + x_2\boldsymbol{e}_2 + x_3\boldsymbol{e}_3$$

となるので，T の性質（$**$）から

$$\begin{aligned} T(\boldsymbol{x}) &= T(x_1\boldsymbol{e}_1 + x_2\boldsymbol{e}_2 + x_3\boldsymbol{e}_3) = T(x_1\boldsymbol{e}_1) + T(x_2\boldsymbol{e}_2) + T(x_3\boldsymbol{e}_3) \\ &= x_1T(\boldsymbol{e}_1) + x_2T(\boldsymbol{e}_2) + x_3T(\boldsymbol{e}_3) = x_1 \begin{bmatrix} a_{11} \\ a_{21} \end{bmatrix} + x_2 \begin{bmatrix} a_{12} \\ a_{22} \end{bmatrix} + x_3 \begin{bmatrix} a_{13} \\ a_{23} \end{bmatrix} \\ &= \begin{bmatrix} a_{11} & a_{12} & a_{13} \\ a_{21} & a_{22} & a_{23} \end{bmatrix} \begin{bmatrix} x_1 \\ x_2 \\ x_3 \end{bmatrix} = A\boldsymbol{x}, \qquad \text{ただし } A = \begin{bmatrix} a_{11} & a_{12} & a_{13} \\ a_{21} & a_{22} & a_{23} \end{bmatrix} \end{aligned}$$

となり，$T(\boldsymbol{x}) = A\boldsymbol{x}$ と書けることがわかります．

定義　一般に，2 個のベクトル空間 V と W について，$\boldsymbol{v} \in V$ を W に含まれるベクトル $T(\boldsymbol{v})$ に対応させる仕組み T を考え，この T が，すべて

の $\boldsymbol{v}, \boldsymbol{v}' \in V$ と $k \in \mathbb{R}$ に対して，和とスカラ倍の関係

$$T(\boldsymbol{v}+\boldsymbol{v}') = T(\boldsymbol{v}) + T(\boldsymbol{v}'), \qquad T(k\boldsymbol{v}) = kT(\boldsymbol{v})$$

をみたすとき，このような T を V から W への**線形写像**という．

第1章§2（14ページ）で見たように，一般に，数とは限らないものを数とは限らないものに対応させる仕組みは「関数」とはいわずに「**写像**」といいます．「**変換**」というときもあります．したがって $\boldsymbol{y} = T(\boldsymbol{x})$ は1次関数ではなく，**線形写像**，**線形変換**，**1次写像**，**1次変換**などと呼ばれます．以後本書では「線形写像」を使います．

また，文章が長くなるので「$\boldsymbol{v} \in V$ を W に含まれるベクトル $T(\boldsymbol{v})$ に対応させる線形写像 T」を「ベクトル空間 V からベクトル空間 W への線形写像 T」といったり，より簡単に

「線形写像 $T : V \longrightarrow W$」

と略していうこともあります．また，次のことを注意しておきます．

線形写像 $T : V \longrightarrow W$ について

$$T(\boldsymbol{0}) = \boldsymbol{0}$$

が成り立つ．

ここで，左辺の $\boldsymbol{0}$ は V のゼロベクトル，右辺の $\boldsymbol{0}$ は W のゼロベクトルです（同じ $\boldsymbol{0}$ で表していますが，$V \neq W$ であれば別のベクトルです）．このことは線形写像の定義式 $T(\boldsymbol{v}+\boldsymbol{v}') = T(\boldsymbol{v}) + T(\boldsymbol{v}')$ で $\boldsymbol{v}' = \boldsymbol{0}$ とおくと，左辺は $T(\boldsymbol{v}+\boldsymbol{0}) = T(\boldsymbol{v})$，右辺は $T(\boldsymbol{v}) + T(\boldsymbol{0})$ となることから，$T(\boldsymbol{v}) = T(\boldsymbol{v}) + T(\boldsymbol{0})$ を得るので，この式の両辺に $-T(\boldsymbol{v})$ を加えて $\boldsymbol{0} = T(\boldsymbol{0})$ となることからわかります．

線形写像の例を挙げます．

例1　前ページで見たように $A = \begin{bmatrix} a_{11} & a_{12} & a_{13} \\ a_{21} & a_{22} & a_{23} \end{bmatrix}$ とおき，$\boldsymbol{v} \in \mathbb{R}^3$ に対し $A\boldsymbol{v}$ を対応させる仕組み，つまり $T(\boldsymbol{v}) = A\boldsymbol{v}$ とすると，T は線形写像 $T : \mathbb{R}^3 \longrightarrow \mathbb{R}^2$ です．一般に A を $m \times n$ 行列とするとき，$\boldsymbol{v} \in \mathbb{R}^n$ に対し，

$A\boldsymbol{v}$ を対応させる仕組み，つまり $T(\boldsymbol{v}) = A\boldsymbol{v}$ とすると，$\boldsymbol{w} = T(\boldsymbol{v})$ は $\mathbb{R}^n$ から $\mathbb{R}^m$ への線形写像 $T : \mathbb{R}^n \longrightarrow \mathbb{R}^m$ です．◈

さらに，119 ページで見た方法と同じ方法で，$\mathbb{R}^n$ から $\mathbb{R}^m$ への線形写像 $T : \mathbb{R}^n \longrightarrow \mathbb{R}^m$ は必ず $T(\boldsymbol{v}) = A\boldsymbol{v}$ の形に書けることがわかります．

119 ページで見たように，線形写像 $T : \mathbb{R}^n \longrightarrow \mathbb{R}^m$ は，1 次関数 $f(x) = ax$ を多変数化した $T(\boldsymbol{v}) = A\boldsymbol{v}$ しかないので，ベクトル空間や線形写像を抽象的にとらえる意味は，$\mathbb{R}^n$ 以外の一般的なベクトル空間にも線形代数の理論，例えば行列の理論を同じように応用するところにあります．

線形写像の例を続けます．

例 2　$T : \mathbb{R}[x]_3 \longrightarrow \mathbb{R}[x]_4$ を $T(f(x)) = xf(x)$ とすると，T は線形写像です．このことを確認するために線形写像の条件が成り立つことを確認します．この場合，$f(x), g(x) \in \mathbb{R}[x]_3$ と $k \in \mathbb{R}$ に対し，$T(f(x) + g(x)) = x(f(x) + g(x)) = xf(x) + xg(x) = T(f(x)) + T(g(x))$ と $T(kf(x)) = xkf(x) = kxf(x) = kT(f(x))$ から条件が成り立つことがわかります．◈

例 3　$T : \mathbb{R}[x]_3 \longrightarrow \mathbb{R}[x]_3$ を $T(f(x)) = f(x) + x$ とすると，T は線形写像ではありません．このことを示すには，98 ページで書いた，部分空間でないことを示すときと同じように，条件をみたさない反例が必要です．この場合，$f(x) = x^2$，$k = 2$ とすると，$T(2x^2) = 2x^2 + x$, $2T(x^2) = 2(x^2 + x) = 2x^2 + 2x$ となり，$T(2x^2) \neq 2T(x^2)$ を得るので，T は線形写像ではありません．◈

例 4　$T : \mathbb{R}[x]_3 \longrightarrow \mathbb{R}$ を $T(f(x)) = f(1)$ とすると，T は線形写像です．この場合，$f(x), g(x) \in \mathbb{R}[x]_3$ と $k \in \mathbb{R}$ に対し，$T(f(x) + g(x)) = f(1) + g(1) = T(f(x)) + T(g(x))$ と $T(kf(x)) = kf(1) = kT(f(x))$ から条件が成り立つことがわかります．◈

例 5　次の T_1, T_2, T_1', T_2' は，微積分の基本性質から線形写像です．ここで $C^1(\mathbb{R})$ は微分可能で導関数が連続な 1 変数関数の集合，$C(\mathbb{R})$ は 1 変数連続関数の集合です．

$$T_1 : \mathbb{R}[x]_n \longrightarrow \mathbb{R}[x]_{n-1}, \text{ ただし } T_1(f(x)) = \frac{d}{dx}f(x), \quad f(x) \in \mathbb{R}[x]_n$$

$$T_2 : \mathbb{R}[x]_n \longrightarrow \mathbb{R}[x]_{n+1}, \text{ ただし } T_2(f(x)) = \int_0^x f(t)dt, \quad f(x) \in \mathbb{R}[x]_n$$

$$T_1' : C^1(\mathbb{R}) \longrightarrow C(\mathbb{R}), \text{ ただし } T_1'(f(x)) = \frac{d}{dx}f(x), \quad f(x) \in C^1(\mathbb{R})$$

$$T_2' : C(\mathbb{R}) \longrightarrow C^1(\mathbb{R}), \text{ ただし } T_2'(f(x)) = \int_0^x f(t)dt, \quad f(x) \in C(\mathbb{R})$$

◆

問　題

1 $V = \mathbb{R}^3$, $W = \mathbb{R}^2$, $U = \mathbb{R}$ とする．次の $T_1, T_2, T_3, T_4, T_5, T_6$ が線形写像になるかどうか調べよ．

(1) $T_1 : V \longrightarrow V$, ただし $T_1\left(\begin{bmatrix} x_1 \\ x_2 \\ x_3 \end{bmatrix}\right) = \begin{bmatrix} x_1 + x_2 \\ x_2 + x_3 \\ x_3 + x_1 \end{bmatrix}$

(2) $T_2 : V \longrightarrow V$, ただし $T_2\left(\begin{bmatrix} x_1 \\ x_2 \\ x_3 \end{bmatrix}\right) = \begin{bmatrix} x_1 + 1 \\ x_2 \\ x_3 \end{bmatrix}$

(3) $T_3 : V \longrightarrow W$, ただし $T_3\left(\begin{bmatrix} x_1 \\ x_2 \\ x_3 \end{bmatrix}\right) = \begin{bmatrix} x_1 + x_2 + x_3 \\ 0 \end{bmatrix}$

(4) $T_4 : W \longrightarrow W$, ただし $T_4\left(\begin{bmatrix} x_1 \\ x_2 \end{bmatrix}\right) = \begin{bmatrix} \frac{1}{2}x_1 + \frac{\sqrt{3}}{2}x_2 \\ -\frac{\sqrt{3}}{2}x_1 + \frac{1}{2}x_2 \end{bmatrix}$

(5) $T_5 : W \longrightarrow U$, ただし $T_5\left(\begin{bmatrix} x_1 \\ x_2 \end{bmatrix}\right) = x_1 - 2x_2$

(6) $T_6 : W \longrightarrow U$, ただし $T_6\left(\begin{bmatrix} x_1 \\ x_2 \end{bmatrix}\right) = (x_1 + 1)(x_2 + 1)$

2 $V = \mathbb{R}[x]_3$ とする．次の $T_1, T_2, T_3, T_4, T_5, T_6$ が，V から V への線形写像になるかどうか調べよ．

(1) $T_1(f(x)) = f(x) - 2f'(x)$

(2) $T_2(f(x)) = f(x) - 1$

(3) $T_3(f(x)) = (x-2)f'(x) - (x-2)^2 f''(x)$

(4) $T_4(f(x)) = f(x+1)$

(5) $T_5(f(x)) = f(x) + f(0)$

(6) $T_6(f(x)) = f(0)f(x)$

3　以下の問いに答えよ．

(1) V, W をベクトル空間とし，$T_1 : V \longrightarrow W$，$T_2 : V \longrightarrow W$ を線形写像とするとき，$(T_1 + T_2) : V \longrightarrow W$ を $(T_1 + T_2)(\boldsymbol{v}) = T_1(\boldsymbol{v}) + T_2(\boldsymbol{v})$，ただし $\boldsymbol{v} \in V$ と定義すると $(T_1 + T_2) : V \longrightarrow W$ も線形写像であることを示せ．

(2) V, W をベクトル空間とし，$T : V \longrightarrow W$ を線形写像，k をスカラとするとき，$(kT) : V \longrightarrow W$ を $(kT)(\boldsymbol{v}) = kT(\boldsymbol{v})$，ただし $\boldsymbol{v} \in V$ と定義すると $(kT) : V \longrightarrow W$ も線形写像であることを示せ．

(3) V, W, U をベクトル空間とし，$T : V \longrightarrow W$，$S : W \longrightarrow U$ を線形写像とするとき，T と S の合成 $S \circ T : V \longrightarrow U$ も線形写像であることを示せ．

4　V を 3 次正方行列の全体 $M_{3,3}(\mathbb{R})$，W を 2 次正方行列の全体 $M_{2,2}(\mathbb{R})$，$U = \mathbb{R}$ とし，$A = \begin{bmatrix} a_{11} & a_{12} & a_{13} \\ a_{21} & a_{22} & a_{23} \\ a_{31} & a_{32} & a_{33} \end{bmatrix} \in V$ に対して，$T_1 : V \longrightarrow U$，$T_2 : V \longrightarrow W$，$T_3 : V \longrightarrow U$ を次のように定めたとき，T_1, T_2, T_3 が線形写像になるかどうか調べよ．

$$T_1(A) = a_{11} + a_{22} + a_{33}, \qquad T_2(A) = \begin{bmatrix} a_{12} & a_{13} \\ a_{22} & a_{23} \end{bmatrix}, \qquad T_3(A) = \det A$$

5　V を 2 次正方行列の全体 $M_{2,2}(\mathbb{R})$ とする．次の T_1, T_2, T_3, T_4, T_5 が線形写像になることを示せ．

(1) $T_1 : V \longrightarrow V$，ただし $\begin{bmatrix} a_1 & a_2 \\ a_3 & a_4 \end{bmatrix} \in V$ に対し $T_1(A) = \begin{bmatrix} 1 & 3 \\ 2 & 4 \end{bmatrix}\begin{bmatrix} a_1 & a_2 \\ a_3 & a_4 \end{bmatrix}$

(2) $T_2 : V \longrightarrow V$，ただし $\begin{bmatrix} a_1 & a_2 \\ a_3 & a_4 \end{bmatrix} \in V$ に対し $T_2(A) = \begin{bmatrix} a_1 & a_2 \\ a_3 & a_4 \end{bmatrix}\begin{bmatrix} 1 & 3 \\ 2 & 4 \end{bmatrix}$

(3) $B, C \in V$ とする．$T_3 : V \longrightarrow V$，ただし $T_3(A) = BA - AC$

(4) $T_4 : V \longrightarrow V$，ただし $\begin{bmatrix} a_1 & a_2 \\ a_3 & a_4 \end{bmatrix} \in V$ に対し $T_4(A) = {}^tA$

(5) $T_5 : V \longrightarrow \mathbb{R}$，ただし $\begin{bmatrix} a_1 & a_2 \\ a_3 & a_4 \end{bmatrix} \in V$ に対し $T_5(A) = a_1 + a_4 - a_2 - a_3$

§ 2　線形写像の像，核と次元公式

まず，$m \times n$ 行列 A と A の列ベクトルを

$$A = \begin{bmatrix} a_{11} & \cdots & a_{1n} \\ \vdots & & \vdots \\ a_{m1} & \cdots & a_{mn} \end{bmatrix}, \quad \boldsymbol{a}_1 = \begin{bmatrix} a_{11} \\ \vdots \\ a_{m1} \end{bmatrix}, \quad \boldsymbol{a}_2 = \begin{bmatrix} a_{12} \\ \vdots \\ a_{m2} \end{bmatrix}, \quad \cdots, \quad \boldsymbol{a}_n = \begin{bmatrix} a_{1n} \\ \vdots \\ a_{mn} \end{bmatrix}$$

とおき，連立1次方程式

$$\begin{bmatrix} a_{11} & \cdots & a_{1n} \\ \vdots & & \vdots \\ a_{m1} & \cdots & a_{mn} \end{bmatrix} \begin{bmatrix} x_1 \\ \vdots \\ x_n \end{bmatrix} = \begin{bmatrix} 0 \\ \vdots \\ 0 \end{bmatrix}$$

つまり

$$A\boldsymbol{x} = \boldsymbol{0} \quad \text{ただし} \quad \boldsymbol{x} = \begin{bmatrix} x_1 \\ \vdots \\ x_n \end{bmatrix}, \quad \boldsymbol{0} = \begin{bmatrix} 0 \\ \vdots \\ 0 \end{bmatrix}$$

を考えます．さらに A の列ベクトル $\boldsymbol{a}_1, \boldsymbol{a}_2, \cdots, \boldsymbol{a}_n$ の1次結合の全体を W とします．

$$W = \{c_1\boldsymbol{a}_1 + c_2\boldsymbol{a}_2 + \cdots + c_n\boldsymbol{a}_n \mid c_1, c_2, \cdots, c_n \in \mathbb{R}\}$$

このとき，W は $\mathbb{R}^m$ の部分空間になります．このことは第5章§3の問題1（110ページ）でも確認しましたが，W の元が $c_1\boldsymbol{a}_1 + \cdots + c_n\boldsymbol{a}_n$ $(c_1, \cdots, c_n \in \mathbb{R})$ の形をしていることから，次の3つのことが成り立つことを確認することで確められます．

- $c_1 = \cdots = c_n = 0$ ととると $c_1\boldsymbol{a}_1 + \cdots + c_n\boldsymbol{a}_n = \boldsymbol{0}$ も W の元となるので W は空集合ではない．
- W のベクトル $c_1\boldsymbol{a}_1 + \cdots + c_n\boldsymbol{a}_n$，$c_1'\boldsymbol{a}_1 + \cdots + c_n'\boldsymbol{a}_n$ $(c_1, \cdots, c_n, c_1', \cdots, c_n' \in \mathbb{R})$ の和 $(c_1 + c_1')\boldsymbol{a}_1 + \cdots + (c_n + c_n')\boldsymbol{a}_n$ もこの条件をみたし，W の元となる．
- W のベクトル $c_1\boldsymbol{a}_1 + \cdots + c_n\boldsymbol{a}_n$ $(c_1, \cdots, c_n \in \mathbb{R})$ とスカラ k に対し，$k(c_1\boldsymbol{a}_1 + \cdots + c_n\boldsymbol{a}_n) = kc_1\boldsymbol{a}_1 + \cdots + kc_n\boldsymbol{a}_n$ もこの条件をみたし，W の元となる．

ここで $\boldsymbol{a}_1, \boldsymbol{a}_2, \cdots, \boldsymbol{a}_n$ のうち1次独立なベクトルの最大個数は114ページで見たように A の階数であり，また W の基をなすので $\dim W$ にもなります．つまり，

次が成り立ちます.

$$\dim\{c_1\boldsymbol{a}_1 + c_2\boldsymbol{a}_2 + \cdots + c_n\boldsymbol{a}_n \mid c_1, c_2, \cdots, c_n \in \mathbb{R}\} = \operatorname{rank} A$$

一方，連立1次方程式 $A\boldsymbol{x} = \boldsymbol{0}$ の解全体を $U = \{\boldsymbol{x} \in \mathbb{R}^n \mid A\boldsymbol{x} = \boldsymbol{0}\}$ とおくと，U は97ページで見たように $\mathbb{R}^n$ の部分空間であり，$\dim U$ は解が含む任意定数の個数です.

したがって83ページで見たように，$\dim U + \dim W = \dim U + \operatorname{rank} A$ は未知数の個数 n になります．このとき $n = \dim \mathbb{R}^n$ なので，結局

$$\dim\{c_1\boldsymbol{a}_1 + c_2\boldsymbol{a}_2 + \cdots + c_n\boldsymbol{a}_n\} + \dim\{\boldsymbol{x} \in \mathbb{R}^n \mid A\boldsymbol{x} = \boldsymbol{0}\} = \dim \mathbb{R}^n$$

が成り立つことがわかります．さらに，ここで $c_1\boldsymbol{a}_1 + c_2\boldsymbol{a}_2 + \cdots + c_n\boldsymbol{a}_n$ は

$$c_1\begin{bmatrix} a_{11} \\ \vdots \\ a_{m1} \end{bmatrix} + c_2\begin{bmatrix} a_{12} \\ \vdots \\ a_{m2} \end{bmatrix} + \cdots + c_n\begin{bmatrix} a_{1n} \\ \vdots \\ a_{mn} \end{bmatrix} = \begin{bmatrix} a_{11} & \cdots & a_{1n} \\ \vdots & & \vdots \\ a_{m1} & \cdots & a_{mn} \end{bmatrix}\begin{bmatrix} c_1 \\ \vdots \\ c_n \end{bmatrix} = A\begin{bmatrix} c_1 \\ \vdots \\ c_n \end{bmatrix}$$

と書けるので，$W = \{A\boldsymbol{c} \mid \boldsymbol{c} \in \mathbb{R}^n\}$ と表すこともでき，すると上の等式は

$$\dim\{A\boldsymbol{c} \mid \boldsymbol{c} \in \mathbb{R}^n\} + \dim\{\boldsymbol{x} \in \mathbb{R}^n \mid A\boldsymbol{x} = \boldsymbol{0}\} = \dim \mathbb{R}^n$$

となります.

ここで $m \times n$ 行列 A に対して，線形写像 $T : \mathbb{R}^n \longrightarrow \mathbb{R}^m$ が $T(\boldsymbol{x}) = A\boldsymbol{x}$ によって定義できることを思い出しましょう（121ページ参照）．このとき

$$\{A\boldsymbol{c} \mid \boldsymbol{c} \in \mathbb{R}^n\} = \{T(\boldsymbol{c}) \mid \boldsymbol{c} \in \mathbb{R}^n\}$$
$$\{\boldsymbol{x} \in \mathbb{R}^n \mid A\boldsymbol{x} = \boldsymbol{0}\} = \{\boldsymbol{x} \in \mathbb{R}^n \mid T(\boldsymbol{x}) = \boldsymbol{0}\}$$

なので，上の等式は

$$\dim\{T(\boldsymbol{c}) \mid \boldsymbol{c} \in \mathbb{R}^n\} + \dim\{\boldsymbol{x} \in \mathbb{R}^n \mid T(\boldsymbol{x}) = \boldsymbol{0}\} = \dim \mathbb{R}^n$$

となります.

一般に，ベクトル空間 V から W への線形写像 $T : V \longrightarrow W$ に対して，T の像と核を次のように定義します.

> **定義**　$T: V \longrightarrow W$ をベクトル空間 V から W への線形写像とするとき，$\{T(\boldsymbol{v}) \mid \boldsymbol{v} \in V\}$ を T の**像**（image）といって $\mathrm{Im}T$ と表し，$\{\boldsymbol{v} \in V \mid T(\boldsymbol{v}) = \boldsymbol{0}\}$ を T の**核**（kernel）といって $\mathrm{Ker}T$ と表す．

$\mathrm{Im}T$ は，V のベクトルをすべて T でうつすことで得られる W のベクトルの集まり，$\mathrm{Ker}T$ は，T でうつしてゼロベクトルになるような V のベクトルの集まりなので，$\mathrm{Im}T \subseteq W$，$\mathrm{Ker}T \subseteq V$ です．さらに，次が成り立ちます．

> V, W をベクトル空間，$T: V \longrightarrow W$ を線形写像とするとき，$\mathrm{Im}T$ は W の部分空間であり，$\mathrm{Ker}T$ は V の部分空間である．

上のことの確認は第6章§2の問題1（129ページ）としています．

ここで，$T: \mathbb{R}^n \longrightarrow \mathbb{R}^m$ が $m \times n$ 行列 A を用いて $T(\boldsymbol{v}) = A\boldsymbol{v}$ と定義されているとき，前ページで見たことは，$\dim \mathrm{Im}T + \dim \mathrm{Ker}T = \dim \mathbb{R}^n$ とも表され，これは一般の線形写像 $T: V \longrightarrow W$ でも成り立ちます．

> **次元公式**　V, W をベクトル空間，$T: V \longrightarrow W$ を線形写像とするとき
> $$\dim \mathrm{Im}T + \dim \mathrm{Ker}T = \dim V$$
> が成り立つ．

$\dim \mathrm{Im}T = 2$，$\dim \mathrm{Ker}T = 3$ の場合の次元公式の証明　まず $\{\boldsymbol{w}_1, \boldsymbol{w}_2\}$，$\{\boldsymbol{v}_1, \boldsymbol{v}_2, \boldsymbol{v}_3\}$ をそれぞれ $\mathrm{Im}T$，$\mathrm{Ker}T$ の基とします．このとき $\boldsymbol{w}_1, \boldsymbol{w}_2$ は T の像の元なので，$T(\boldsymbol{v}_4) = \boldsymbol{w}_1$，$T(\boldsymbol{v}_5) = \boldsymbol{w}_2$ となる V の元 $\boldsymbol{v}_4, \boldsymbol{v}_5$ があります．

ここで $\boldsymbol{v}_1, \cdots, \boldsymbol{v}_5$ は1次独立です．なぜなら $c_1\boldsymbol{v}_1 + c_2\boldsymbol{v}_2 + c_3\boldsymbol{v}_3 + c_4\boldsymbol{v}_4 + c_5\boldsymbol{v}_5 = \boldsymbol{0}$ とおき，この両辺を T でうつすと，$\boldsymbol{v}_1, \boldsymbol{v}_2, \boldsymbol{v}_3$ が $\mathrm{Ker}T$ の元であることから $c_4\boldsymbol{w}_1 + c_5\boldsymbol{w}_2 = \boldsymbol{0}$ となり，$\{\boldsymbol{w}_1, \boldsymbol{w}_2\}$ が $\mathrm{Im}T$ の基なので $c_4 = c_5 = 0$ を得ます．また，このことから $c_1\boldsymbol{v}_1 + c_2\boldsymbol{v}_2 + c_3\boldsymbol{v}_3 = \boldsymbol{0}$ を得るので，さらに $c_1 = c_2 = c_3 = 0$ であることがわかります．

一方，V の各元 $\boldsymbol{v}$ に対し，$T(\boldsymbol{v})$ は T の像の元なので $T(\boldsymbol{v}) = c_4\boldsymbol{w}_1 + c_5\boldsymbol{w}_2$ と表すことができ，さらに $T(\boldsymbol{v} - c_4\boldsymbol{v}_4 - c_5\boldsymbol{v}_5) = \boldsymbol{0}$ であることが計算で簡単にわかるので $\boldsymbol{v} - c_4\boldsymbol{v}_4 - c_5\boldsymbol{v}_5$ は $\mathrm{Ker}T$ の元となり，$\boldsymbol{v} - c_4\boldsymbol{v}_4 - c_5\boldsymbol{v}_5 = c_1\boldsymbol{v}_1 +$

$c_2\boldsymbol{v}_2 + c_3\boldsymbol{v}_3$ と表すことができます．つまり $\boldsymbol{v} = c_1\boldsymbol{v}_1 + c_2\boldsymbol{v}_2 + c_3\boldsymbol{v}_3 + c_4\boldsymbol{v}_4 + c_5\boldsymbol{v}_5$ と表され，$\boldsymbol{v}_1, \cdots, \boldsymbol{v}_5$ は V を生成することがわかります．

以上から $\{\boldsymbol{v}_1, \boldsymbol{v}_2, \boldsymbol{v}_3, \boldsymbol{v}_4, \boldsymbol{v}_5\}$ は V の基であり，$\dim V = 2 + 3 = 5$ を得ます．■

例 1　$V = \mathbb{R}^3$，$W = \mathbb{R}^2$，$A = \begin{bmatrix} 1 & -2 & -5 \\ 2 & -4 & -10 \end{bmatrix}$，$T : V \longrightarrow W$ を $T(\boldsymbol{v}) = A\boldsymbol{v}$ とします（$\boldsymbol{v} \in V = \mathbb{R}^3$）．このとき $\boldsymbol{v} = \begin{bmatrix} x_1 \\ x_2 \\ x_3 \end{bmatrix}$ に対し，$T(\boldsymbol{v}) = A\boldsymbol{v}$ は

$$\begin{bmatrix} 1 & -2 & -5 \\ 2 & -4 & -10 \end{bmatrix}\begin{bmatrix} x_1 \\ x_2 \\ x_3 \end{bmatrix} = x_1\begin{bmatrix} 1 \\ 2 \end{bmatrix} + x_2\begin{bmatrix} -2 \\ -4 \end{bmatrix} + x_3\begin{bmatrix} -5 \\ -10 \end{bmatrix}$$
$$= (x_1 - 2x_2 - 5x_3)\begin{bmatrix} 1 \\ 2 \end{bmatrix}$$

となるので，$\mathrm{Im}T$ は次のようになります．

$$\mathrm{Im}\,T = \{x\begin{bmatrix} 1 \\ 2 \end{bmatrix} \mid x \in \mathbb{R}\}$$

一方，$\mathrm{Ker}T$ は $x_2 = s$，$x_3 = t$ とおいて，次のようになります．

$$\mathrm{Ker}\,T = \{\begin{bmatrix} 2s + 5t \\ s \\ t \end{bmatrix} = \begin{bmatrix} 2 \\ 1 \\ 0 \end{bmatrix}s + \begin{bmatrix} 5 \\ 0 \\ 1 \end{bmatrix}t \mid s, t \in \mathbb{R}\}$$

ここで $\mathrm{Ker}T$ と $\mathrm{Im}T$ を図示すると，次のようになります．

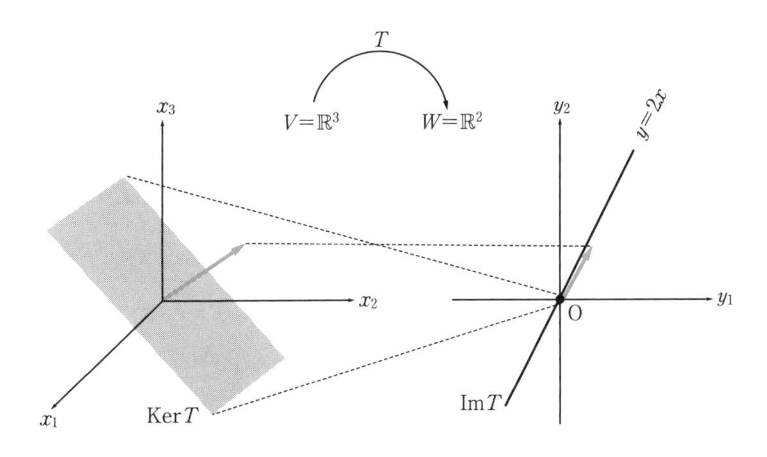

$\dim \mathrm{Ker}\, T = 2$ なので，全体の $V = \mathbb{R}^3$ のうち，残りの $3 - 2 = 1$ 次元分だけが，T でうつして1次元の $\mathrm{Im}T$ を構成します． ◈

例2 $T : \mathbb{R}[x]_2 \longrightarrow \mathbb{R}[x]_1$，$T(f(x)) = f'(x) - f(0)$ $(f(x) \in \mathbb{R}[x]_2)$

$T(c_0 + c_1x + c_2x^2) = c_1 + 2c_2x - c_0 = (c_1 - c_0) + 2c_2x$ から

$$T(c_0 + c_1x + c_2x^2) = 0 \Longleftrightarrow c_1 - c_0 = 2c_2 = 0$$

となるので，$\mathrm{Im}T$，$\mathrm{Ker}T$ は次のようになります．

$$\mathrm{Im}\,T = \{c_1 - c_0 + 2c_2x \mid c_0, c_1, c_2 \in \mathbb{R}\}$$

$$\mathrm{Ker}\,T = \{c_0 + c_0x = c_0(1 + x) \mid c_0 \in \mathbb{R}\}$$

したがって $\{1, x\}$ は $\mathrm{Im}T$ の基，$\{1 + x\}$ は $\mathrm{Ker}T$ の基となり，$\dim \mathrm{Im}\,T + \dim \mathrm{Ker}\,T = 2 + 1 = 3 = \dim \mathbb{R}[x]_2$ となっています． ◈

例3 $T : \mathbb{R}[x]_3 \longrightarrow \mathbb{R}^2$，$T(f(x)) = \begin{bmatrix} f(1) \\ f(2) \end{bmatrix}$ $(f(x) \in \mathbb{R}[x]_3)$

$$T(c_0 + c_1x + c_2x^2 + c_3x^3) = \begin{bmatrix} c_0 + c_1 + c_2 + c_3 \\ c_0 + 2c_1 + 4c_2 + 8c_3 \end{bmatrix} \text{から}$$

$$c_0 + c_1x + c_2x^2 + c_3x^3 \in \mathrm{Ker}\,T$$

$$\Longleftrightarrow c_0 + c_1 + c_2 + c_3 = c_0 + 2c_1 + 4c_2 + 8c_3 = 0$$

となるので，掃き出し法により，この c_0, c_1, c_2, c_3 についての連立1次方程式を解くと $(c_0, c_1, c_2, c_3) = (2s + 6t, -3s - 7t, s, t)$ を得ます（s, t は任意定数）．したがって

$$\mathrm{Ker}\,T = \{(2s + 6t) + (-3s - 7t)x + sx^2 + tx^3$$

$$= (2 - 3x + x^2)s + (6 - 7x + x^3)t \mid s, t \in \mathbb{R}\}$$

となり，$\{2 - 3x + x^2, 6 - 7x + x^3\}$ は $\mathrm{Ker}T$ の基で，$\dim \mathrm{Ker}\,T = 2$ です．一方

$$\begin{bmatrix} c_0 + c_1 + c_2 + c_3 \\ c_0 + 2c_1 + 4c_2 + 8c_3 \end{bmatrix} = c_0\begin{bmatrix} 1 \\ 1 \end{bmatrix} + c_1\begin{bmatrix} 1 \\ 2 \end{bmatrix} + c_2\begin{bmatrix} 1 \\ 4 \end{bmatrix} + c_3\begin{bmatrix} 1 \\ 8 \end{bmatrix}$$

となるので，$\mathrm{Im}\,T$ は行列 $\begin{bmatrix} 1 & 1 & 1 & 1 \\ 1 & 2 & 4 & 8 \end{bmatrix}$ の列ベクトルの1次結合の全体と一致し，$\mathrm{Im}\,T = \mathbb{R}^2$ となります．したがって $\dim \mathrm{Im}\,T = 2$ となり，$\dim \mathrm{Im}\,T + \dim \mathrm{Ker}\,T = 2 + 2 = 4 = \dim \mathbb{R}[x]_3$ となっています．ちなみに $\mathrm{Ker}T$ は $f(1) = f(2) = 0$ となる3次以下の多項式の全体なので，因数定理から

$(x-1)(x-2)$ で割り切れる3次以下の多項式の全体と一致します．したがって $\mathrm{Ker}\,T = \{(1-x)(2-x)(a+bx) \mid a, b \in \mathbb{R}\}$ とも書け，$\{(1-x)(2-x), (1-x)(2-x)x\}$ も基になります． ◈

問　題

1 V, W をベクトル空間，$T: V \longrightarrow W$ を V から W への線形写像とするとき，$\mathrm{Im}T$ は W の部分空間であり，$\mathrm{Ker}T$ は V の部分空間となることを示せ．〔**ヒント** $\mathrm{Im}T$ が W の部分空間になることは「$\boldsymbol{w}_1, \boldsymbol{w}_2 \in \mathrm{Im}T \Longrightarrow \boldsymbol{w}_1 = T(\boldsymbol{v}_1)$，$\boldsymbol{w}_2 = T(\boldsymbol{v}_2)$ となる $\boldsymbol{v}_1, \boldsymbol{v}_2$ が V に存在する $\Longrightarrow \boldsymbol{w}_1 + \boldsymbol{w}_2 = T(\boldsymbol{v}_1) + T(\boldsymbol{v}_2) = T(\boldsymbol{v}_1 + \boldsymbol{v}_2)$ から $\boldsymbol{w}_1 + \boldsymbol{w}_2 \in \mathrm{Im}T$」などから出る．また $\mathrm{Ker}T$ が V の部分空間になることは，$\mathbf{0} \in V$ について，$T(\mathbf{0}) = \mathbf{0}$（右辺の $\mathbf{0}$ は W のゼロベクトル）より「$\mathbf{0} \in \mathrm{Ker}T$」，また「$\boldsymbol{v}_1, \boldsymbol{v}_2 \in \mathrm{Ker}T \Longrightarrow T(\boldsymbol{v}_1) = T(\boldsymbol{v}_2) = \mathbf{0} \Longrightarrow T(\boldsymbol{v}_1 + \boldsymbol{v}_2) = T(\boldsymbol{v}_1) + T(\boldsymbol{v}_2) = \mathbf{0} + \mathbf{0} = \mathbf{0} \Longrightarrow \boldsymbol{v}_1 + \boldsymbol{v}_2 \in \mathrm{Ker}T$」などから出る．〕

2 例2（128ページ），例3（128ページ）の計算を具体的に実行し，内容を確認せよ．

3 次の線形写像について，像と核の基と次元を求めよ．

(1) $T_1: \mathbb{R}^4 \longrightarrow \mathbb{R}^3$，$T_1(\boldsymbol{v}) = A\boldsymbol{v}$．ただし $\boldsymbol{v} = \mathbb{R}^4$．$A$ は次の行列とする．

$$A = \begin{bmatrix} 1 & 2 & 1 & 4 \\ 2 & 3 & 1 & 1 \\ 4 & 5 & 1 & -4 \end{bmatrix}$$

(2) $T_2: \mathbb{R}^4 \longrightarrow \mathbb{R}^3$，$T_2(\boldsymbol{v}) = B\boldsymbol{v}$．ただし $\boldsymbol{v} \in \mathbb{R}^4$．$B$ は次の行列とする．

$$B = \begin{bmatrix} 1 & 2 & 0 & -1 \\ -2 & -4 & 0 & 2 \\ 0 & 0 & 1 & 2 \end{bmatrix}$$

(3) $T_3: \mathbb{R}[x]_3 \longrightarrow \mathbb{R}[x]_3$，$T_3(f(x)) = xf'(x) - x^2 f''(x)$．ただし $f(x) \in \mathbb{R}[x]_3$．

(4) $T_4: M_{2,2}(\mathbb{R}) \longrightarrow \mathbb{R}$，$T_4(\begin{bmatrix} a & b \\ c & d \end{bmatrix}) = a + d$．ただし $\begin{bmatrix} a & b \\ c & d \end{bmatrix} \in M_{2,2}(\mathbb{R})$．

§3 線形写像の表現行列

120ページで，$\mathbb{R}^n$ から $\mathbb{R}^m$ への線形写像 T は，必ず $m \times n$ 行列 A を用いて $T(\boldsymbol{v}) = A\boldsymbol{v}$ $(\boldsymbol{v} \in \mathbb{R}^n)$ の形になることを見ました．そのときの議論を $m = 2$,

$n = 3$ の場合で復習しましょう．

まず，$T : \mathbb{R}^3 \longrightarrow \mathbb{R}^2$ とし

$$\boldsymbol{e}_1 = \begin{bmatrix} 1 \\ 0 \\ 0 \end{bmatrix}, \quad \boldsymbol{e}_2 = \begin{bmatrix} 0 \\ 1 \\ 0 \end{bmatrix}, \quad \boldsymbol{e}_3 = \begin{bmatrix} 0 \\ 0 \\ 1 \end{bmatrix}, \quad \boldsymbol{e}_1' = \begin{bmatrix} 1 \\ 0 \end{bmatrix}, \quad \boldsymbol{e}_2' = \begin{bmatrix} 0 \\ 1 \end{bmatrix}$$

とおき，$\boldsymbol{v} \in \mathbb{R}^3$ を $\boldsymbol{v} = x_1\boldsymbol{e}_1 + x_2\boldsymbol{e}_2 + x_3\boldsymbol{e}_3$ と表します．また $T(\boldsymbol{e}_1)$, $T(\boldsymbol{e}_2)$, $T(\boldsymbol{e}_3)$ は2次元ベクトルなので $\boldsymbol{e}_1', \boldsymbol{e}_2'$ を使って

$$T(\boldsymbol{e}_1) = a_{11}\boldsymbol{e}_1' + a_{21}\boldsymbol{e}_2', \quad T(\boldsymbol{e}_2) = a_{12}\boldsymbol{e}_1' + a_{22}\boldsymbol{e}_2', \quad T(\boldsymbol{e}_3) = a_{13}\boldsymbol{e}_1' + a_{23}\boldsymbol{e}_2'$$

と表すことができます．このとき，T が線形写像なので

$$\begin{aligned} T(\boldsymbol{v}) &= T(x_1\boldsymbol{e}_1 + x_2\boldsymbol{e}_2 + x_3\boldsymbol{e}_3) = x_1T(\boldsymbol{e}_1) + x_2T(\boldsymbol{e}_2) + x_3T(\boldsymbol{e}_3) \\ &= x_1(a_{11}\boldsymbol{e}_1' + a_{21}\boldsymbol{e}_2') + x_2(a_{12}\boldsymbol{e}_1' + a_{22}\boldsymbol{e}_2') + x_3(a_{13}\boldsymbol{e}_1' + a_{23}\boldsymbol{e}_2') \\ &= (x_1a_{11} + x_2a_{12} + x_3a_{13})\boldsymbol{e}_1' + (x_1a_{21} + x_2a_{22} + x_3a_{23})\boldsymbol{e}_2' \end{aligned}$$

となります．これを形式的に行列のように表すと

$$\begin{aligned} T(\boldsymbol{v}) &= [\, T(\boldsymbol{e}_1) \;\; T(\boldsymbol{e}_2) \;\; T(\boldsymbol{e}_3) \,] \begin{bmatrix} x_1 \\ x_2 \\ x_3 \end{bmatrix} = [\, \boldsymbol{e}_1' \;\; \boldsymbol{e}_2' \,] \begin{bmatrix} x_1a_{11} + x_2a_{12} + x_3a_{13} \\ x_1a_{21} + x_2a_{22} + x_3a_{23} \end{bmatrix} \\ &= [\, \boldsymbol{e}_1' \;\; \boldsymbol{e}_2' \,] \begin{bmatrix} a_{11} & a_{12} & a_{13} \\ a_{21} & a_{22} & a_{23} \end{bmatrix} \begin{bmatrix} x_1 \\ x_2 \\ x_3 \end{bmatrix} \end{aligned}$$

となります．ここでベクトルを横に並べた $[\, \boldsymbol{e}_1' \;\; \boldsymbol{e}_2' \,]$ などの「ベクトル」のようなものの数学的な意味はありません．行列の積と同じルールで記述すると便利なのでこの書き方をしているだけです．

ここで $\{\boldsymbol{e}_1, \boldsymbol{e}_2, \boldsymbol{e}_3\}$, $\{\boldsymbol{e}_1', \boldsymbol{e}_2'\}$ は，それぞれ $\mathbb{R}^3$, $\mathbb{R}^2$ の基であることに注意してください．この考え方を一般の線形写像に応用することができます．

V を3次元ベクトル空間，W を2次元ベクトル空間，$T : V \longrightarrow W$ を線形写像とし，$\{\boldsymbol{v}_1, \boldsymbol{v}_2, \boldsymbol{v}_3\}$, $\{\boldsymbol{w}_1, \boldsymbol{w}_2\}$ を，それぞれ V, W の基とします．

$\boldsymbol{v} \in V$ は $\boldsymbol{v} = x_1\boldsymbol{v}_1 + x_2\boldsymbol{v}_2 + x_3\boldsymbol{v}_3$ と表せ，$T(\boldsymbol{v}_1)$, $T(\boldsymbol{v}_2)$, $T(\boldsymbol{v}_3)$ は W の元なので

$$T(\boldsymbol{v}_1) = a_{11}\boldsymbol{w}_1 + a_{21}\boldsymbol{w}_2, \quad T(\boldsymbol{v}_2) = a_{12}\boldsymbol{w}_1 + a_{22}\boldsymbol{w}_2, \quad T(\boldsymbol{v}_3) = a_{13}\boldsymbol{w}_1 + a_{23}\boldsymbol{w}_2$$

と表すことができます．このとき上の $T : \mathbb{R}^3 \longrightarrow \mathbb{R}^2$ の場合と同様に

$$T(\boldsymbol{v}) = [\,T(\boldsymbol{v}_1)\;\; T(\boldsymbol{v}_2)\;\; T(\boldsymbol{v}_3)\,]\begin{bmatrix} x_1 \\ x_2 \\ x_3 \end{bmatrix} = [\,\boldsymbol{w}_1\;\; \boldsymbol{w}_2\,]\begin{bmatrix} x_1a_{11} + x_2a_{12} + x_3a_{13} \\ x_1a_{21} + x_2a_{22} + x_3a_{23} \end{bmatrix}$$

$$= [\,\boldsymbol{w}_1\;\; \boldsymbol{w}_2\,]\begin{bmatrix} a_{11} & a_{12} & a_{13} \\ a_{21} & a_{22} & a_{23} \end{bmatrix}\begin{bmatrix} x_1 \\ x_2 \\ x_3 \end{bmatrix}$$

となります．さらに，上の式で最初の式と最後の式にある x_1, x_2, x_3 を省略すると

$$[\,T(\boldsymbol{v}_1)\;\; T(\boldsymbol{v}_2)\;\; T(\boldsymbol{v}_3)\,] = [\,\boldsymbol{w}_1\;\; \boldsymbol{w}_2\,]\begin{bmatrix} a_{11} & a_{12} & a_{13} \\ a_{21} & a_{22} & a_{23} \end{bmatrix}$$

のようになり，この式は，V の基のベクトル $\boldsymbol{v}_1, \boldsymbol{v}_2, \boldsymbol{v}_3$ の T によるうつり先を W の基のベクトル $\boldsymbol{w}_1, \boldsymbol{w}_2$ で表した式になります．また x_1, x_2, x_3 に着目すると，T は，V の基 $\{\boldsymbol{v}_1, \boldsymbol{v}_2, \boldsymbol{v}_3\}$ の係数 $\begin{bmatrix} x_1 \\ x_2 \\ x_3 \end{bmatrix}$ を，W の基 $\{\boldsymbol{w}_1, \boldsymbol{w}_2\}$ の係数 $\begin{bmatrix} a_{11} & a_{12} & a_{13} \\ a_{21} & a_{22} & a_{23} \end{bmatrix}\begin{bmatrix} x_1 \\ x_2 \\ x_3 \end{bmatrix}$ にうつしていると見ることもできます．

$$T : \begin{bmatrix} x_1 \\ x_2 \\ x_3 \end{bmatrix} \longrightarrow \begin{bmatrix} a_{11} & a_{12} & a_{13} \\ a_{21} & a_{22} & a_{23} \end{bmatrix}\begin{bmatrix} x_1 \\ x_2 \\ x_3 \end{bmatrix}$$

このことを一般の場合にまとめると次のようになります．

定義　V, W をベクトル空間，$T : V \longrightarrow W$ を線形写像とする．また $\dim V = n$，$\dim W = m$ とし，$\{\boldsymbol{v}_1, \cdots, \boldsymbol{v}_n\}$，$\{\boldsymbol{w}_1, \cdots, \boldsymbol{w}_m\}$ をそれぞれ V, W の基とする．このとき

$$T(\boldsymbol{v}_i) = a_{1i}\,\boldsymbol{w}_1 + \cdots + a_{mi}\,\boldsymbol{w}_m \qquad (1 \leq i \leq n)$$

により a_{ij} を定め，$m \times n$ 行列 A を $A = [a_{ij}]$ とおく．この A を T の $\{\boldsymbol{v}_1, \cdots, \boldsymbol{v}_n\}$，$\{\boldsymbol{w}_1, \cdots, \boldsymbol{w}_m\}$ に関する**表現行列**という．

上のことは，A が次の式で定まることを意味しています．実際に $T : V \longrightarrow W$ の表現行列を求めるときは，この式を使います．

$$[\,T(\boldsymbol{v}_1)\ \ \cdots\ \ T(\boldsymbol{v}_n)\,] = [\,\boldsymbol{w}_1\ \ \cdots\ \ \boldsymbol{w}_m\,]\begin{bmatrix} a_{11} & \cdots & a_{1n} \\ \vdots & & \vdots \\ a_{m1} & \cdots & a_{mn} \end{bmatrix}$$

> $V = W$ の場合は，必ず V, W 共通の基を選びます．つまり V の基 $\{\boldsymbol{v}_1, \cdots, \boldsymbol{v}_n\}$ を W の基としても選びます．

線形写像 $T : V \longrightarrow W$ の表現行列を求めることは，まず V, W の基（座標軸）を定めて，各ベクトルを基の係数を用いて数ベクトル化し，T を「ベクトルに行列を掛ける」という，数ベクトルの空間での線形写像として表現することです．

例 1　$V = W = \mathbb{R}[x]_3$ とし，$T : \mathbb{R}[x]_3 \longrightarrow \mathbb{R}[x]_3$ を

$$T(f(x)) = (x-1)f'(x), \qquad f(x) \in \mathbb{R}[x]_3$$

とします．また V, W の共通の基として $\{1, x, x^2, x^3\}$ を選びます．このとき

$$\begin{aligned}[\,T(1)\ \ T(x)\ \ T(x^2)\ \ T(x^3)\,] &= [\,0\ \ -1+x\ \ -2x+2x^2\ \ -3x^2+3x^3\,] \\ &= [\,1\ \ x\ \ x^2\ \ x^3\,]\begin{bmatrix} 0 & -1 & 0 & 0 \\ 0 & 1 & -2 & 0 \\ 0 & 0 & 2 & -3 \\ 0 & 0 & 0 & 3 \end{bmatrix}\end{aligned}$$

となり，この 4×4 行列が，T の $\{1, x, x^2, x^3\}$ に関する表現行列になります．◈

ベクトル空間の基の選び方は何通りもあります．そこで，基の選び方を変えたとき，表現行列がどう変わるかを調べます．

例 2　$V = \mathbb{R}[x]_3$，$W = \mathbb{R}[x]_2$，$T : V \longrightarrow W$ が $T(f(x)) = f(0) + f'(0)x$ $(f(x) \in V)$ の場合に，V の基 $\{1, x, x^2\}$ と W の基 $\{1, x\}$ の場合の T の表現行列 A と，V の基 $\{1, 1+x, 1+x+x^2\}$ と W の基 $\{1, 1+x\}$ の場合の同じ T の表現行列 B を比べてみます．まず，2つの基の間には次のような関係があります．

$$[\,1\ \ 1+x\ \ 1+x+x^2\,] = [\,1\ \ x\ \ x^2\,]\begin{bmatrix} 1 & 1 & 1 \\ 0 & 1 & 1 \\ 0 & 0 & 1 \end{bmatrix}$$

$$[1 \quad 1+x] = [1 \quad x]\begin{bmatrix} 1 & 1 \\ 0 & 1 \end{bmatrix}$$

ここで

$$P = \begin{bmatrix} 1 & 1 & 1 \\ 0 & 1 & 1 \\ 0 & 0 & 1 \end{bmatrix}, \quad Q = \begin{bmatrix} 1 & 1 \\ 0 & 1 \end{bmatrix}$$

とおきます．このとき $\det P \neq 0$，$\det Q \neq 0$，つまり P, Q は正則行列になります．このことは，一般のベクトル空間の 2 つの基に対して常に成り立ちます．

次に，基のベクトルの線形写像 $T : V \longrightarrow W$ によるうつり先を計算して

$$[T(1) \quad T(x) \quad T(x^2)] = [1 \quad x \quad 0] = [1 \quad x]\begin{bmatrix} 1 & 0 & 0 \\ 0 & 1 & 0 \end{bmatrix}$$

$$\begin{aligned}[T(1) \quad T(1+x) \quad T(1+x+x^2)] &= [1 \quad 1+x \quad 1+x] \\ &= [1 \quad 1+x]\begin{bmatrix} 1 & 0 & 0 \\ 0 & 1 & 1 \end{bmatrix}\end{aligned}$$

となるので

$$A = \begin{bmatrix} 1 & 0 & 0 \\ 0 & 1 & 0 \end{bmatrix}, \quad B = \begin{bmatrix} 1 & 0 & 0 \\ 0 & 1 & 1 \end{bmatrix}$$

であることがわかります．つまり A, B は次の式をみたすような行列です．

$$[T(1) \quad T(x) \quad T(x^2)] = [1 \quad x]\begin{bmatrix} 1 & 0 & 0 \\ 0 & 1 & 0 \end{bmatrix} = [1 \quad x]A$$

$$\begin{aligned}[T(1) \quad T(1+x) \quad T(1+x+x^2)] &= [1 \quad 1+x]\begin{bmatrix} 1 & 0 & 0 \\ 0 & 1 & 1 \end{bmatrix} \\ &= [1 \quad 1+x]B\end{aligned}$$

ここで A, B, P, Q の関係を調べます．まず

$$[1 \quad 1+x \quad 1+x+x^2] = [1 \quad x \quad x^2]\begin{bmatrix} 1 & 1 & 1 \\ 0 & 1 & 1 \\ 0 & 0 & 1 \end{bmatrix} = [1 \quad x \quad x^2]P$$

の両辺に T をほどこすと，T が線形写像なので，A が T の表現行列であることと合わせて

$$[T(1) \quad T(1+x) \quad T(1+x+x^2)] = [T(1) \quad T(x) \quad T(x^2)]P = [1 \quad x]AP$$

となり，また一方で

$$[1 \quad 1+x] = [1 \quad x]\begin{bmatrix} 1 & 1 \\ 0 & 1 \end{bmatrix} = [1 \quad x]\,Q$$

の両辺に右から Q^{-1} を掛けて $[1 \quad x] = [1 \quad 1+x]\,Q^{-1}$ を得るので，結局

$$[\,T(1) \quad T(1+x) \quad T(1+x+x^2)\,] = [1 \quad x]\,AP = [1 \quad 1+x]\,Q^{-1}AP$$

となります．この式と $[\,T(1) \quad T(1+x) \quad T(1+x+x^2)\,] = [1 \quad 1+x]\,B$ を比較することで，最終的に

$$B = Q^{-1}AP$$

であることがわかります．このことは，一般に成り立ちます． ◆

定理 1　V, W を $\dim V = n$，$\dim W = m$ であるベクトル空間，$T : V \longrightarrow W$ を線形写像とする．また $\{\boldsymbol{v}_1, \cdots, \boldsymbol{v}_n\}$，$\{\boldsymbol{v}_1', \cdots, \boldsymbol{v}_n'\}$ を V の基，$\{\boldsymbol{w}_1, \cdots, \boldsymbol{w}_m\}$，$\{\boldsymbol{w}_1', \cdots, \boldsymbol{w}_m'\}$ を W の基とし，その関係が

$$[\,\boldsymbol{v}_1' \ \cdots \ \boldsymbol{v}_n'\,] = [\,\boldsymbol{v}_1 \ \cdots \ \boldsymbol{v}_n\,]\,P, \qquad [\,\boldsymbol{w}_1' \ \cdots \ \boldsymbol{w}_m'\,] = [\,\boldsymbol{w}_1 \ \cdots \ \boldsymbol{w}_m\,]\,Q$$

であるとする．さらに A を T の $\{\boldsymbol{v}_1, \cdots, \boldsymbol{v}_n\}$，$\{\boldsymbol{w}_1, \cdots, \boldsymbol{w}_m\}$ に関する，また B を T の $\{\boldsymbol{v}_1', \cdots, \boldsymbol{v}_n'\}$，$\{\boldsymbol{w}_1', \cdots, \boldsymbol{w}_m'\}$ に関する表現行列とする．このとき

$$B = Q^{-1}AP$$

が成り立つ．

✓**注意**　$V = W$ の場合，V, W の共通の基を選ぶので $P = Q$ となり，$B = P^{-1}AP$ となります．

問　題

1　次の線形写像の与えられた基に関する表現行列を求めよ．

(1)　$T : \mathbb{R}[x]_2 \longrightarrow \mathbb{R}[x]_1$，ただし $T(f(x)) = f'(x) - f(0)$．$\mathbb{R}[x]_2$ の基 $\{1, x, x^2\}$，$\mathbb{R}[x]_1$ の基 $\{1, x\}$．

(2)　$T : \mathbb{R}[x]_3 \longrightarrow \mathbb{R}^2$，ただし $T(f(x)) = \begin{bmatrix} f(1) \\ f(2) \end{bmatrix}$．$\mathbb{R}[x]_3$ の基 $\{1, x, x^2, x^3\}$，$\mathbb{R}^2$ の基 $\{\boldsymbol{e}_1, \boldsymbol{e}_2\}$（$\boldsymbol{e}_1, \boldsymbol{e}_2$ は 2 次元単位ベクトル）．

2　$V = \mathbb{R}[x]_3$ とし，線形写像 $T : V \longrightarrow V$ を次のように定義する．

$$T(f(x)) = (x-1)f'(x)$$

(1)　V の基 $\{1, x, x^2, x^3\}$ に関する T の表現行列を求めよ．

(2) V の基 $\{1, x-1, (x-1)^2, (x-1)^3\}$ に関する T の表現行列を求めよ．

3　$V = \mathbb{R}[x]_3$，$W = \mathbb{R}[x]_2$ とし，$T : V \longrightarrow W$ を次の式で定める．このとき，以下で定める行列 A, B, P, Q を求めよ．

$$T(f(x)) = f'(x) - (x-1)f''(x)$$

A：V の基底 $\{1, x, x^2, x^3\}$ と W の基底 $\{1, x, x^2\}$ に関する T の表現行列

B：V の基底 $\{1, x-1, (x-1)^2, (x-1)^3\}$ と W の基底 $\{1, x-1, (x-1)^2\}$ に関する T の表現行列

P：$[1\ \ x-1\ \ (x-1)^2\ \ (x-1)^3] = [1\ \ x\ \ x^2\ \ x^3]P$ となる 4×4 正則行列

Q：$[1\ \ x-1\ \ (x-1)^2] = [1\ \ x\ \ x^2]Q$ となる 3×3 正則行列

ここで見たように，線形写像の表現行列は基の選び方によって変わります．そこで基の選び方を工夫し，表現行列をできるだけ簡単な形にすると，表現行列を用いて線形写像を分析する作業は簡単になります．このとき，単位ベクトルなどの自然だと思われる基が必ずしもベストな選択肢とは限らないので，一般的な基を考えるのです．

固有値とその応用

§1　固有値，固有ベクトル，固有空間

前節で見たように，線形写像 T の表現行列は基の選び方によって異なります．

ここで，例えば $\dim V = 3$ となるベクトル空間と線形写像 $T : V \longrightarrow V$ に対し，V の基 $\{\boldsymbol{v}_1, \boldsymbol{v}_2, \boldsymbol{v}_3\}$ で，$T(\boldsymbol{v}_1) = 2\boldsymbol{v}_1$，$T(\boldsymbol{v}_2) = 5\boldsymbol{v}_2$，$T(\boldsymbol{v}_3) = -3\boldsymbol{v}_3$ となるものがあれば，T の $\{\boldsymbol{v}_1, \boldsymbol{v}_2, \boldsymbol{v}_3\}$ に関する表現行列が $\begin{bmatrix} 2 & 0 & 0 \\ 0 & 5 & 0 \\ 0 & 0 & -3 \end{bmatrix}$ となるように，$T(\boldsymbol{v}_i)$ が $\boldsymbol{v}_i$ のスカラ倍になれば，T の $\{\boldsymbol{v}_1, \boldsymbol{v}_2, \boldsymbol{v}_3\}$ に関する表現行列は，(i, i) 成分（$1 \leq i \leq 3$）以外の成分は 0 になります．

> **定義**　一般に，(i, i) 成分（$1 \leq i \leq n$）以外の成分が 0 である n 次正方行列を**対角行列**という．

線形写像 $T : V \longrightarrow V$ にとって，$T(\boldsymbol{v}) = \lambda\boldsymbol{v}$ をみたすベクトル $\boldsymbol{v}$ とスカラ λ はたいへん重要な意味をもち，このようなベクトルとスカラを求めることが，線形写像の分析の中心課題であるといっても過言ではありません．このようなベクトルとスカラは，次のように呼ばれています．

> **定義**　Vをベクトル空間，$T: V \longrightarrow V$を線形写像とするとき，スカラλとVのベクトル$\boldsymbol{v}$が
>
> $$T(\boldsymbol{v}) = \lambda \boldsymbol{v} \quad \text{かつ} \quad \boldsymbol{v} \neq \boldsymbol{0}$$
>
> をみたすときλをTの**固有値**，$\boldsymbol{v}$をTのλに属する**固有ベクトル**という．
>
> 　Aをn次正方行列とし，線形写像$T_A: \mathbb{R}^n \longrightarrow \mathbb{R}^n$が$T_A(\boldsymbol{v}) = A\boldsymbol{v}$の場合，上の条件は
>
> $$A\boldsymbol{v} = \lambda \boldsymbol{v} \quad \text{かつ} \quad \boldsymbol{v} \neq \boldsymbol{0}$$
>
> のようになり，これをみたすλをAの**固有値**，$\boldsymbol{v}$をAのλに属する**固有ベクトル**という．

✓**注意**　固有ベクトルの定義に$\boldsymbol{v} \neq \boldsymbol{0}$が含まれていることに注意してください．$T(\boldsymbol{0}) = \lambda\boldsymbol{0}$はすべての$T$と$\lambda$に対して成り立つので，$\boldsymbol{0}$を固有ベクトルとして考える意味がありません．このような理由から，固有ベクトルの定義に$\boldsymbol{v} \neq \boldsymbol{0}$を含めています．

　では，固有値と固有ベクトルをどのように見つければよいでしょうか？

　まずAを3次正方行列として，線形写像$T_A: \mathbb{R}^3 \longrightarrow \mathbb{R}^3$が$T_A(\boldsymbol{v}) = A\boldsymbol{v}$ $(\boldsymbol{v} \in \mathbb{R}^3)$の場合を考えます．このとき

$$A\boldsymbol{v} = \lambda\boldsymbol{v} \iff A\boldsymbol{v} = \lambda E_3 \boldsymbol{v} \iff (\lambda E_3 - A)\boldsymbol{v} = \boldsymbol{0}$$

なので$(\lambda E_3 - A)\boldsymbol{v} = \boldsymbol{0}$と$\boldsymbol{v} \neq \boldsymbol{0}$をみたす$\boldsymbol{v}$を見つければよく，これは

$$\boldsymbol{v} = \begin{bmatrix} x_1 \\ x_2 \\ x_3 \end{bmatrix}$$

とおくと，連立1次方程式

$$(\lambda E_3 - A)\begin{bmatrix} x_1 \\ x_2 \\ x_3 \end{bmatrix} = \begin{bmatrix} 0 \\ 0 \\ 0 \end{bmatrix}$$

の解で

$$\begin{bmatrix} x_1 \\ x_2 \\ x_3 \end{bmatrix} \neq \begin{bmatrix} 0 \\ 0 \\ 0 \end{bmatrix}$$

となるもの，つまり自明でない解を見つけることと同じです．

自明でない解をもつかどうかは85ページで見たように

$$(\lambda E_3 - A)\begin{bmatrix} x_1 \\ x_2 \\ x_3 \end{bmatrix} = \begin{bmatrix} 0 \\ 0 \\ 0 \end{bmatrix} \text{が自明でない解をもつ} \iff \det(\lambda E_3 - A) = 0$$

なので，$\det(\lambda E_3 - A) = 0$ となるような λ を求めればよいことになります．また連立1次方程式 $(\lambda E_3 - A)\boldsymbol{v} = \boldsymbol{0}$ の自明でない解 $\boldsymbol{v}$ が，λ に属する固有ベクトルになります．つまり n 次正方行列 A の固有値を求めるには，$\det(\lambda E_n - A) = 0$ をみたす λ を求めればよいことになります．

定義　n 次正方行列 A に対して，$g_A(t) = \det(tE_n - A)$ とおき

$$g_A(t) = 0 \quad \text{すなわち} \quad \det(tE_n - A) = 0$$

を A の**固有多項式**という．固有多項式 $g_A(t) = 0$ の解が A の固有値であり，固有値 λ が求まると，連立1次方程式 $(\lambda E_n - A)\boldsymbol{v} = \boldsymbol{0}$ の自明でない解 $\boldsymbol{v}$ が，λ に属する固有ベクトルになる．

✓**注意**　A が実行列でも，$g_A(t) = 0$ が複素数の解をもつ場合があります．考えている問題の設定によって，複素数の解も A の固有値であるという場合も，実数の解のみが A の固有値であるという場合もあります．$g_A(t) = 0$ の解 λ が複素数の場合，$\lambda E_n - A$ は複素行列になるので，連立1次方程式 $(\lambda E_n - A)\boldsymbol{v} = \boldsymbol{0}$ の自明でない解 $\boldsymbol{v}$ も複素ベクトルになります．

例1　$A = \begin{bmatrix} 2 & -2 \\ -1 & 3 \end{bmatrix}$ について，$g_A(t) = \det(tE_2 - A)$ は

$$\begin{aligned} g_A(t) &= \det\begin{bmatrix} t-2 & 2 \\ 1 & t-3 \end{bmatrix} = (t-2)(t-3) - 2 = t^2 - 5t + 4 \\ &= (t-1)(t-4) \end{aligned}$$

となるので，A の固有値は1と4です．

固有値1について　連立1次方程式 $(E_2 - A)\begin{bmatrix} x_1 \\ x_2 \end{bmatrix} = \begin{bmatrix} 0 \\ 0 \end{bmatrix}$，つまり

$$\begin{bmatrix} 1-2 & 2 \\ 1 & 1-3 \end{bmatrix}\begin{bmatrix} x_1 \\ x_2 \end{bmatrix} = \begin{bmatrix} 0 \\ 0 \end{bmatrix} \iff \begin{bmatrix} -1 & 2 \\ 1 & -2 \end{bmatrix}\begin{bmatrix} x_1 \\ x_2 \end{bmatrix} = \begin{bmatrix} 0 \\ 0 \end{bmatrix}$$

を解くと $\begin{bmatrix} 2s \\ s \end{bmatrix}$ を得るので（s は任意定数），$\begin{bmatrix} 2 \\ 1 \end{bmatrix}$ は A の固有値1に属する固

有ベクトルです．

固有値 4 について　連立 1 次方程式 $(4E_2 - A)\begin{bmatrix} x_1 \\ x_2 \end{bmatrix} = \begin{bmatrix} 0 \\ 0 \end{bmatrix}$，つまり

$$\begin{bmatrix} 4-2 & 2 \\ 1 & 4-3 \end{bmatrix}\begin{bmatrix} x_1 \\ x_2 \end{bmatrix} = \begin{bmatrix} 0 \\ 0 \end{bmatrix} \iff \begin{bmatrix} 2 & 2 \\ 1 & 1 \end{bmatrix}\begin{bmatrix} x_1 \\ x_2 \end{bmatrix} = \begin{bmatrix} 0 \\ 0 \end{bmatrix}$$

を解くと $\begin{bmatrix} -s \\ s \end{bmatrix}$ を得るので（s は任意定数），$\begin{bmatrix} -1 \\ 1 \end{bmatrix}$ は A の固有値 4 に属する固有ベクトルです．◈

✓**注意**　固有ベクトルの選び方は無限通りあります．上の例では $\begin{bmatrix} 1 \\ -1 \end{bmatrix}$ や $\begin{bmatrix} -2 \\ 2 \end{bmatrix}$ も A の固有値 4 に属する固有ベクトルです．そこで，λ に属するすべての固有ベクトルとゼロベクトルを合わせて**固有空間**を次のように定義します．

定義　線形写像 $T: V \longrightarrow V$ と T の固有値 λ，n 次正方行列 A と A の固有値 λ に対し

$$W(\lambda\,; T) = \{\boldsymbol{v} \in V \mid T(\boldsymbol{v}) = \lambda\boldsymbol{v}\}$$

を T の λ に属する**固有空間**といい

$$W(\lambda\,; A) = \{\boldsymbol{v} \in \mathbb{R}^n \mid A\boldsymbol{v} = \lambda\boldsymbol{v}\}$$

を A の λ に属する**固有空間**という．

固有空間は部分空間になります（141 ページ，第 7 章§1 の問題 1（1）参照）．固有多項式，固有空間の記号は，本によって異なります．

例 2　$V = \mathbb{R}[x]_2$ とし，次のような線形写像 $T: V \longrightarrow V$ を考えます．

$$T(f(x)) = f(2x) - f'(x), \qquad f(x) \in V = \mathbb{R}[x]_2$$

固有値，固有ベクトルを求めるために，$V = \mathbb{R}[x]_2$ の基 $\{1, x, x^2\}$ を選びます（基はどのように選んでもかまいません）．このとき，T の基 $\{1, x, x^2\}$ に関する表現行列は

$$\begin{aligned}
[\,T(1)\ \ T(x)\ \ T(x^2)\,] &= [\,1-0\ \ 2x-1\ \ (2x)^2-2x\,] \\
&= [\,1\ \ -1+2x\ \ -2x+4x^2\,] \\
&= [\,1\ \ x\ \ x^2\,]\begin{bmatrix} 1 & -1 & 0 \\ 0 & 2 & -2 \\ 0 & 0 & 4 \end{bmatrix}
\end{aligned}$$

により求まり，この3次正方行列を A とおきます．

このとき

$$f(x) = c_0 + c_1x + c_2x^2 = [\,1 \quad x \quad x^2\,]\begin{bmatrix} c_0 \\ c_1 \\ c_2 \end{bmatrix}$$

$$\begin{aligned} T(f(x)) &= T(c_0 + c_1x + c_2x^2) = c_0T(1) + c_1T(x) + c_2T(x^2) \\ &= [\,T(1) \quad T(x) \quad T(x^2)\,]\begin{bmatrix} c_0 \\ c_1 \\ c_2 \end{bmatrix} = [\,1 \quad x \quad x^2\,]\,A\begin{bmatrix} c_0 \\ c_1 \\ c_2 \end{bmatrix} \end{aligned}$$

から次を得ます．

$$\begin{aligned} T(f(x)) = \lambda f(x) &\iff [\,1 \quad x \quad x^2\,]\,A\begin{bmatrix} c_0 \\ c_1 \\ c_2 \end{bmatrix} = \lambda\,[\,1 \quad x \quad x^2\,]\begin{bmatrix} c_0 \\ c_1 \\ c_2 \end{bmatrix} \\ &\iff A\begin{bmatrix} c_0 \\ c_1 \\ c_2 \end{bmatrix} = \lambda\begin{bmatrix} c_0 \\ c_1 \\ c_2 \end{bmatrix} \end{aligned}$$

◈

✓注意　結局，T の固有値，固有ベクトルを求める問題は，T の表現行列 A の固有値，固有ベクトルを求める問題に帰着されます．

A を線形写像 $T: V \longrightarrow V$ の，V のある基に関する表現行列とするとき，V の別の基に関する T の表現行列は $P^{-1}AP$ の形をしています．このとき，A と $P^{-1}AP$ の固有多項式は一致します（141ページ，第7章§1の問題1（2）参照）．

例3　（例2の続き）　この T の固有値，固有ベクトルを求めます．

$$g_A(t) = \det(tE_3 - A) = \det\begin{bmatrix} t-1 & 1 & 0 \\ 0 & t-2 & 2 \\ 0 & 0 & t-4 \end{bmatrix} = (t-1)(t-2)(t-4)$$

から，T の固有値は $1, 2, 4$ です．

固有値1について　連立1次方程式（今度は省略した書き方で表します．72ページの例6参照）

$$\begin{array}{ccc|c} 1-1 & 1 & 0 & 0 \\ 0 & 1-2 & 2 & 0 \\ 0 & 0 & 1-4 & 0 \end{array}$$

の解は $\begin{bmatrix} s \\ 0 \\ 0 \end{bmatrix}$ で（s は任意定数．以下同じ），これは $[1 \ \ x \ \ x^2]\begin{bmatrix} s \\ 0 \\ 0 \end{bmatrix} = s$ を意味するので，$W(1;T) = \{s \mid s \in \mathbb{R}\}$ が，T の固有値 1 に属する固有空間です．

固有値 2 について　連立 1 次方程式

$$\begin{array}{ccc|c} 2-1 & 1 & 0 & 0 \\ 0 & 2-2 & 2 & 0 \\ 0 & 0 & 2-4 & 0 \end{array}$$

の解は $\begin{bmatrix} -s \\ s \\ 0 \end{bmatrix}$ で，これは $[1 \ \ x \ \ x^2]\begin{bmatrix} -s \\ s \\ 0 \end{bmatrix} = s(-1+x)$ を意味するので，$W(2;T) = \{s(-1+x) \mid s \in \mathbb{R}\}$ が，T の固有値 2 に属する固有空間です．

固有値 4 について　連立 1 次方程式

$$\begin{array}{ccc|c} 4-1 & 1 & 0 & 0 \\ 0 & 4-2 & 2 & 0 \\ 0 & 0 & 4-4 & 0 \end{array}$$

の解は $\begin{bmatrix} s/3 \\ -s \\ s \end{bmatrix}$ で，これは $[1 \ \ x \ \ x^2]\begin{bmatrix} s/3 \\ -s \\ s \end{bmatrix} = s(1/3 - x + x^2)$ を意味するので，$W(4;T) = \{s(1/3 - x + x^2) \mid s \in \mathbb{R}\}$ が，T の固有値 4 に属する固有空間です．◈

問　題

1　以下の問いに答えよ．

(1) V をベクトル空間，$T : V \longrightarrow V$ を線形写像，λ を T の固有値とする．このとき，T の λ に属する固有空間 $W(\lambda;T)$ は V の部分空間であることを示せ．

(2) n 次正方行列 A, P に対し，P が正則行列のとき，A と $P^{-1}AP$ の固有多項

式は一致することを行列式の性質を用いて示せ．すなわち

$$\det(E_n - P^{-1}AP) = \det(E_n - A)$$

を示せ．〔**ヒント** 左辺の E_n を $P^{-1}E_nP$ と考え，$E_n - P^{-1}AP = P^{-1}(E_n - A)P$ と変形し，行列式の積の性質を使う．〕
（この結果から，線形写像 $T : V \longrightarrow V$ の2つの表現行列の固有多項式は一致することがわかります．）

2　次の行列の固有値，および，それぞれの固有値に属する固有空間を求めよ．

$$A = \begin{bmatrix} 1 & 1 \\ -2 & 4 \end{bmatrix}, \quad B = \begin{bmatrix} \cos\theta & -\sin\theta \\ -\sin\theta & \cos\theta \end{bmatrix},$$

$$C = \begin{bmatrix} 7 & 12 & 0 \\ -2 & -3 & 0 \\ 2 & 4 & 1 \end{bmatrix}, \quad D = \begin{bmatrix} 2 & 2 & -2 \\ 1 & 1 & 2 \\ 1 & 1 & 2 \end{bmatrix}$$

3　$V = \mathbb{R}[x]_3$ とし，$T : V \longrightarrow V$ を次の式で定める．

$$T(f(x)) = (x-1)f'(x) - (x-1)^2 f''(x)$$

このとき T の固有値および，それぞれの固有値に属する固有空間を求めよ．

発展　行列の三角化

線形代数で扱う対象としてベクトル空間がありますが，線形代数の考察対象はむしろ線形写像です．そのために，ベクトル空間の場合は線形写像を分析しやすい基を選び，行列 A の場合は135ページで見たように $Q^{-1}AP$ がより簡単になるような正則行列 Q, P を選ぶことで，線形写像の表現行列をできるだけ簡単な行列にすることが重要です．ここで簡単な行列とは，0である成分が多い行列を意味します．このような行列の例として，$i > j$ のとき (i, j) 成分が0になる行列があり，このような行列を**上半三角行列**といいます．例えば

$$\begin{bmatrix} b_{11} & b_{12} & b_{13} \\ 0 & b_{22} & b_{23} \\ 0 & 0 & b_{33} \end{bmatrix}$$

は上半三角行列であり，特に $P^{-1}AP$ が上半三角行列となる正則行列 P を見つけることを A の P による**三角化**といいます．

例 1　$A=\begin{bmatrix}6 & -3\\4 & -1\end{bmatrix}$ とします．A の固有多項式は $g_A(t)=(t-2)(t-3)$ となり，A の固有値は 2, 3 です．さらに，固有値 2 に属する固有ベクトルとして $\begin{bmatrix}3\\4\end{bmatrix}$ がとれることが計算でわかります．このベクトルを P の第 1 列ベクトルとします．次に P の第 2 列ベクトルですが，これは $\det P \neq 0$ となるようなベクトルなら何でもかまいません．例えば $\begin{bmatrix}-4\\3\end{bmatrix}$ をとり，$P=\begin{bmatrix}3 & -4\\4 & 3\end{bmatrix}$ とすると $\det P \neq 0$ になり

$$A\begin{bmatrix}3\\4\end{bmatrix}=2\begin{bmatrix}3\\4\end{bmatrix},\quad A\begin{bmatrix}-4\\3\end{bmatrix}=\begin{bmatrix}-33\\-19\end{bmatrix}=-7\begin{bmatrix}3\\4\end{bmatrix}+3\begin{bmatrix}-4\\3\end{bmatrix}$$

から

$$AP=\begin{bmatrix}6 & -3\\4 & -1\end{bmatrix}\begin{bmatrix}3 & -4\\4 & 3\end{bmatrix}=\begin{bmatrix}3 & -4\\4 & 3\end{bmatrix}\begin{bmatrix}2 & -7\\0 & 3\end{bmatrix}=P\begin{bmatrix}2 & -7\\0 & 3\end{bmatrix}$$

となります．つまり

$$P^{-1}AP=\begin{bmatrix}2 & -7\\0 & 3\end{bmatrix}$$

が得られるので，A は P で三角化できます．◈

一般の n 次正方行列についても，正則行列 P で三角化できます．さらに 174 ページの発展で，P をより限定的な形に選べることを見ます．

上のことから次の定理が成り立つことも確められます．

> **定理 1**　**ケーリー・ハミルトンの定理**　n 次正方行列 A の固有多項式 $g_A(t)$ を
>
> $$g_A(t)=t^n+a_1t^{n-1}+\cdots+a_{n-1}t+a_n$$
>
> とおく．このとき $A^n+a_1A^{n-1}+\cdots+a_{n-1}A+a_nE_n$ はゼロ行列になる．

$n=3$ の場合の証明　3 次正方行列 A に対して，A を三角化する P を選びます．このとき 141 ページ，第 7 章 §1 の問題 1 (2) から，$P^{-1}AP$ と A の固有多項式は一致します．また $P^{-1}A^kP=(P^{-1}AP)^k$ $(k=1,2,\cdots)$ に注意します．

さらに上半三角行列の場合，対角線の成分が固有値になります．このことから，A と $P^{-1}AP$ の固有多項式が $t^3+at^2+bt+c=(t-\lambda_1)(t-\lambda_2)(t-\lambda_3)$ となっているとし

$$\begin{aligned}&P^{-1}(A^3+aA^2+bA+cE_3)P\\&=(P^{-1}AP)^3+a(P^{-1}AP)^2+b(P^{-1}AP)+cE_3\end{aligned}$$

となることから $P^{-1}AP$ の場合を考えればよく，はじめから

$$A=\begin{bmatrix}\lambda_1 & a_{12} & a_{13}\\ 0 & \lambda_2 & a_{23}\\ 0 & 0 & \lambda_3\end{bmatrix}$$

としてよいことがわかります．このとき，次の行列の積

$$(A-\lambda_1E_3)(A-\lambda_2E_3)=\begin{bmatrix}0 & a_{12} & a_{13}\\ 0 & \lambda_2-\lambda_1 & a_{23}\\ 0 & 0 & \lambda_3-\lambda_1\end{bmatrix}\begin{bmatrix}\lambda_1-\lambda_2 & a_{12} & a_{13}\\ 0 & 0 & a_{23}\\ 0 & 0 & \lambda_3-\lambda_2\end{bmatrix}$$

を計算すると，第1列目と第2列目の成分はすべて0であることがわかり，さらに計算で

$$(A-\lambda_1E_3)(A-\lambda_2E_3)(A-\lambda_3E_3)=\begin{bmatrix}0 & 0 & *\\ 0 & 0 & *\\ 0 & 0 & *\end{bmatrix}\begin{bmatrix}\lambda_1-\lambda_3 & a_{12} & a_{13}\\ 0 & \lambda_2-\lambda_3 & a_{23}\\ 0 & 0 & 0\end{bmatrix}$$

はゼロ行列になることがわかります．したがって $A^3+aA^2+bA+cE_3$ はゼロ行列です．

一般の n の場合も同様に，$k=1,2,\cdots,n$ に対し $(A-\lambda_1E_n)\cdots(A-\lambda_kE_n)$ は第1列目から第 k 列目までのすべての成分が0となることがわかり，$(A-\lambda_1E_n)\cdots(A-\lambda_nE_n)$ がゼロ行列であることが確められます．■

§2　固有値の応用

固有値には様々な応用があります．この節では，前節の例1（138ページ）で見た

$$A=\begin{bmatrix}2 & -2\\ -1 & 3\end{bmatrix}$$

の固有値，固有ベクトルの応用例を見てみましょう．

この行列の固有値は1と4で，固有空間は次の通りでした．

$$W(1;A)=\left\{\begin{bmatrix}2s\\s\end{bmatrix}\mid s\in\mathbb{R}\right\},\qquad W(4;A)=\left\{\begin{bmatrix}-s\\s\end{bmatrix}\mid s\in\mathbb{R}\right\}$$

例1（**対角化**） 固有値，固有ベクトルの意味を考えると

$$A\begin{bmatrix}2\\1\end{bmatrix}=\begin{bmatrix}2\\1\end{bmatrix},\qquad A\begin{bmatrix}-1\\1\end{bmatrix}=4\begin{bmatrix}-1\\1\end{bmatrix}$$

まとめて

$$A\begin{bmatrix}2&-1\\1&1\end{bmatrix}=\begin{bmatrix}2&-1\\1&1\end{bmatrix}\begin{bmatrix}1&0\\0&4\end{bmatrix}$$

となります．そこで $P=\begin{bmatrix}2&-1\\1&1\end{bmatrix}$ とおくと $AP=P\begin{bmatrix}1&0\\0&4\end{bmatrix}$ となり，$\det P\neq 0$ なので $P^{-1}AP=\begin{bmatrix}1&0\\0&4\end{bmatrix}$ が得られます．ここで $\begin{bmatrix}1&0\\0&4\end{bmatrix}$ は対角行列です． ◈

> **定義** n 次正方行列 A に対して，正則な n 次正方行列 P を用いて $P^{-1}AP$ を対角行列にすることを，A を P で**対角化する**という．

対角化するときの n 次正方行列 P は，固有ベクトルを列ベクトルとして並べて与えます．そうすることで

$$AP=P\begin{bmatrix}\lambda_1&0&\cdots&0\\0&\ddots&\ddots&\vdots\\\vdots&\ddots&\ddots&0\\0&\cdots&0&\lambda_n\end{bmatrix}$$

を得ることができます．しかし $\det P\neq 0$ でないと，$P^{-1}AP$ を得ることができません．実際，列ベクトルとして固有ベクトルをどのように並べても $\det P\neq 0$ にできない場合もあります．つまり，対角化ができない場合もあるのです．

例2（**行列の k 乗**） 対角化できる場合，与えられた行列の k 乗が簡単に計

算できます．上の例 1 の最後の式 $P^{-1}AP = \begin{bmatrix} 1 & 0 \\ 0 & 4 \end{bmatrix}$ の両辺を k 乗すると，左辺は P^{-1} と P が相殺され $(P^{-1}AP)^k = (P^{-1}AP)\cdots(P^{-1}AP) = P^{-1}A^kP$ になり，右辺は $\begin{bmatrix} 1 & 0 \\ 0 & 4^k \end{bmatrix}$ になります．したがって

$$P^{-1}A^kP = \begin{bmatrix} 1 & 0 \\ 0 & 4^k \end{bmatrix}$$

が得られて，この式から A^k が次のように得られます．

$$\begin{aligned} A^k &= P\begin{bmatrix} 1 & 0 \\ 0 & 4^k \end{bmatrix}P^{-1} = \begin{bmatrix} 2 & -1 \\ 1 & 1 \end{bmatrix}\begin{bmatrix} 1 & 0 \\ 0 & 4^k \end{bmatrix}\cdot\frac{1}{3}\begin{bmatrix} 1 & 1 \\ -1 & 2 \end{bmatrix} \\ &= \frac{1}{3}\begin{bmatrix} 2+4^k & 2-2\cdot4^k \\ 1-4^k & 1+2\cdot4^k \end{bmatrix} \end{aligned}$$

◈

さらに，この応用として 2 ページ（第 1 章§1）で見た数列 $\{a_n\}$, $\{b_n\}$ についての連立漸化式を考えることもできます．

例 3（連立漸化式の解法 1）

$$\begin{bmatrix} a_{n+1} \\ b_{n+1} \end{bmatrix} = \begin{bmatrix} 2 & -2 \\ -1 & 3 \end{bmatrix}\begin{bmatrix} a_n \\ b_n \end{bmatrix} = A\begin{bmatrix} a_n \\ b_n \end{bmatrix} \qquad (n = 1, 2, \cdots)$$

このとき

$$\begin{bmatrix} a_n \\ b_n \end{bmatrix} = A\begin{bmatrix} a_{n-1} \\ b_{n-1} \end{bmatrix} = A^2\begin{bmatrix} a_{n-2} \\ b_{n-2} \end{bmatrix} = \cdots = A^{n-1}\begin{bmatrix} a_1 \\ b_1 \end{bmatrix}$$

となるので

$$\begin{aligned} \begin{bmatrix} a_n \\ b_n \end{bmatrix} &= \frac{1}{3}\begin{bmatrix} 2+4^{n-1} & 2-2\cdot4^{n-1} \\ 1-4^{n-1} & 1+2\cdot4^{n-1} \end{bmatrix}\begin{bmatrix} a_1 \\ b_1 \end{bmatrix} \\ &= \frac{1}{3}\begin{bmatrix} 2(a_1+b_1)+(a_1-2b_1)4^{n-1} \\ a_1+b_1+(-a_1+2b_1)4^{n-1} \end{bmatrix} \end{aligned}$$

と一般項が求まります．一般項は，公比 1 の等比数列（定数）と公比 4 の等比数列の 1 次結合です．一般に，A の固有値を λ_1, λ_2 とすると $\lambda_1 \neq \lambda_2$ のとき，一般項は，公比 λ_1 の等比数列と公比 λ_2 の等比数列の 1 次結合になります． ◈

例 4（連立漸化式の解法 2）

例 1 を参照して

$$\begin{bmatrix} a_{n+1} \\ b_{n+1} \end{bmatrix} = A \begin{bmatrix} a_n \\ b_n \end{bmatrix} \iff \begin{bmatrix} a_{n+1} \\ b_{n+1} \end{bmatrix} = P \begin{bmatrix} 1 & 0 \\ 0 & 4 \end{bmatrix} P^{-1} \begin{bmatrix} a_n \\ b_n \end{bmatrix}$$

と変形し，さらに上の右の式の両辺に左から P^{-1} を掛けて

$$P^{-1} \begin{bmatrix} a_{n+1} \\ b_{n+1} \end{bmatrix} = \begin{bmatrix} 1 & 0 \\ 0 & 4 \end{bmatrix} P^{-1} \begin{bmatrix} a_n \\ b_n \end{bmatrix}$$

とします．さらに $P^{-1} = \dfrac{1}{3} \begin{bmatrix} 1 & 1 \\ -1 & 2 \end{bmatrix}$ を使って

$$\frac{1}{3} \begin{bmatrix} 1 & 1 \\ -1 & 2 \end{bmatrix} \begin{bmatrix} a_{n+1} \\ b_{n+1} \end{bmatrix} = \begin{bmatrix} 1 & 0 \\ 0 & 4 \end{bmatrix} \cdot \frac{1}{3} \begin{bmatrix} 1 & 1 \\ -1 & 2 \end{bmatrix} \begin{bmatrix} a_n \\ b_n \end{bmatrix}$$

を得ます．最後に両辺を 3 倍して整理すると

$$\begin{bmatrix} a_{n+1} + b_{n+1} \\ -a_{n+1} + 2b_{n+1} \end{bmatrix} = \begin{bmatrix} 1 & 0 \\ 0 & 4 \end{bmatrix} \begin{bmatrix} a_n + b_n \\ -a_n + 2b_n \end{bmatrix}$$

となるので，数列 $\{a_n + b_n\}$ は初項 $a_1 + b_1$，公比 1 の等比数列，一方，数列 $\{-a_n + 2b_n\}$ は初項 $-a_1 + 2b_1$，公比 4 の等比数列になります．ここで，2 つの数列がからまった連立漸化式が，固有値を使って，独立した 2 個の連立漸化式になったことに着目してください．

以上から $a_n + b_n = a_1 + b_1$，$-a_n + 2b_n = (-a_1 + 2b_1)4^{n-1}$ となるので，この 2 式から a_n, b_n を求めると，例 3 で得た一般項が得られます．◇

例 5（連立微分方程式の解法）　微分方程式とは，関数 $f(x)$ の導関数（高次導関数の場合もある）についての式のことで，その式から $f(x)$ を求めることが問題となります．例えば $f'(x) = 2x$ から $f(x) = x^2 + C$ が求まります（C は定数です）．微分方程式 $f'(x) = kf(x)$（k は定数）の解は $f(x) = Ce^{kx}$（ここで e は自然対数の底と呼ばれている定数）であることが知られています．では，次の連立微分方程式を考えてみましょう．

$$\begin{bmatrix} f'(x) \\ g'(x) \end{bmatrix} = \begin{bmatrix} 2 & -2 \\ -1 & 3 \end{bmatrix} \begin{bmatrix} f(x) \\ g(x) \end{bmatrix} = A \begin{bmatrix} f(x) \\ g(x) \end{bmatrix} \qquad (*)$$

例 4 と同じように，（*）の式を

$$\begin{bmatrix} f'(x) \\ g'(x) \end{bmatrix} = P \begin{bmatrix} 1 & 0 \\ 0 & 4 \end{bmatrix} P^{-1} \begin{bmatrix} f(x) \\ g(x) \end{bmatrix} \iff P^{-1} \begin{bmatrix} f'(x) \\ g'(x) \end{bmatrix} = \begin{bmatrix} 1 & 0 \\ 0 & 4 \end{bmatrix} P^{-1} \begin{bmatrix} f(x) \\ g(x) \end{bmatrix}$$

とします．さらに $P^{-1} = \dfrac{1}{3}\begin{bmatrix} 1 & 1 \\ -1 & 2 \end{bmatrix}$ を使って

$$\frac{1}{3}\begin{bmatrix} 1 & 1 \\ -1 & 2 \end{bmatrix}\begin{bmatrix} f'(x) \\ g'(x) \end{bmatrix} = \begin{bmatrix} 1 & 0 \\ 0 & 4 \end{bmatrix} \cdot \frac{1}{3}\begin{bmatrix} 1 & 1 \\ -1 & 2 \end{bmatrix}\begin{bmatrix} f(x) \\ g(x) \end{bmatrix}$$

を得ます．最後に両辺を3倍して整理すると

$$\begin{bmatrix} f'(x) + g'(x) \\ -f'(x) + 2g'(x) \end{bmatrix} = \begin{bmatrix} 1 & 0 \\ 0 & 4 \end{bmatrix}\begin{bmatrix} f(x) + g(x) \\ -f(x) + 2g(x) \end{bmatrix}$$

$$\Longleftrightarrow$$

$$(f(x) + g(x))' = f(x) + g(x), \ (-f(x) + 2g(x))' = 4(-f(x) + 2g(x))$$

となるので，微分方程式 $f'(x) = kf(x)$ の解が $f(x) = Ce^{kx}$ であることから，$f(x) + g(x) = C_1e^x$，$-f(x) + 2g(x) = C_2e^{4x}$ となり，これから

$$f(x) = \frac{1}{3}(2C_1e^x - C_2e^{4x}), \qquad g(x) = \frac{1}{3}(C_1e^x + C_2e^{4x})$$

が得られます．ここで C_1, C_2 は定数です．定数をおき直して

$$f(x) = 2C_1e^x - C_2e^{4x}, \qquad g(x) = C_1e^x + C_2e^{4x}$$

としてもかまいません．一般に，A の固有値を λ_1, λ_2 とすると $\lambda_1 \neq \lambda_2$ のとき，$f(x), g(x)$ は $e^{\lambda_1 x}$ と $e^{\lambda_2 x}$ の1次結合になります． ◈

次に，**ケーリー・ハミルトンの定理**（143ページ）を使った応用例を紹介します．この定理は，以下のようなものでした．

定理1　ケーリー・ハミルトンの定理　n 次正方行列 A の固有多項式 $g_A(t)$ を

$$g_A(t) = t^n + a_1t^{n-1} + \cdots + a_{n-1}t + a_n$$

とおく．このとき $A^n + a_1A^{n-1} + \cdots + a_{n-1}A + a_nE_n$ はゼロ行列になる．

$n = 2$ の場合は，$A = \begin{bmatrix} a & b \\ c & d \end{bmatrix}$ の固有多項式は $g_A(t) = t^2 - (a + d)t + ad - bc$ であり $A^2 - (a + d)A + (ad - bc)E_2$ がゼロ行列になることが計算で容易に確認できます．

例6（ケーリー・ハミルトンの定理の応用）　$A = \begin{bmatrix} 2 & -2 \\ -1 & 3 \end{bmatrix}$ の場合には

$$g_A(t) = \det(tE_2 - A) = \det\begin{bmatrix} t-2 & 2 \\ 1 & t-3 \end{bmatrix} = t^2 - 5t + 4$$

となるので，ケーリー・ハミルトンの定理により，$A^2 - 5A + 4E_2$ はゼロ行列になります．

ここでケーリー・ハミルトンの定理の応用例として，$A^5 - A^4 + 4A^3$ の成分を求めてみます．まず，多項式の割り算

$$t^5 - t^4 + 4t^3 = (t^2 - 5t + 4)(t^3 + 4t^2 + 20t + 84) + 340t - 336$$

を行い，この式の t に A を代入し

$$A^5 - A^4 + 4A^3 = (A^2 - 5A + 4E_2)(A^3 + 4A^2 + 20A + 84E_2) + 340A - 336E_2$$

を得ます．このときケーリー・ハミルトンの定理から，$A^2 - 5A + 4E_2$ はゼロ行列なので，$A^5 - A^4 + 4A^3 = 340A - 336E_2$ となり，したがって，$A^5 - A^4 + 4A^3$ は

$$340A - 336E_2 = \begin{bmatrix} 340\cdot 2 & 340\cdot(-2) \\ 340\cdot(-1) & 340\cdot 3 \end{bmatrix} - \begin{bmatrix} 336 & 0 \\ 0 & 336 \end{bmatrix} = \begin{bmatrix} 344 & -680 \\ -340 & 684 \end{bmatrix}$$

と求まります．

$t^5 - t^4 + 4t^3$ の代わりに $t^3, t^4, \cdots$，一般に t^k を考えると，ケーリー・ハミルトンの定理を使って A^k を求めることもできます． ◇

さて，n 次正方行列 A の固有多項式 $g_A(t)$ に対して，$g_A(t) = 0$ の解を $\lambda_1, \lambda_2, \cdots, \lambda_n$ とすると，$\det A = \lambda_1\lambda_2\cdots\lambda_n$ となります．実際，$g_A(t) = \det(tE_n - A) = (t-\lambda_1)(t-\lambda_2)\cdots(t-\lambda_n)$ なので，この式に $t=0$ を代入して $\det(-A) = (-1)^n\lambda_1\lambda_2\cdots\lambda_n$ が得られ，さらに $\det(-A) = (-1)^n\det A$ から $\det A = \lambda_1\lambda_2\cdots\lambda_n$ を得ます．したがって固有値は，行列式より細かい情報を含んでいることになります．また A の固有値の1つが0であれば，$\det A = 0$ になります．

定理2 n 次正方行列 A の固有多項式 $g_A(t)$ について，$g_A(t) = 0$ の解を $\lambda_1, \lambda_2, \cdots, \lambda_n$ とおくと

$$\det A = \lambda_1\lambda_2\cdots\lambda_n$$

が成り立つ．

問　題

1 以下の問いに答えよ．

(1) 次の行列 A に対して A^n を求めよ（ただし $0 < p, q < 1$）．また $\lim_{n\to\infty} B^n$ を求めよ．

$$A = \begin{bmatrix} 13 & -30 \\ 5 & -12 \end{bmatrix}, \quad B = \begin{bmatrix} p & 1-p \\ 1-q & q \end{bmatrix}$$

(2) 都市と農村が1つずつだけの国があり，この国で国全体の人口が変わらないまま，毎年，前年の都市の人口の8%は農村へ移動し，前年の農村の人口の12%は都市へ移動する．今から n 年後の都市，農村の人口をそれぞれ a_n 人，b_n 人とするとき

$$\begin{bmatrix} a_{n+1} \\ b_{n+1} \end{bmatrix} = A \begin{bmatrix} a_n \\ b_n \end{bmatrix} \quad (n = 0, 1, 2, \cdots)$$

となる2次正方行列 A と A の固有値，固有ベクトルを求めよ．さらに A^n を求め，遠い将来に人口比はどうなるか考えよ．

（一般に，正方行列 A において，A の行の成分の和がどの行についても1であるとき，A を**確率行列**といいます．上の問題1（1）の B は確率行列です．(2) の A を転置した行列も確率行列です．確率行列は固有値1をもち，すべての成分が1のベクトルは，固有値1に属する固有ベクトルです．）

2 微分方程式 $f'(x) = kf(x)$ の一般解が $f(x) = Ce^{kx}$（C は定数）となることを用いて，連立微分方程式 $f'(x) = 6f(x) - 3g(x)$，$g'(x) = 4f(x) - g(x)$ の解を求めよ．

3 $A = \begin{bmatrix} 1 & -1 & -1 \\ -1 & 1 & -1 \\ -1 & -1 & 1 \end{bmatrix}$ のとき，A の固有多項式を求めよ．またケーリー・ハミルトンの定理を用いて，A^{-1} を $c_2A^2 + c_1A + c_0E_3$ の形に表せ．〔**ヒント**　まず，ケーリー・ハミルトンの定理から $A^3 + b_1A^2 + b_2A + b_3E_3$ がゼロ行列になるような b_1, b_2, b_3 を求め，さらに $\det A \neq 0$ を確認し，この式に A^{-1} を掛けて $A^{-1} = \cdots$ の形に変形する．〕

発展　ジョルダン標準形

第7章§2で固有値の応用例を見ましたが，正則行列 P をどのように選んで

も $P^{-1}AP$ が対角行列にはならないような正方行列 A があります．ここでは対角化できなくても，対角成分以外の成分をできるだけ0にできないかを考えます．

例1　$A = \begin{bmatrix} 4 & 1 \\ -1 & 2 \end{bmatrix}$．このとき A の固有多項式は $(t-3)^2$ となり，3が固有値です．しかし固有値3に属する固有空間は $W(3\,;A) = \{\begin{bmatrix} s \\ -s \end{bmatrix} \mid s \in \mathbb{R}\}$ となり，固有値3に属する固有ベクトルで1次独立なものは1個しかとれません．したがって固有ベクトルを並べて正則な2次正方行列 P がつくれず，A は対角化できません．しかし

$$A - 3E_2 = \begin{bmatrix} 1 & 1 \\ -1 & -1 \end{bmatrix}$$

はゼロ行列ではないので $(A - 3E_2)\boldsymbol{b} \neq \boldsymbol{0}$ となるベクトル，例えば $\boldsymbol{b} = \begin{bmatrix} 1 \\ 1 \end{bmatrix}$ があります．そこで

$$\boldsymbol{a} = (A - 3E_2)\boldsymbol{b} = \begin{bmatrix} 2 \\ -2 \end{bmatrix}$$

とおき，$\boldsymbol{a}$ と $\boldsymbol{b}$ とを並べて

$$P = \begin{bmatrix} 2 & 1 \\ -2 & 1 \end{bmatrix}$$

とします．このとき，ケーリー・ハミルトンの定理から $(A - 3E_2)\boldsymbol{a} = (A - 3E_2)^2\boldsymbol{b} = \boldsymbol{0}$ となるので $A\boldsymbol{a} = 3\boldsymbol{a}$ が得られます．一方，$\boldsymbol{a} = (A - 3E_2)\boldsymbol{b}$ から $A\boldsymbol{b} = 3\boldsymbol{b} + \boldsymbol{a}$ を得るので

$$AP = A\,[\boldsymbol{a}\ \ \boldsymbol{b}] = [A\boldsymbol{a}\ \ A\boldsymbol{b}] = [3\boldsymbol{a}\ \ 3\boldsymbol{b} + \boldsymbol{a}] = [\boldsymbol{a}\ \ \boldsymbol{b}]\begin{bmatrix} 3 & 1 \\ 0 & 3 \end{bmatrix} = P\begin{bmatrix} 3 & 1 \\ 0 & 3 \end{bmatrix}$$

つまり

$$P^{-1}AP = \begin{bmatrix} 3 & 1 \\ 0 & 3 \end{bmatrix}$$

となります．このとき，数学的帰納法を用いて

$$(P^{-1}AP)^n = \begin{bmatrix} 3 & 1 \\ 0 & 3 \end{bmatrix}^n = \begin{bmatrix} 3^n & n \cdot 3^{n-1} \\ 0 & 3^n \end{bmatrix}$$

を得るので，A^n が以下のように求まります．

$$A^n = P\begin{bmatrix} 3^n & n\cdot 3^{n-1} \\ 0 & 3^n \end{bmatrix}P^{-1} = \begin{bmatrix} 3^n + n\cdot 3^{n-1} & n\cdot 3^{n-1} \\ -n\cdot 3^{n-1} & 3^n - n\cdot 3^{n-1} \end{bmatrix}$$

◇

例 2（上の例の応用例） 上のことを用いて連立漸化式

$$\begin{bmatrix} a_{n+1} \\ b_{n+1} \end{bmatrix} = A\begin{bmatrix} a_n \\ b_n \end{bmatrix} \qquad (n = 1, 2, \cdots)$$

が解けます．さらに連立微分方程式

$$\begin{bmatrix} f'(x) \\ g'(x) \end{bmatrix} = A\begin{bmatrix} f(x) \\ g(x) \end{bmatrix}$$

に対しても，次の式を用いて xe^{3x} と e^{3x} を組み合わせた形の解を得ることができます．

$$\begin{bmatrix} \dfrac{d}{dx}xe^{3x} \\ \dfrac{d}{dx}e^{3x} \end{bmatrix} = \begin{bmatrix} e^{3x} + 3xe^{3x} \\ 3e^{3x} \end{bmatrix} = \begin{bmatrix} 3 & 1 \\ 0 & 3 \end{bmatrix}\begin{bmatrix} xe^{3x} \\ e^{3x} \end{bmatrix}$$

◇

一般に

$$[\alpha], \quad \begin{bmatrix} \alpha & 1 \\ 0 & \alpha \end{bmatrix}, \quad \begin{bmatrix} \alpha & 1 & 0 \\ 0 & \alpha & 1 \\ 0 & 0 & \alpha \end{bmatrix}, \quad \begin{bmatrix} \alpha & 1 & 0 & 0 \\ 0 & \alpha & 1 & 0 \\ 0 & 0 & \alpha & 1 \\ 0 & 0 & 0 & \alpha \end{bmatrix}, \quad \cdots$$

の形の正方行列，つまり対角成分が同じ α で，対角成分のすぐ上の成分のみ1で，他の成分は0である行列を**ジョルダンブロック**といい，次が成り立つことが知られています．

定理 1 n 次正方行列 A に対して，$g_A(t) = (t - \alpha)^n$ のとき，正則な n 次正方行列 P を用いて，$P^{-1}AP$ を，左上から右下にジョルダンブロックを並べた形にできる．この形を A の**ジョルダン標準形**という．

例 3 固有多項式が $(t - \alpha)^4$ の 4 次正方行列 A の場合，対角化できなくても，正則行列 P をうまく選べば $P^{-1}AP$ は次のいずれかにできます（色のついた部分がジョルダンブロック）．

$$\begin{bmatrix} \alpha & 1 & 0 & 0 \\ 0 & \alpha & 0 & 0 \\ 0 & 0 & \alpha & 0 \\ 0 & 0 & 0 & \alpha \end{bmatrix}, \quad \begin{bmatrix} \alpha & 1 & 0 & 0 \\ 0 & \alpha & 0 & 0 \\ 0 & 0 & \alpha & 1 \\ 0 & 0 & 0 & \alpha \end{bmatrix}, \quad \begin{bmatrix} \alpha & 1 & 0 & 0 \\ 0 & \alpha & 1 & 0 \\ 0 & 0 & \alpha & 0 \\ 0 & 0 & 0 & \alpha \end{bmatrix}, \quad \begin{bmatrix} \alpha & 1 & 0 & 0 \\ 0 & \alpha & 1 & 0 \\ 0 & 0 & \alpha & 1 \\ 0 & 0 & 0 & \alpha \end{bmatrix}$$

ジョルダンブロックの並び順は P を変更して入れ替えることができます．さらに，$g_A(t)$ が複数の異なる解 $\alpha_1, \alpha_2, \cdots$ をもつ場合も，正則行列 P をうまく選ぶことで，$P^{-1}AP$ を，対角成分が $\alpha_1, \alpha_2, \cdots$ のジョルダンブロックを並べた形にできます． ◈

§3 対角化可能性

まず**対角行列**とは，次の形の行列であることを思い出しておきましょう．

$$\begin{bmatrix} \lambda_1 & 0 & \cdots & 0 \\ 0 & \ddots & \ddots & \vdots \\ \vdots & \ddots & \ddots & 0 \\ 0 & \cdots & 0 & \lambda_n \end{bmatrix}$$

前節で n 次正方行列 A の固有値，固有ベクトルの応用を見ましたが，そのとき固有ベクトルを並べて正則行列 P をつくり，$P^{-1}AP$ を対角行列にすることが大切でした．しかし残念なことに，この操作は常に可能ではないのです！

まず，$P^{-1}AP$ が対角行列となるような状況を明確にしておきましょう．

> **定義** n 次正方行列 A に対して，$P^{-1}AP$ が対角行列になるような正則な n 次正方行列 P が存在するとき，A は**対角化可能**であるという．

✓**注意** 上の対角行列の固有多項式は $(t-\lambda_1)(t-\lambda_2)\cdots(t-\lambda_n)$ で，固有値は $\lambda_1, \lambda_2, \cdots, \lambda_n$ です．140 ページで見たように，A の固有多項式と $P^{-1}AP$ の固有多項式は同じなので，A が対角化可能であるとき，$P^{-1}AP$ の対角線には A の固有値が並びます．

ここでいくつか例を見ましょう．

例 1 $A = \begin{bmatrix} 2 & 2 \\ 0 & 2 \end{bmatrix}$ とします．固有多項式は

$$g_A(t) = \det(tE_2 - A) = \det\begin{bmatrix} t-2 & -2 \\ 0 & t-2 \end{bmatrix} = (t-2)^2$$

となり，A の固有値は 2（重解）です．したがって，もし A が対角化可能ならば

$$P^{-1}AP = \begin{bmatrix} 2 & 0 \\ 0 & 2 \end{bmatrix} = 2E_2$$

となる正則行列 P があることになります．しかし，$P^{-1}AP = 2E_2$ の両辺に右から P^{-1}，左から P を掛けると $A = 2E_2$ が得られ，矛盾が生じます．したがって，この A は対角化不可能です．◈

例 2　$A = \begin{bmatrix} -5 & 0 & 6 \\ 1 & -2 & -1 \\ -3 & 0 & 4 \end{bmatrix}$ とします．固有多項式は

$$g_A(t) = \det(tE_3 - A) = \det\begin{bmatrix} t+5 & 0 & -6 \\ -1 & t+2 & 1 \\ 3 & 0 & t-4 \end{bmatrix} = (t-1)(t+2)^2$$

となるので，固有値は 1 と -2（重解）です．

固有値 1 のとき，連立 1 次方程式 $(E_3 - A)\boldsymbol{x} = \mathbf{0}$，つまり

$$\begin{array}{ccc|c} 1+5 & 0 & -6 & 0 \\ -1 & 1+2 & 1 & 0 \\ 3 & 0 & 1-4 & 0 \end{array}$$

の解は $\begin{bmatrix} 1 \\ 0 \\ 1 \end{bmatrix} s$ です．つまり，固有空間は

$$W(1\,;A) = \{\begin{bmatrix} 1 \\ 0 \\ 1 \end{bmatrix} s \mid s \in \mathbb{R}\}$$

です．

固有値 -2 のとき，連立 1 次方程式 $(-2E_3 - A)\boldsymbol{x} = \mathbf{0}$，つまり

$$\begin{array}{ccc|c} -2+5 & 0 & -6 & 0 \\ -1 & -2+2 & 1 & 0 \\ 3 & 0 & -2-4 & 0 \end{array}$$

の解は $\begin{bmatrix} 0 \\ 1 \\ 0 \end{bmatrix} s$ となり，固有値 -2 に属する固有空間は

$$W(-2\,;A) = \{\begin{bmatrix} 0 \\ 1 \\ 0 \end{bmatrix} s \mid s \in \mathbb{R}\}$$

です．したがって，固有値 -2 に属する固有ベクトルをどのように2個選んでも1次従属になってしまうので，固有ベクトル3個をどのように選んでも，その3個を並べてつくった 3×3 行列 P は正則行列にならず，A は**対角化不可能**です．◈

例3 $A = \begin{bmatrix} 1 & 2 & 2 \\ -1 & -2 & -1 \\ 1 & 1 & 0 \end{bmatrix}$ の場合．固有多項式は

$$g_A(t) = \det(tE_3 - A) = \det\begin{bmatrix} t-1 & -2 & -2 \\ 1 & t+2 & 1 \\ -1 & -1 & t \end{bmatrix} = (t-1)(t+1)^2$$

となるので，固有値は1と -1（重解）です．

固有値1のとき，連立1次方程式 $(E_3 - A)\boldsymbol{x} = \boldsymbol{0}$，つまり

$$\begin{array}{ccc|c} 1-1 & -2 & -2 & 0 \\ 1 & 1+2 & 1 & 0 \\ -1 & -1 & 1 & 0 \end{array}$$

の解は $\begin{bmatrix} 2 \\ -1 \\ 1 \end{bmatrix} s$ です．つまり，固有空間は

$$W(1\,;A) = \{\begin{bmatrix} 2 \\ -1 \\ 1 \end{bmatrix} s \mid s \in \mathbb{R}\}$$

です．

固有値 -1 のとき，連立1次方程式 $(-E_3 - A)\boldsymbol{x} = \boldsymbol{0}$，つまり

$$\begin{array}{ccc|c} -1-1 & -2 & -2 & 0 \\ 1 & -1+2 & 1 & 0 \\ -1 & -1 & -1 & 0 \end{array}$$

の解は $\begin{bmatrix} -1 \\ 1 \\ 0 \end{bmatrix} s + \begin{bmatrix} -1 \\ 0 \\ 1 \end{bmatrix} t$ となり，固有値 -1 に属する固有空間は

$$W(-1\,;A) = \{\begin{bmatrix} -1 \\ 1 \\ 0 \end{bmatrix} s + \begin{bmatrix} -1 \\ 0 \\ 1 \end{bmatrix} t \mid s, t \in \mathbb{R}\}$$

です．

そこで，各固有空間 $W(1\,;A)$，$W(-1\,;A)$ の基を考え，順に並べて

$$P = \begin{bmatrix} 2 & -1 & -1 \\ -1 & 1 & 0 \\ 1 & 0 & 1 \end{bmatrix}$$

とおくと，次の3式

$$A\begin{bmatrix} 2 \\ -1 \\ 1 \end{bmatrix} = \begin{bmatrix} 2 \\ -1 \\ 1 \end{bmatrix}, \quad A\begin{bmatrix} -1 \\ 1 \\ 0 \end{bmatrix} = -\begin{bmatrix} -1 \\ 1 \\ 0 \end{bmatrix}, \quad A\begin{bmatrix} -1 \\ 0 \\ 1 \end{bmatrix} = -\begin{bmatrix} -1 \\ 0 \\ 1 \end{bmatrix}$$

を合わせて

$$A\begin{bmatrix} 2 & -1 & -1 \\ -1 & 1 & 0 \\ 1 & 0 & 1 \end{bmatrix} = \begin{bmatrix} 2 & -(-1) & -(-1) \\ -1 & -1 & -0 \\ 1 & -0 & -1 \end{bmatrix}$$

$$= \begin{bmatrix} 2 & -1 & -1 \\ -1 & 1 & 0 \\ 1 & 0 & 1 \end{bmatrix}\begin{bmatrix} 1 & 0 & 0 \\ 0 & -1 & 0 \\ 0 & 0 & -1 \end{bmatrix}$$

つまり

$$AP = P\begin{bmatrix} 1 & 0 & 0 \\ 0 & -1 & 0 \\ 0 & 0 & -1 \end{bmatrix}$$

となり，$\det P \neq 0$ なので

$$P^{-1}AP = \begin{bmatrix} 1 & 0 & 0 \\ 0 & -1 & 0 \\ 0 & 0 & -1 \end{bmatrix}$$

を得ます．したがって，この A は対角化可能です． ◈

例3の場合，各固有空間 $W(1\,;A)$，$W(-1\,;A)$ の基を考え，順に並べて P

をつくりました．このとき -1 に属する固有空間 $W(-1\,;A)$ の基のベクトル2個は1次独立で，1に属する固有空間 $W(1\,;A)$ の基のベクトルも1次独立です．しかも，この3個のベクトル全体も1次独立です．このことを次のように，もう少し一般の形で確認しておきましょう．

定理 1　A を n 次正方行列，λ_1, λ_2 を A の異なる固有値，$\boldsymbol{v}_1, \boldsymbol{v}_2, \boldsymbol{v}_3$ を λ_1 に属する固有空間 $W(\lambda_1\,;A)$ の1次独立なベクトル，$\boldsymbol{w}_1, \boldsymbol{w}_2$ を λ_2 に属する固有空間 $W(\lambda_2\,;A)$ の1次独立なベクトルとする．このとき $\boldsymbol{v}_1, \boldsymbol{v}_2, \boldsymbol{v}_3, \boldsymbol{w}_1, \boldsymbol{w}_2$ は1次独立となる．

証明　1次独立であることを示すので，まず

$$c_1\boldsymbol{v}_1 + c_2\boldsymbol{v}_2 + c_3\boldsymbol{v}_3 + d_1\boldsymbol{w}_1 + d_2\boldsymbol{w}_2 = \boldsymbol{0} \tag{1}$$

とおきます．この (1) に λ_1 を掛けた式を (2) とします．

$$c_1\lambda_1\boldsymbol{v}_1 + c_2\lambda_1\boldsymbol{v}_2 + c_3\lambda_1\boldsymbol{v}_3 + d_1\lambda_1\boldsymbol{w}_1 + d_2\lambda_1\boldsymbol{w}_2 = \boldsymbol{0} \tag{2}$$

一方，(1) に左から A を掛けた式を考えて，固有ベクトルの定義から $A\boldsymbol{v}_i = \lambda_1\boldsymbol{v}_i$，$A\boldsymbol{w}_i = \lambda_2\boldsymbol{w}_i$ などが成り立つことを用いると

$$c_1\lambda_1\boldsymbol{v}_1 + c_2\lambda_1\boldsymbol{v}_2 + c_3\lambda_1\boldsymbol{v}_3 + d_1\lambda_2\boldsymbol{w}_1 + d_2\lambda_2\boldsymbol{w}_2 = \boldsymbol{0} \tag{3}$$

を得ます．ここで (2) $-$ (3) は

$$d_1(\lambda_1 - \lambda_2)\boldsymbol{w}_1 + d_2(\lambda_1 - \lambda_2)\boldsymbol{w}_2 = \boldsymbol{0}$$

となるので，$\lambda_1 \neq \lambda_2$ と $\boldsymbol{w}_1, \boldsymbol{w}_2$ が1次独立であることから $d_1 = d_2 = 0$ を得ます．またこのとき，(1) は $c_1\boldsymbol{v}_1 + c_2\boldsymbol{v}_2 + c_3\boldsymbol{v}_3 = \boldsymbol{0}$ となるので，$\boldsymbol{v}_1, \boldsymbol{v}_2, \boldsymbol{v}_3$ が1次独立であることから $c_1 = c_2 = c_3 = 0$ が得られます．これで $\boldsymbol{v}_1, \boldsymbol{v}_2, \boldsymbol{v}_3, \boldsymbol{w}_1, \boldsymbol{w}_2$ が1次独立であることが証明されました．■

✓**注意**　上の証明では，固有ベクトルの個数は重要ではなく，$\lambda_1 \neq \lambda_2$ であることと，それぞれの固有ベクトルが1次独立であることだけが重要です．また3個以上の異なる固有値についても，同様に，異なる固有値の数が1個少ない場合に帰着できます（上の議論は，2個の異なる固有値の状況を1個の固有値の状況に帰着させていると見ることができます）．また $P^{-1}AP$ が対角行列となるような P が存在すれば，A と $P^{-1}AP$ の固有値は重複度を込めて一致するので，P の列ベクトルとして選ぶ1次独立な固有ベクトルの個数は，対応する固有値の重複度だけ必要です．逆に，各固有値の重複度だけ1次独立な固有ベクトルがあれば，そのベクトルを並べて P をつくれば，P の列ベクトルは1次独立で，P は正則行列になり，$P^{-1}AP$ は対角行

列となります．このことをまとめると，次のようになります．

> **定理 2**　$\lambda_1, \lambda_2, \cdots, \lambda_r$ を n 次正方行列 A の異なる固有値とし，λ_i の $g_A(t) = 0$ での解 λ_i の重複度を r_i とする．このとき次が成り立つ．
>
> $$A \text{ が対角化可能} \iff \text{各 } i \text{ について } \dim W(\lambda_i\,;A) = r_i$$

特に，A が n 個の異なる固有値 $\lambda_1, \lambda_2, \cdots, \lambda_n$ をもつとき，各 i について $\dim W(\lambda_i\,;A) = r_i = 1$ なので，A は対角化可能です．

問　題

1　以下の問いに答えよ．

(1) 次の行列が対角化可能かどうか調べよ．また対角化可能な場合は対角化する正則行列を求めよ．

$$A = \begin{bmatrix} -1 & 1 & 0 \\ -4 & 3 & 0 \\ 8 & -5 & 3 \end{bmatrix}, \quad B = \begin{bmatrix} 2 & -2 & -1 \\ 1 & -1 & -1 \\ -2 & 4 & 3 \end{bmatrix}, \quad C = \begin{bmatrix} 3 & 2 & 4 \\ 2 & 0 & -2 \\ 4 & 2 & 3 \end{bmatrix}$$

(2) 次の行列 A は，固有多項式が a の値にかかわらず $g_A(t) = (t-2)^2(t+4)$ であることがわかっている．A が対角化可能となるような a の値を求め，a がその値のときに A を対角化する正則行列を求めよ．

$$A = \begin{bmatrix} -a+1 & 3 & -a+2 \\ -a-1 & -1 & -a-4 \\ a+1 & -3 & a \end{bmatrix}$$

2　$A = \begin{bmatrix} \lambda & a & 0 \\ 0 & \lambda & b \\ 0 & 0 & \lambda \end{bmatrix}$, $B = \begin{bmatrix} 0 & a & 0 \\ 0 & 0 & b \\ 0 & 0 & 0 \end{bmatrix}$ とおく（$a, b \in \mathbb{R}$）．

(1) B の階数を求めよ（a, b の値による）．

(2) A の固有値および固有空間を求めよ（固有空間は a, b の値による）．

(3) A が対角化可能となるための a, b についての必要十分条件を求めよ．

3　A を n 次正方行列，$\lambda_1, \lambda_2, \lambda_3$ を A の互いに異なる固有値とする．また $\boldsymbol{v}, \boldsymbol{w}, \boldsymbol{u}$ をそれぞれ $\lambda_1, \lambda_2, \lambda_3$ に属する A の固有ベクトルとする．

(1) $\boldsymbol{w}, \boldsymbol{u}$ は1次独立であることを示せ．

(2) 上の（1）の結果を用いて $\boldsymbol{v}, \boldsymbol{w}, \boldsymbol{u}$ は1次独立であることを示せ．

直交変換と対称行列

§1 直交行列と正規直交基

この章では，ベクトルの内積を考えますが，その前に行列の転置について復習しておきます．行列 A の転置行列 ${}^tA$ は，A の行ベクトルの成分を順に列ベクトルの成分に並べ替えた行列です．このとき16ページで見たように，${}^t(AB) = {}^tB\,{}^tA$ となることを思い出しておきましょう．

さて，$\mathbb{R}^3$ のベクトル

$$\boldsymbol{a} = \begin{bmatrix} a_1 \\ a_2 \\ a_3 \end{bmatrix}, \quad \boldsymbol{b} = \begin{bmatrix} b_1 \\ b_2 \\ b_3 \end{bmatrix}$$

の内積は，行列の転置を使って

$$(\boldsymbol{a}, \boldsymbol{b}) = a_1b_1 + a_2b_2 + a_3b_3 = [a_1 \ \ a_2 \ \ a_3]\begin{bmatrix} b_1 \\ b_2 \\ b_3 \end{bmatrix} = {}^t\!\left(\begin{bmatrix} a_1 \\ a_2 \\ a_3 \end{bmatrix}\right)\begin{bmatrix} b_1 \\ b_2 \\ b_3 \end{bmatrix} = {}^t\boldsymbol{a}\boldsymbol{b}$$

のように行列の積で表すことができます．一般の $\mathbb{R}^n$ についても同様です．

> **定義** $\mathbb{R}^n$ のベクトル $\boldsymbol{a}, \boldsymbol{b}$ の通常の内積 $(\boldsymbol{a}, \boldsymbol{b})$ を ${}^t\boldsymbol{a}\boldsymbol{b}$ と定義する．

通常の内積をこのように定義する理由は，三平方の定理によって $|\boldsymbol{a}| = \sqrt{(\boldsymbol{a}, \boldsymbol{a})}$ がベクトルの長さになること，またそのことから，ベクトルのなす角の計算にも使うことができるからです．

しかし図形的な意味を考えない場合や，関数や多項式のようなベクトルの場合は，上の式によって内積を定義する必然性はありません．例えばデータ量の重要度が成分 a_1, a_2, a_3 によって異なる場合などは，内積を $(\boldsymbol{a}, \boldsymbol{b}) = a_1b_1 + 2a_2b_2 + 4a_3b_3$ としたほうが意味があるかもしれません．

2個のベクトル $\boldsymbol{a}, \boldsymbol{b}$ に対して実数 $(\boldsymbol{a}, \boldsymbol{b})$ を対応させるとき，$\mathbb{R}^n$ の内積と同じような計算をするために必要な計算法則は次の通りです．

(1) 双線形性　$(\boldsymbol{a}_1 + \boldsymbol{a}_2, \boldsymbol{b}) = (\boldsymbol{a}_1, \boldsymbol{b}) + (\boldsymbol{a}_2, \boldsymbol{b})$,　$(k\boldsymbol{a}, \boldsymbol{b}) = k(\boldsymbol{a}, \boldsymbol{b})$,
$(\boldsymbol{a}, \boldsymbol{b}_1 + \boldsymbol{b}_2) = (\boldsymbol{a}, \boldsymbol{b}_1) + (\boldsymbol{a}, \boldsymbol{b}_2)$,　$(\boldsymbol{a}, k\boldsymbol{b}) = k(\boldsymbol{a}, \boldsymbol{b})$

(2) 対称性　$(\boldsymbol{a}, \boldsymbol{b}) = (\boldsymbol{b}, \boldsymbol{a})$

(3) 正値性　$(\boldsymbol{a}, \boldsymbol{a}) \geq 0$

(4) 非退化性　$(\boldsymbol{a}, \boldsymbol{a}) = 0 \iff \boldsymbol{a} = \boldsymbol{0}$

定義　一般に，ベクトル空間 V の2個のベクトル $\boldsymbol{a}, \boldsymbol{b}$ に対して，実数 $(\boldsymbol{a}, \boldsymbol{b})$ を対応させ，$(\boldsymbol{a}, \boldsymbol{b})$ が上の計算法則をみたすとき，$(\boldsymbol{a}, \boldsymbol{b})$ を V 上の**内積**と呼び，V を**内積空間**という．

このように $\mathbb{R}^n$ の内積をベクトル空間の場合に一般化できます．また $\|\boldsymbol{a}\| = \sqrt{(\boldsymbol{a}, \boldsymbol{a})}$ とおくと，上の計算法則から，**シュヴァルツの不等式**

$$(\boldsymbol{a}, \boldsymbol{b}) \leq \|\boldsymbol{a}\|\,\|\boldsymbol{b}\|$$

や**三角不等式**

$$\|\boldsymbol{a} + \boldsymbol{b}\| \leq \|\boldsymbol{a}\| + \|\boldsymbol{b}\|$$

も導かれます．

定義　ベクトル空間 V に内積（上の計算法則をみたす実数 $(\boldsymbol{a}, \boldsymbol{b})$）が定められていて，$V$ の基 $\{\boldsymbol{v}_1, \cdots, \boldsymbol{v}_n\}$ が $(\boldsymbol{v}_i, \boldsymbol{v}_i) = 1$ $(1 \leq i \leq n)$，かつ $i \neq j$ のとき $(\boldsymbol{v}_i, \boldsymbol{v}_j) = 0$ をみたすとき，$\{\boldsymbol{v}_1, \cdots, \boldsymbol{v}_n\}$ を，この内積に関する V の**正規直交基**という．例えば $\mathbb{R}^n$ の通常の内積について，単位ベクトル $\{\boldsymbol{e}_1, \cdots, \boldsymbol{e}_n\}$ は $\mathbb{R}^n$ の正規直交基となる．

一方，$\mathbb{R}^3$ の通常の内積 $(\boldsymbol{a}, \boldsymbol{b}) = a_1b_1 + a_2b_2 + a_3b_3$ は，ベクトルを $1, 2, 3$ でのみ値をもつ関数，つまり $\boldsymbol{a}$ は $f(1) = a_1$，$f(2) = a_2$，$f(3) = a_3$ となる関数

$f(x)$ だと思うと（同じように $\boldsymbol{b}$ について関数 $g(x)$ を考えて），$(\boldsymbol{a}, \boldsymbol{b}) = \sum_{i=1}^{3} f(i)g(i)$ という見方もできます．そこで，この3点での値の積の和を積の積分で置き換えて，$\mathbb{R}[x]_3$ において $(f(x), g(x)) = \int_0^1 f(x)g(x)dx$ としても上の計算法則（1）〜（4）が成り立つので

$$(f(x), g(x)) = \int_0^1 f(x)g(x)dx$$

は $\mathbb{R}[x]_3$ の内積です（実際には，積分区間はどの区間でもかまいません）．

例 1　$V = \{c_0 + c_1 \sin x + c_2 \sin 2x + c_3 \sin 3x \mid c_0, c_1, c_2, c_3 \in \mathbb{R}\}$，$V$ の内積を $(f(x), g(x)) = \int_{-\pi}^{\pi} f(x)g(x)dx$ とすると，$\left\{\frac{1}{\sqrt{2\pi}}, \frac{\sin x}{\sqrt{\pi}}, \frac{\sin 2x}{\sqrt{\pi}}, \frac{\sin 3x}{\sqrt{\pi}}\right\}$ は，V の正規直交基になります（165ページ，第8章§1の問題2参照）．◈

次に，直交変換と呼ばれる変換を考えます．

定義　内積空間 V から V への線形写像 $T : V \longrightarrow V$ で，ベクトルの内積の値を変えないもの，つまり $(T(\boldsymbol{v}), T(\boldsymbol{w})) = (\boldsymbol{v}, \boldsymbol{w})$ がすべての $\boldsymbol{v}, \boldsymbol{w} \in V$ に対して成り立つ T を**直交変換**という．

$V = \mathbb{R}^n$ のとき，線形写像 T は，n 次正方行列 A を用いて $T(\boldsymbol{v}) = A\boldsymbol{v}$ と書けるので，通常の内積を考えると

$$(T(\boldsymbol{a}), T(\boldsymbol{b})) = (A\boldsymbol{a}, A\boldsymbol{b}) = {}^t(A\boldsymbol{a})A\boldsymbol{b} = {}^t\boldsymbol{a}\,{}^tAA\boldsymbol{b}$$

となり，次を得ます．

$$(T(\boldsymbol{a}), T(\boldsymbol{b})) = (\boldsymbol{a}, \boldsymbol{b}) \iff {}^t\boldsymbol{a}\,{}^tAA\boldsymbol{b} = {}^t\boldsymbol{a}\boldsymbol{b} \iff {}^tAA = E_n$$

このことを $n = 3$ の場合に別の視点で見てみましょう．

3次正方行列 A の列ベクトルを

$$\boldsymbol{a}_1 = \begin{bmatrix} a_{11} \\ a_{21} \\ a_{31} \end{bmatrix}, \quad \boldsymbol{a}_2 = \begin{bmatrix} a_{12} \\ a_{22} \\ a_{32} \end{bmatrix}, \quad \boldsymbol{a}_3 = \begin{bmatrix} a_{13} \\ a_{23} \\ a_{33} \end{bmatrix}$$

とおきます．

$$A=\begin{bmatrix} a_{11} & a_{12} & a_{13} \\ a_{21} & a_{22} & a_{23} \\ a_{31} & a_{32} & a_{33} \end{bmatrix}=\begin{bmatrix} \boxed{\boldsymbol{a}_1} & \boxed{\boldsymbol{a}_2} & \boxed{\boldsymbol{a}_3} \end{bmatrix}$$

線形写像 $T:\mathbb{R}^3 \longrightarrow \mathbb{R}^3$ が A によって $T(\boldsymbol{v})=A\boldsymbol{v}$ $(\boldsymbol{v}\in\mathbb{R}^3)$ と表されているとします．このとき3次元単位ベクトル $\boldsymbol{e}_1, \boldsymbol{e}_2, \boldsymbol{e}_3$ に対し

$$A\boldsymbol{e}_1=\begin{bmatrix} a_{11} \\ a_{21} \\ a_{31} \end{bmatrix}=\boldsymbol{a}_1, \quad A\boldsymbol{e}_2=\begin{bmatrix} a_{12} \\ a_{22} \\ a_{32} \end{bmatrix}=\boldsymbol{a}_2, \quad A\boldsymbol{e}_3=\begin{bmatrix} a_{13} \\ a_{23} \\ a_{33} \end{bmatrix}=\boldsymbol{a}_3$$

となります．

また，この縦ベクトルの転置である横ベクトルを

$$^t\boldsymbol{a}_1=[a_{11} \ \ a_{21} \ \ a_{31}], \quad ^t\boldsymbol{a}_2=[a_{12} \ \ a_{22} \ \ a_{32}], \quad ^t\boldsymbol{a}_3=[a_{13} \ \ a_{23} \ \ a_{33}]$$

とおくと

$$^tA=\begin{bmatrix} a_{11} & a_{21} & a_{31} \\ a_{12} & a_{22} & a_{32} \\ a_{13} & a_{23} & a_{33} \end{bmatrix}=\begin{bmatrix} \boxed{^t\boldsymbol{a}_1} \\ \boxed{^t\boldsymbol{a}_2} \\ \boxed{^t\boldsymbol{a}_3} \end{bmatrix}$$

と表され，^tAA は

$$\begin{bmatrix} \boxed{^t\boldsymbol{a}_1} \\ \boxed{^t\boldsymbol{a}_2} \\ \boxed{^t\boldsymbol{a}_3} \end{bmatrix}\begin{bmatrix} \boxed{\boldsymbol{a}_1} & \boxed{\boldsymbol{a}_2} & \boxed{\boldsymbol{a}_3} \end{bmatrix}=\begin{bmatrix} (\boldsymbol{a}_1,\boldsymbol{a}_1) & (\boldsymbol{a}_1,\boldsymbol{a}_2) & (\boldsymbol{a}_1,\boldsymbol{a}_3) \\ (\boldsymbol{a}_2,\boldsymbol{a}_1) & (\boldsymbol{a}_2,\boldsymbol{a}_2) & (\boldsymbol{a}_2,\boldsymbol{a}_3) \\ (\boldsymbol{a}_3,\boldsymbol{a}_1) & (\boldsymbol{a}_3,\boldsymbol{a}_2) & (\boldsymbol{a}_3,\boldsymbol{a}_3) \end{bmatrix}$$

となります．

ここで $T:\mathbb{R}^3 \longrightarrow \mathbb{R}^3$ がベクトルの内積の値を変えない，つまり直交変換だとすると

$$(\boldsymbol{a}_i,\boldsymbol{a}_j)=(A\boldsymbol{e}_i,A\boldsymbol{e}_j)=(T(\boldsymbol{e}_i),T(\boldsymbol{e}_j))=(\boldsymbol{e}_i,\boldsymbol{e}_j)=\begin{cases} 1 & (i=j\text{ のとき}) \\ 0 & (i\neq j\text{ のとき}) \end{cases}$$

が成り立つので

$$T:\mathbb{R}^3 \longrightarrow \mathbb{R}^3 \text{ が内積の値を変えない} \iff {}^tAA=\begin{bmatrix} 1 & 0 & 0 \\ 0 & 1 & 0 \\ 0 & 0 & 1 \end{bmatrix}=E_3$$

を得ます．一般の n のときも同様に，$T(\boldsymbol{v})=A\boldsymbol{v}$ がベクトルの内積の値を変えないための必要十分条件は，$^tAA=E_n$ となります．

ここで，直交行列を次のように定義します．

定義　n 次実正方行列 A が

$$ {}^tAA = E_n $$

をみたすとき，A を**直交行列**という．

直交行列としては実行列のみ考えます．また ${}^tAA = E_n$ から ${}^tA = A^{-1}$ となっています．さらに，次が成り立ちます．

定理 1　線形写像 $T(\boldsymbol{v}) = A\boldsymbol{v}$ $(\boldsymbol{v} \in \mathbb{R}^n)$ が直交変換 $\iff$ A が直交行列

さらに，ベクトルの大きさは $|\boldsymbol{v}| = \sqrt{(\boldsymbol{v}, \boldsymbol{v})}$ なので，直交行列による線形写像では，ベクトルの大きさも変わりません．

一般の内積空間の場合も，同様に次が成り立ちます．

定理 2　V を内積空間とする．

線形写像 $T : V \longrightarrow V$ が直交変換

$\iff$ 正規直交基に関する T の表現行列が直交行列

例 2　2 次正方行列 $A = \begin{bmatrix} a & b \\ c & d \end{bmatrix}$ が直交行列 $\iff$ $\begin{bmatrix} a & c \\ b & d \end{bmatrix}\begin{bmatrix} a & b \\ c & d \end{bmatrix} = \begin{bmatrix} 1 & 0 \\ 0 & 1 \end{bmatrix}$

$\iff$ $a^2 + c^2 = b^2 + d^2 = 1$ かつ $ab + cd = 0$ ◈

例 3　直交行列の具体例

$$ \begin{bmatrix} 1 & 0 \\ 0 & 1 \end{bmatrix}, \quad \begin{bmatrix} 0 & -1 \\ 1 & 0 \end{bmatrix}, \quad \begin{bmatrix} \frac{1}{\sqrt{2}} & -\frac{1}{\sqrt{2}} \\ \frac{1}{\sqrt{2}} & \frac{1}{\sqrt{2}} \end{bmatrix}, \quad \begin{bmatrix} \frac{1}{2} & -\frac{\sqrt{3}}{2} \\ \frac{\sqrt{3}}{2} & \frac{1}{2} \end{bmatrix} $$ ◈

一方，A が n 次実直交行列であるとき，${}^tAA = E_n$ と $\det({}^tA) = \det A$ から

$$ (\det A)^2 = \det({}^tA) \cdot \det A = \det({}^tAA) = \det E_n = 1 $$

となることに注意すると，$\det A = \pm 1$ であることがわかります．

また，${}^tAA = E_n$ から，前のページの計算で見たように，A が直交行列であることは A の列ベクトルが $\mathbb{R}^n$ の正規直交基となることの必要十分条件です．

定理 3　n 次実正方行列 A について

A が直交行列 $\iff$ A の n 個の列ベクトルが $\mathbb{R}^n$ の正規直交基

この節の最後に，すでに求めた基から正規直交基をつくる方法を紹介します．

例 4　$\mathbb{R}^3$ の部分空間

$$V = \left\{ \begin{bmatrix} -1 \\ 0 \\ 1 \end{bmatrix} s + \begin{bmatrix} -1 \\ 1 \\ 0 \end{bmatrix} t \mid s, t \in \mathbb{R} \right\}$$

の基

$$\left\{ \begin{bmatrix} -1 \\ 0 \\ 1 \end{bmatrix}, \begin{bmatrix} -1 \\ 1 \\ 0 \end{bmatrix} \right\}$$

から V の正規直交基を得る方法を紹介します．まず

$$\boldsymbol{v}_1 = \begin{bmatrix} -1 \\ 0 \\ 1 \end{bmatrix}, \qquad \boldsymbol{v}_2 = \begin{bmatrix} -1 \\ 1 \\ 0 \end{bmatrix}$$

とおきます．最初に $\boldsymbol{v}_1$ の各成分を $|\boldsymbol{v}_1| = \sqrt{2}$ で割って，大きさ 1 のベクトル

$$\boldsymbol{u}_1 = \frac{1}{\sqrt{2}} \begin{bmatrix} -1 \\ 0 \\ 1 \end{bmatrix}$$

を得ます．次に

$$b\boldsymbol{v}_1 + \boldsymbol{v}_2 = \begin{bmatrix} -b-1 \\ 1 \\ b \end{bmatrix}$$

の形で，$\boldsymbol{u}_1$ と直交するベクトルを求めるため

$$(\boldsymbol{u}_1, b\boldsymbol{v}_1 + \boldsymbol{v}_2) = \frac{1}{\sqrt{2}}\{(b+1) + b\} = 0$$

から $b = -\dfrac{1}{2}$ を得ます．最後に $-\dfrac{1}{2}\boldsymbol{v}_1 + \boldsymbol{v}_2$ の各成分を $\left|-\dfrac{1}{2}\boldsymbol{v}_1 + \boldsymbol{v}_2\right| = \dfrac{\sqrt{6}}{2}$ で割って

$$\boldsymbol{u}_2 = \frac{2}{\sqrt{6}}\left(-\frac{1}{2}\boldsymbol{v}_1 + \boldsymbol{v}_2\right) = \frac{1}{\sqrt{6}}\begin{bmatrix} -1 \\ 2 \\ -1 \end{bmatrix}$$

が得られます．このとき $|\boldsymbol{u}_1| = |\boldsymbol{u}_2| = 1$，$(\boldsymbol{u}_1, \boldsymbol{u}_2) = 0$ なので，$\{\boldsymbol{u}_1, \boldsymbol{u}_2\}$ は V の正規直交基です．◈

問　題

1　以下の問いに答えよ．

(1) n 次正方行列 P, Q が直交行列のとき PQ, P^{-1} も直交行列であることを示せ．
〔**ヒント**　${}^t(PQ)PQ = E_n$，${}^t(P^{-1})P^{-1} = E_n$ を示せばよい．〕

(2) 2 次正方行列 A が直交行列のとき，A は次のいずれかの形に書けることを示せ．

$$\begin{bmatrix} \cos\theta & -\sin\theta \\ \sin\theta & \cos\theta \end{bmatrix} \quad \text{または} \quad \begin{bmatrix} \cos\theta & \sin\theta \\ \sin\theta & -\cos\theta \end{bmatrix}$$

2　$V = \{c_0 + c_1 \sin x + c_2 \sin 2x + c_3 \sin 3x \mid c_0, c_1, c_2, c_3 \in \mathbb{R}\}$ とする．このとき $(f(x), g(x)) = \int_{-\pi}^{\pi} f(x)g(x)dx$ は V の内積であり，$\left\{\frac{1}{\sqrt{2\pi}}, \frac{\sin x}{\sqrt{\pi}}, \frac{\sin 2x}{\sqrt{\pi}}, \frac{\sin 3x}{\sqrt{\pi}}\right\}$ は V の正規直交基であることを示せ．

3　$W = \left\{\begin{bmatrix} x_1 \\ x_2 \\ x_3 \\ x_4 \end{bmatrix} \in \mathbb{R}^4 \mid x_1 + 2x_2 + x_3 - x_4 = 0\right\}$ の正規直交基を，次の手順でひと組求めよ．

STEP 1　W が 1 次方程式の解の集合であることを用いて，W のひと組の基 $\{\boldsymbol{v}, \boldsymbol{w}, \boldsymbol{u}\}$ を求める．

STEP 2　$\boldsymbol{v}' = a\boldsymbol{v}$ の大きさが 1 となるように a を求め，$\boldsymbol{v}' = a\boldsymbol{v}$ とおく．

STEP 3　$\boldsymbol{v}' = a\boldsymbol{v}$，$b\boldsymbol{v}' + \boldsymbol{w}$ が直交するように b を求める．

STEP 4　$\boldsymbol{w}' = \dfrac{1}{|b\boldsymbol{v}' + \boldsymbol{w}|}(b\boldsymbol{v}' + \boldsymbol{w})$ とおく．このとき $\boldsymbol{w}'$ は大きさが 1 で，$\boldsymbol{v}'$ と $\boldsymbol{w}'$ は直交する．

STEP 5　$c\boldsymbol{v}' + d\boldsymbol{w}' + \boldsymbol{u}$ が $\boldsymbol{v}', \boldsymbol{w}'$ と直交するように c, d を求める．

STEP 6　$\boldsymbol{u}' = \dfrac{1}{|c\boldsymbol{v}' + d\boldsymbol{w}' + \boldsymbol{u}|}(c\boldsymbol{v}' + d\boldsymbol{w}' + \boldsymbol{u})$ とおくと，$\{\boldsymbol{v}', \boldsymbol{w}', \boldsymbol{u}'\}$ は W

の正規直交基となる.

発展　正規直交化法

164ページでは，すでに求められている基から，正規直交基を得る次の方法を見ました．もう一度，振り返ってみましょう．

例1　$\mathbb{R}^3$ の部分空間 $V=\left\{\begin{bmatrix}-1\\0\\1\end{bmatrix}s+\begin{bmatrix}-1\\1\\0\end{bmatrix}t \mid s,t\in\mathbb{R}\right\}$ の基 $\left\{\begin{bmatrix}-1\\0\\1\end{bmatrix},\begin{bmatrix}-1\\1\\0\end{bmatrix}\right\}$ から V の正規直交基を得る方法

まず $\begin{bmatrix}-1\\0\\1\end{bmatrix}$ のスカラ倍で大きさ1のベクトルを求めるため，このベクトルの各成分を $\sqrt{(-1)^2+1^2}=\sqrt{2}$ で割って $\dfrac{1}{\sqrt{2}}\begin{bmatrix}-1\\0\\1\end{bmatrix}$ を得ます．

次に $b\begin{bmatrix}-1\\0\\1\end{bmatrix}+\begin{bmatrix}-1\\1\\0\end{bmatrix}=\begin{bmatrix}-b-1\\1\\b\end{bmatrix}$ の形で $\dfrac{1}{\sqrt{2}}\begin{bmatrix}-1\\0\\1\end{bmatrix}$ と直交するベクトルを求めるため，ベクトルの内積 $\dfrac{1}{\sqrt{2}}\{(b+1)+b\}=0$ の計算から $b=-\dfrac{1}{2}$ が得られます．

最後に $\begin{bmatrix}-b-1\\1\\b\end{bmatrix}=\begin{bmatrix}\frac{1}{2}-1\\1\\-\frac{1}{2}\end{bmatrix}=\begin{bmatrix}-\frac{1}{2}\\1\\-\frac{1}{2}\end{bmatrix}$ のスカラ倍で大きさ1のベクトルを求めるため，このベクトルの各成分を $\sqrt{\left(-\frac{1}{2}\right)^2+1^2+\left(-\frac{1}{2}\right)^2}=\dfrac{\sqrt{6}}{2}$ で割って，$\dfrac{1}{\sqrt{6}}\begin{bmatrix}-1\\2\\-1\end{bmatrix}$ が得られます．以上から，V の正規直交基

$\left\{\frac{1}{\sqrt{2}}\begin{bmatrix}-1\\0\\1\end{bmatrix}, \frac{1}{\sqrt{6}}\begin{bmatrix}-1\\2\\-1\end{bmatrix}\right\}$ が得られました. ◈

一般の場合も, $\mathbb{R}^n$ の部分空間 V の基 $\{\boldsymbol{v}_1, \boldsymbol{v}_2\}$ から, $\{a\boldsymbol{v}_1, b\boldsymbol{v}_1 + \boldsymbol{v}_2\}$ が V の正規直交基となるように a, b を求めることができます.

まず $\boldsymbol{v}_1$ のスカラ倍で大きさ1のベクトルを求めるため, このベクトルの各成分を $|\boldsymbol{v}_1|$ で割って

$$\boldsymbol{v}_1' = \frac{\boldsymbol{v}_1}{|\boldsymbol{v}_1|}$$

とおきます.

次に $b\boldsymbol{v}_1' + \boldsymbol{v}_2$ の形で, $\boldsymbol{v}_1'$ と直交するベクトルを求めるため, ベクトルの内積を計算すると

$$(b\boldsymbol{v}_1' + \boldsymbol{v}_2, \boldsymbol{v}_1') = b(\boldsymbol{v}_1', \boldsymbol{v}_1') + (\boldsymbol{v}_2, \boldsymbol{v}_1') = b + (\boldsymbol{v}_2, \boldsymbol{v}_1') = 0$$

から b の値 $b = -(\boldsymbol{v}_2, \boldsymbol{v}_1')$ が定まります.

最後に $b\boldsymbol{v}_1' + \boldsymbol{v}_2$ のスカラ倍で大きさ1のベクトルを求めるため, このベクトルの各成分を $|b\boldsymbol{v}_1' + \boldsymbol{v}_2| = \sqrt{b^2|\boldsymbol{v}_1'|^2 + 2b(\boldsymbol{v}_1', \boldsymbol{v}_2) + |\boldsymbol{v}_2|^2}$ で割って

$$\boldsymbol{v}_2' = \frac{1}{\sqrt{b^2|\boldsymbol{v}_1'|^2 + 2b(\boldsymbol{v}_1', \boldsymbol{v}_2) + |\boldsymbol{v}_2|^2}}(b\boldsymbol{v}_1' + \boldsymbol{v}_2)$$

が得られます. 以上から V の正規直交基 $\{\boldsymbol{v}_1', \boldsymbol{v}_2'\}$ が得られました.

$\dim V = 3$ で, V の基 $\{\boldsymbol{v}_1, \boldsymbol{v}_2, \boldsymbol{v}_3\}$ から V の正規直交基を得る方法も, 原理は同じです.

まず, 上の方法で $\boldsymbol{v}_1, \boldsymbol{v}_2$ から $|\boldsymbol{v}_1'| = |\boldsymbol{v}_2'| = 1$, かつ $(\boldsymbol{v}_1', \boldsymbol{v}_2') = 0$ となる $\boldsymbol{v}_1'$, $\boldsymbol{v}_2'$ を求めます. このとき $\boldsymbol{v}_3$ は使いません. またこのとき $\boldsymbol{v}_1, \boldsymbol{v}_2$ が生成する V の部分空間と $\boldsymbol{v}_1', \boldsymbol{v}_2'$ が生成する V の部分空間は一致します.

次に $c\boldsymbol{v}_1' + d\boldsymbol{v}_2' + \boldsymbol{v}_3$ の形で, $\boldsymbol{v}_1', \boldsymbol{v}_2'$ の両方に直交するベクトルを求めるため, ベクトルの内積を計算すると

$$(c\boldsymbol{v}_1' + d\boldsymbol{v}_2' + \boldsymbol{v}_3, \boldsymbol{v}_1') = c + (\boldsymbol{v}_3, \boldsymbol{v}_1') = 0$$
$$(c\boldsymbol{v}_1' + d\boldsymbol{v}_2' + \boldsymbol{v}_3, \boldsymbol{v}_2') = d + (\boldsymbol{v}_3, \boldsymbol{v}_2') = 0$$

から c, d の値が $c = -(\boldsymbol{v}_3, \boldsymbol{v}_1')$, $d = -(\boldsymbol{v}_3, \boldsymbol{v}_2')$ と定まります. したがって

$$\boldsymbol{v}_3'' = \frac{1}{|c\boldsymbol{v}_1' + d\boldsymbol{v}_2' + \boldsymbol{v}_3|}(c\boldsymbol{v}_1' + d\boldsymbol{v}_2' + \boldsymbol{v}_3)$$

とおいて，V の正規直交基 $\{\boldsymbol{v}_1', \boldsymbol{v}_2', \boldsymbol{v}_3'\}$ を得ることができます（165 ページ，第8章 §1 の問題3参照）．$\dim V \geqq 4$ のときも同様に，もとの基の最初の3個のベクトルから，大きさが1で互いに直交する3個のベクトルを上のように求め，次に，この3個と直交し，大きさが1のベクトルを求めます．この作業をくり返すだけです．この方法を**シュミットの正規直交化法**といいますが，たいへん自然で，当然ともいえる方法です．

§ 2　実対称行列の対角化

この節では，実対称行列 A（${}^tA = A$ をみたす実行列）の固有値，固有ベクトルについて考えます．

一般に n 次正方行列 A が実行列のとき，A の固有多項式 $g_A(t)$ は実係数の多項式ですが，$g_A(t) = 0$ の解が実数とは限りません．しかし A が実対称行列の場合は，固有値も実数になります．またこのとき，固有値が実数なので，実係数の連立1次方程式の解である固有ベクトルも実ベクトルになります．

実際，実対称行列 $A = \begin{bmatrix} a & b \\ b & c \end{bmatrix}$ の場合，A の固有多項式 $g_A(t)$ は

$$\begin{aligned} \det(tE_2 - A) &= \det\begin{bmatrix} t-a & -b \\ -b & t-c \end{bmatrix} = (t-a)(t-c) - b^2 \\ &= t^2 - (a+c)t + ac - b^2 \end{aligned}$$

となり，この式の判別式 D が $D = (a+c)^2 - 4(ac - b^2) = (a-c)^2 + 4b^2 \geqq 0$ となることから，A の固有値が実数であることがわかります．

一般に，次のことが成り立ちます．

> **定理1**　A が実対称行列のとき，A の固有値はすべて実数である．また，A の各固有値に属する固有ベクトルとなる実ベクトルが存在する．

3次実対称行列の場合の証明 実対称行列

$$A=\begin{bmatrix} a & b & c \\ b & d & e \\ c & e & f \end{bmatrix}$$

の固有値をλ, λに属する固有ベクトルを

$$\begin{bmatrix} p \\ q \\ r \end{bmatrix}$$

とおきます．ここでa, b, c, d, e, fは実数ですが，λ, p, q, rは実数とは限りません．このとき固有値，固有ベクトルの定義から次の（1）が成り立ち，（1）の両辺の複素共役を考えると，Aの成分が実数なので（2）も成り立ちます．

$$\begin{bmatrix} a & b & c \\ b & d & e \\ c & e & f \end{bmatrix}\begin{bmatrix} p \\ q \\ r \end{bmatrix}=\lambda\begin{bmatrix} p \\ q \\ r \end{bmatrix} \tag{1}$$

$$\begin{bmatrix} a & b & c \\ b & d & e \\ c & e & f \end{bmatrix}\begin{bmatrix} \bar{p} \\ \bar{q} \\ \bar{r} \end{bmatrix}=\bar{\lambda}\begin{bmatrix} \bar{p} \\ \bar{q} \\ \bar{r} \end{bmatrix} \tag{2}$$

ここで複素数zに対して，$\bar{z}$でzの複素共役を表しています．一方，（1）の両辺の転置を考えると

$$[\,p \quad q \quad r\,]\begin{bmatrix} a & b & c \\ b & d & e \\ c & e & f \end{bmatrix}=\lambda\,[\,p \quad q \quad r\,] \tag{3}$$

も成り立ちます．ここではAが対称行列であることに注意してください．このとき，まず（3），続いて（2）を用いて

$$\lambda\,[\,p \quad q \quad r\,]\begin{bmatrix} \bar{p} \\ \bar{q} \\ \bar{r} \end{bmatrix}=[\,p \quad q \quad r\,]\begin{bmatrix} a & b & c \\ b & d & e \\ c & e & f \end{bmatrix}\begin{bmatrix} \bar{p} \\ \bar{q} \\ \bar{r} \end{bmatrix}=[\,p \quad q \quad r\,]\,\bar{\lambda}\begin{bmatrix} \bar{p} \\ \bar{q} \\ \bar{r} \end{bmatrix}$$

が成り立ち，結局

$$\lambda\,[\,p \quad q \quad r\,]\begin{bmatrix} \bar{p} \\ \bar{q} \\ \bar{r} \end{bmatrix}=\bar{\lambda}\,[\,p \quad q \quad r\,]\begin{bmatrix} \bar{p} \\ \bar{q} \\ \bar{r} \end{bmatrix}$$

つまり$\lambda(|p|^2+|q|^2+|r|^2)=\bar{\lambda}(|p|^2+|q|^2+|r|^2)$を得ます．最後に，固有ベク

トルはゼロベクトルではないことを用いて $\lambda = \bar{\lambda}$ が得られ，固有値 λ が実数であることがわかります．■

また，実対称行列の固有ベクトルには次のような特徴的な性質もあります．

定理2 A が実対称行列のとき，A の異なる固有値を λ_1, λ_2，固有値 λ_1, λ_2 に属する A の固有ベクトルをそれぞれ $\boldsymbol{v}_1, \boldsymbol{v}_2$ とすると

$$(\boldsymbol{v}_1, \boldsymbol{v}_2) = 0$$

となる．

3×3 実対称行列 A の場合の証明

$$A = \begin{bmatrix} a & b & c \\ b & d & e \\ c & e & f \end{bmatrix}, \quad \boldsymbol{v}_1 = \begin{bmatrix} p_1 \\ q_1 \\ r_1 \end{bmatrix}, \quad \boldsymbol{v}_2 = \begin{bmatrix} p_2 \\ q_2 \\ r_2 \end{bmatrix}$$

とおきます．このとき固有値，固有ベクトルの定義から

$$\begin{bmatrix} a & b & c \\ b & d & e \\ c & e & f \end{bmatrix}\begin{bmatrix} p_1 \\ q_1 \\ r_1 \end{bmatrix} = \lambda_1 \begin{bmatrix} p_1 \\ q_1 \\ r_1 \end{bmatrix}, \quad \begin{bmatrix} a & b & c \\ b & d & e \\ c & e & f \end{bmatrix}\begin{bmatrix} p_2 \\ q_2 \\ r_2 \end{bmatrix} = \lambda_2 \begin{bmatrix} p_2 \\ q_2 \\ r_2 \end{bmatrix}$$

となります．一方，上の左の式の両辺の転置を考えると

$$[\,p_1 \quad q_1 \quad r_1\,]\begin{bmatrix} a & b & c \\ b & d & e \\ c & e & f \end{bmatrix} = \lambda_1 [\,p_1 \quad q_1 \quad r_1\,]$$

も成り立ちます．ここでは A が対称行列であることに注意してください．このとき，上の関係式から

$$\lambda_1 [\,p_1 \quad q_1 \quad r_1\,]\begin{bmatrix} p_2 \\ q_2 \\ r_2 \end{bmatrix} = [\,p_1 \quad q_1 \quad r_1\,]\begin{bmatrix} a & b & c \\ b & d & e \\ c & e & f \end{bmatrix}\begin{bmatrix} p_2 \\ q_2 \\ r_2 \end{bmatrix}$$

$$= [\,p_1 \quad q_1 \quad r_1\,]\lambda_2 \begin{bmatrix} p_2 \\ q_2 \\ r_2 \end{bmatrix} = \lambda_2 [\,p_1 \quad q_1 \quad r_1\,]\begin{bmatrix} p_2 \\ q_2 \\ r_2 \end{bmatrix}$$

が成り立ち，上の式の最初と最後の項から，$\lambda_1(p_1p_2 + q_1q_2 + r_1r_2) = \lambda_2(p_1p_2 + q_1q_2 + r_1r_2)$，つまり $\lambda_1(\boldsymbol{v}_1, \boldsymbol{v}_2) = \lambda_2(\boldsymbol{v}_1, \boldsymbol{v}_2)$ を得ますが，$\lambda_1 \neq \lambda_2$ なので $(\boldsymbol{v}_1, \boldsymbol{v}_2) = 0$ が得られます．■

173ページの第8章§2の問題3にもあるように，n 次実対称行列 A の n 個の固有値がすべて異なるとき，各固有値に属する固有ベクトルで大きさが1のものをとると，この n 個のベクトルは前ページで見たように互いに直交しているので，この n 個のベクトルを並べて n 次正方行列 P をつくると，P は実直交行列になります．さらに第7章の§3で見たように，$P^{-1}AP$ は対角行列となります．つまりこのとき実対称行列 A は実直交行列 P で対角化できたことになります．

一般に次のことが成り立ちます．

> **定理3**　A が実対称行列のとき，A の固有値はすべて実数であり，$P^{-1}AP$ が対角行列になるような実直交行列 P が存在する．

✓**注意**　P が直交行列のとき，$P^{-1} = {}^tP$ なので (163ページ参照)，$P^{-1}AP = {}^tPAP$ にもなっています．

定理の証明の流れ　実対称行列はすべての固有値が実数なので，174ページの発展で見るように，$P^{-1}AP = {}^tPAP$ が上半三角行列 B になるような直交行列 P が存在することを使います．このとき，${}^tPAP = B$ の両辺の転置をとると ${}^tP\,{}^tAP = {}^tB$ となりますが，A が対称行列なので，左辺は ${}^tPAP$ に等しく，結局，${}^tB = B$ を得ます．したがって上半三角行列 B は，${}^tB = B$ から実際は対角行列であり，A は P で対角行列 B に対角化されたことになります．

一方，n 次正方行列 A が直交行列 P により対角化できるとすると，${}^tPAP$ が対角行列 B になるので，${}^tPAP = B$ の両辺の転置をとると ${}^tP\,{}^tAP = {}^tB$ となりますが，B は対角行列なので ${}^tB = B$ が成り立ち，このことから ${}^tP\,{}^tAP = {}^tPAP$ を得ます．この式の両辺に左から $({}^tP)^{-1}$，右から P^{-1} を掛けると ${}^tA = A$ を得るので，A が対称行列であることがわかります．

つまり，A が実対称行列であることは，A が実直交行列で対角化されることの必要十分条件になっています．■

例1

$$A = \begin{bmatrix} 0 & 1 & 1 \\ 1 & 0 & 1 \\ 1 & 1 & 0 \end{bmatrix}$$

A は実対称行列で

$$g_A(t) = \det(tE_3 - A) = (t+1)^2(t-2)$$

となるので，固有値は $-1, 2$ で，-1 は重解です．また，各固有値に属する固有空間は次のようになります．

$$W(-1\,;A) = \{\begin{bmatrix} -1 \\ 0 \\ 1 \end{bmatrix} s + \begin{bmatrix} -1 \\ 1 \\ 0 \end{bmatrix} t \mid s, t \in \mathbb{R}\}$$

$$W(2\,;A) = \{\begin{bmatrix} 1 \\ 1 \\ 1 \end{bmatrix} s \mid s \in \mathbb{R}\}$$

まず，$W(-1\,;A)$ の基 $\{\begin{bmatrix} -1 \\ 0 \\ 1 \end{bmatrix}, \begin{bmatrix} -1 \\ 1 \\ 0 \end{bmatrix}\}$ からシュミットの正規直交化法を使って $W(-1\,;A)$ の正規直交基 $\{\frac{1}{\sqrt{2}}\begin{bmatrix} -1 \\ 0 \\ 1 \end{bmatrix}, \frac{1}{\sqrt{6}}\begin{bmatrix} 1 \\ -2 \\ 1 \end{bmatrix}\}$ を得ます（164 ページの例 4 参照）．また $W(2\,;A)$ の基 $\{\begin{bmatrix} 1 \\ 1 \\ 1 \end{bmatrix}\}$ を正規直交化して $\{\frac{1}{\sqrt{3}}\begin{bmatrix} 1 \\ 1 \\ 1 \end{bmatrix}\}$ を得ます．

この 3 個の固有ベクトルを並べて

$$P = \begin{bmatrix} \frac{-1}{\sqrt{2}} & \frac{1}{\sqrt{6}} & \frac{1}{\sqrt{3}} \\ 0 & \frac{-2}{\sqrt{6}} & \frac{1}{\sqrt{3}} \\ \frac{1}{\sqrt{2}} & \frac{1}{\sqrt{6}} & \frac{1}{\sqrt{3}} \end{bmatrix}$$

とおくと，P は実直交行列で，かつ

$$P^{-1}AP = \begin{bmatrix} -1 & 0 & 0 \\ 0 & -1 & 0 \\ 0 & 0 & 2 \end{bmatrix}$$

となり，実対称行列 A は実直交行列 P で対角化できることがわかりました． ◈

実際，この例のように P は，$\mathbb{R}^n$ の正規直交基になるような A の固有ベクトルを並べてつくります．異なる固有値に属する固有ベクトルが直交することは 170 ページで見たようにわかっているので，A の各固有値 λ に属する固有空間 $W(\lambda\,;A)$ の正規直交基を求めればよいことになります．$W(\lambda\,;A)$ の次元が 2 以上のときは，シュミットの正規直交化法（168 ページ）を使って求めます．

問題

1 成分が実数とは限らない 3 次正方行列

$$A=\begin{bmatrix} a & b & c \\ d & e & f \\ u & v & w \end{bmatrix}$$

が ${}^t\!A=\bar{A}$，つまり

$$\begin{bmatrix} a & d & u \\ b & e & v \\ c & f & w \end{bmatrix}=\begin{bmatrix} \bar{a} & \bar{b} & \bar{c} \\ \bar{d} & \bar{e} & \bar{f} \\ \bar{u} & \bar{v} & \bar{w} \end{bmatrix}$$

あるいは

$$A=\begin{bmatrix} a & b & c \\ \bar{b} & e & f \\ \bar{c} & \bar{f} & w \end{bmatrix}$$

で，かつ a, e, w は実数であるとき，この節の議論をまねて A の固有値がすべて実数であることを示せ．ここで $\bar{a}$ は a の複素共役を表す．また，${}^t\!A=\bar{A}$ をみたす行列を**エルミート行列**という．

2 成分が実数とは限らない 3 次正方行列 $A=\begin{bmatrix} a & b & c \\ d & e & f \\ u & v & w \end{bmatrix}$ が ${}^t\!A=\bar{A}$ をみたす，つまり A がエルミート行列であるとする．A の異なる固有値 λ_1, λ_2 に属する固有ベクトルをそれぞれ $\begin{bmatrix} p_1 \\ q_1 \\ r_1 \end{bmatrix}$, $\begin{bmatrix} p_2 \\ q_2 \\ r_2 \end{bmatrix}$ とするとき，この節の議論をまねて $\overline{p_1}p_2+\overline{q_1}q_2+\overline{r_1}r_2=0$ を示せ．〔**注意** λ_1, λ_2 は上の問題 1 より実数である．〕

3 次の実対称行列 A を対角化する直交行列 P を求め，対角化せよ．

(1) $\begin{bmatrix} 1 & 0 & 1 \\ 0 & 2 & 0 \\ 1 & 0 & 1 \end{bmatrix}$ (2) $\begin{bmatrix} 3 & 1 & 1 \\ 1 & 3 & 1 \\ 1 & 1 & 3 \end{bmatrix}$ (3) $\begin{bmatrix} 1 & -2 & 0 \\ -2 & 2 & -2 \\ 0 & -2 & 3 \end{bmatrix}$

発展　直交行列による三角化

142ページの発展で正方行列の三角化について見ました．ここでは，固有値がすべて実数である実正方行列は直交行列で三角化できることを見ます．

143ページの例1で見た $A=\begin{bmatrix}6 & -3\\ 4 & -1\end{bmatrix}$ を P で三角化したとき，P の第1列目は A の固有ベクトルでした．このとき，大きさ1の固有ベクトルをとることができます．次に P の第2列目は，$\det P \neq 0$ にするために P の第1列目とあわせて1次独立になるようにとればよいので，P の第1列目と直交し，大きさが1のベクトルを選ぶことができます．したがって P として直交行列をとることができ，この P で A を三角化できます．実際には

$$P=\begin{bmatrix}\frac{3}{5} & \frac{-4}{5}\\ \frac{4}{5} & \frac{3}{5}\end{bmatrix}$$

ととれます．

例1　3次正方行列 $A=\begin{bmatrix}-5 & 0 & 6\\ 1 & -2 & -1\\ -3 & 0 & 4\end{bmatrix}$ の場合を考えてみましょう．A の固有多項式を計算すると $g_A(t)=\det(tE_3-A)=(t+2)^2(t-1)$ となり，固有値は -2 と 1 です．

どの固有値でもよいのですが，ここでは固有値 -2 に属する大きさ1の固有ベクトル $\boldsymbol{a}_1=\begin{bmatrix}0\\ 1\\ 0\end{bmatrix}$ をとります．さらに2つのベクトル $\boldsymbol{a}_2, \boldsymbol{a}_3$ を $\{\boldsymbol{a}_1, \boldsymbol{a}_2, \boldsymbol{a}_3\}$ が $\mathbb{R}^3$ の正規直交基になるようにとります．実際，まず $\{\boldsymbol{a}_1, \boldsymbol{b}, \boldsymbol{c}\}$ が $\mathbb{R}^3$ の基となるような $\boldsymbol{b}, \boldsymbol{c}$ をとり，この基にシュミットの正規直交化法（166ページの発展）を用いて $\{\boldsymbol{a}_1, \boldsymbol{a}_2, \boldsymbol{a}_3\}$ を得ます．このとき $\boldsymbol{a}_1$ が固有値 -2 に属する固有ベクトルであることと，$\{\boldsymbol{a}_1, \boldsymbol{a}_2, \boldsymbol{a}_3\}$ が $\mathbb{R}^3$ の基であることから，次のように書けます．

$$A\boldsymbol{a}_1 = -2\boldsymbol{a}_1$$
$$A\boldsymbol{a}_2 = c_{21}\boldsymbol{a}_1 + c_{22}\boldsymbol{a}_2 + c_{23}\boldsymbol{a}_3$$
$$A\boldsymbol{a}_3 = c_{31}\boldsymbol{a}_1 + c_{32}\boldsymbol{a}_2 + c_{33}\boldsymbol{a}_3$$

このとき P_1 を $\boldsymbol{a}_1, \boldsymbol{a}_2, \boldsymbol{a}_3$ を列ベクトルとする行列とすると，P_1 は直交行列で，次の式が得られます．

$$AP_1 = P_1\begin{bmatrix} -2 & c_{21} & c_{31} \\ 0 & c_{22} & c_{32} \\ 0 & c_{23} & c_{33} \end{bmatrix} \quad \text{つまり} \quad P_1^{-1}AP_1 = \begin{bmatrix} -2 & c_{21} & c_{31} \\ 0 & c_{22} & c_{32} \\ 0 & c_{23} & c_{33} \end{bmatrix}$$

ここで 141 ページ，第 7 章§1 の問題 1（2）から，A と $P_1^{-1}AP_1$ の固有多項式は一致するので，上の形から $\begin{bmatrix} c_{22} & c_{32} \\ c_{23} & c_{33} \end{bmatrix}$ の固有値は $-2, 1$ であり，どちらも実数であることがわかります．したがって $n=2$ の場合に見たように $\begin{bmatrix} c_{22} & c_{32} \\ c_{23} & c_{33} \end{bmatrix}$ を上半三角行列 $\begin{bmatrix} \alpha & c_1' \\ 0 & c_2' \end{bmatrix}$ に三角化する 2 次直交行列 $\begin{bmatrix} p_{11} & p_{12} \\ p_{21} & p_{22} \end{bmatrix}$ を見つけることができます．

このとき

$$\begin{bmatrix} p_{11} & p_{12} \\ p_{21} & p_{22} \end{bmatrix}^{-1} = \begin{bmatrix} p_{11}' & p_{12}' \\ p_{21}' & p_{22}' \end{bmatrix}, \qquad P_2 = \begin{bmatrix} 1 & 0 & 0 \\ 0 & p_{11} & p_{12} \\ 0 & p_{21} & p_{22} \end{bmatrix}$$

とおくと，P_2 は直交行列で

$$P_2^{-1}P_1^{-1}AP_1P_2 = P_2^{-1}(P_1^{-1}AP_1)P_2 = P_2^{-1}\begin{bmatrix} -2 & c_{21} & c_{31} \\ 0 & c_{22} & c_{32} \\ 0 & c_{23} & c_{33} \end{bmatrix}P_2$$

$$= \begin{bmatrix} 1 & 0 & 0 \\ 0 & p_{11}' & p_{12}' \\ 0 & p_{21}' & p_{22}' \end{bmatrix}\begin{bmatrix} -2 & c_{21} & c_{31} \\ 0 & c_{22} & c_{32} \\ 0 & c_{23} & c_{33} \end{bmatrix}\begin{bmatrix} 1 & 0 & 0 \\ 0 & p_{11} & p_{12} \\ 0 & p_{21} & p_{22} \end{bmatrix} = \begin{bmatrix} -2 & d_1 & d_2 \\ 0 & \alpha & c_1' \\ 0 & 0 & c_2' \end{bmatrix}$$

となります．ただし，ここで $d_1 = c_{21}p_{11} + c_{31}p_{21}$，$d_2 = c_{21}p_{12} + c_{31}p_{22}$ です．さらに 165 ページ，第 8 章§1 の問題 1（1）から直交行列 P_1, P_2 の積 P_1P_2 は直交行列です．したがって，A は直交行列 P_1P_2 で三角化できることがわかりました．◈

上の議論と同様に，n 次正方行列が直交行列で三角化できることは，$n-1$

次正方行列の場合に帰着できるので，数学的帰納法を用いて，次のことが成り立つことがわかります．

> **定理 1** すべての固有値が実数の n 次実正方行列は，実直交行列で三角化できる．

§3 実対称行列の対角化の応用

ここでは，実対称行列の対角化の応用として，2次形式の対角化について説明します．

2次形式とは，2次の項のみからなる式のことで，例えば x, y の2変数なら $x^2 - 3xy - y^2$，x_1, x_2, x_3 の3変数なら $x_1^2 - 3x_2^2 + 2x_3^2 - x_1x_2 + x_2x_3 - 4x_3x_1$ などが例です．係数としては，実数のみを考えることにします．

2変数 x, y の実2次形式は一般的に

$$ax^2 + bxy + cy^2 = [x \quad y]\begin{bmatrix} a & \dfrac{b}{2} \\ \dfrac{b}{2} & c \end{bmatrix}\begin{bmatrix} x \\ y \end{bmatrix}$$

3変数 x_1, x_2, x_3 の実2次形式は一般的に

$$ax_1^2 + bx_2^2 + cx_3^2 + dx_1x_2 + ex_2x_3 + fx_3x_1 = [x_1 \quad x_2 \quad x_3]\begin{bmatrix} a & \dfrac{d}{2} & \dfrac{f}{2} \\ \dfrac{d}{2} & b & \dfrac{e}{2} \\ \dfrac{f}{2} & \dfrac{e}{2} & c \end{bmatrix}\begin{bmatrix} x_1 \\ x_2 \\ x_3 \end{bmatrix}$$

のように，実対称行列を用いて表すことができます．一般の n 変数の場合も同様です．

例えば，3変数の場合に

$$A=\begin{bmatrix} a & \frac{d}{2} & \frac{f}{2} \\ \frac{d}{2} & b & \frac{e}{2} \\ \frac{f}{2} & \frac{e}{2} & c \end{bmatrix}$$

とおくと，対称行列が直交行列によって対角化可能であることから，実直交行列 P によって A は

$${}^tPAP=\begin{bmatrix} \lambda_1 & 0 & 0 \\ 0 & \lambda_2 & 0 \\ 0 & 0 & \lambda_3 \end{bmatrix}$$

と対角化できます．このとき $\lambda_1, \lambda_2, \lambda_3$ は A の固有値で実数です．

ここで

$$\begin{bmatrix} X_1 \\ X_2 \\ X_3 \end{bmatrix}={}^tP\begin{bmatrix} x_1 \\ x_2 \\ x_3 \end{bmatrix}$$

と**変数変換**します．この変数変換の式の両辺の転置は

$$[X_1 \ \ X_2 \ \ X_3]=[x_1 \ \ x_2 \ \ x_3]P$$

になります．

この 2 式は，$P^{-1}={}^tP$ に注意すると

$$P\begin{bmatrix} X_1 \\ X_2 \\ X_3 \end{bmatrix}=\begin{bmatrix} x_1 \\ x_2 \\ x_3 \end{bmatrix}, \qquad [X_1 \ \ X_2 \ \ X_3]\,{}^tP=[x_1 \ \ x_2 \ \ x_3]$$

とも書けるので

$$\begin{aligned} [x_1 \ \ x_2 \ \ x_3]A\begin{bmatrix} x_1 \\ x_2 \\ x_3 \end{bmatrix} &= [X_1 \ \ X_2 \ \ X_3]\,{}^tPAP\begin{bmatrix} X_1 \\ X_2 \\ X_3 \end{bmatrix} \\ &= [X_1 \ \ X_2 \ \ X_3]\begin{bmatrix} \lambda_1 & 0 & 0 \\ 0 & \lambda_2 & 0 \\ 0 & 0 & \lambda_3 \end{bmatrix}\begin{bmatrix} X_1 \\ X_2 \\ X_3 \end{bmatrix} \\ &= \lambda_1 X_1^2+\lambda_2 X_2^2+\lambda_3 X_3^2 \end{aligned}$$

と変形されます．このように，2 次形式を変数の 2 乗（X_i^2 の形）の項だけの

和に変形することを2次形式の対角化または標準化といいます．上では3変数の場合を見ましたが，一般の n 変数の場合も同様に，実対称行列が直交行列により対角化できることを使って**2次形式の対角化**ができます．

例1　$f(x_1, x_2, x_3) = x_1{}^2 + 2\sqrt{2}x_1x_2 + x_2{}^2 + 2\sqrt{2}x_2x_3 + x_3{}^2$

まず

$$f(x_1, x_2, x_3) = [\,x_1 \quad x_2 \quad x_3\,]\begin{bmatrix} 1 & \sqrt{2} & 0 \\ \sqrt{2} & 1 & \sqrt{2} \\ 0 & \sqrt{2} & 1 \end{bmatrix}\begin{bmatrix} x_1 \\ x_2 \\ x_3 \end{bmatrix}$$

と書けます．そこで

$$A = \begin{bmatrix} 1 & \sqrt{2} & 0 \\ \sqrt{2} & 1 & \sqrt{2} \\ 0 & \sqrt{2} & 1 \end{bmatrix}$$

とおくと，$g_A(t) = (t-1)(t+1)(t-3)$ になり，固有値 $1, -1, 3$ に属する大きさ1の固有ベクトルを求めると，それぞれ

$$\frac{1}{\sqrt{2}}\begin{bmatrix} -1 \\ 0 \\ 1 \end{bmatrix}, \quad \frac{1}{2}\begin{bmatrix} 1 \\ -\sqrt{2} \\ 1 \end{bmatrix}, \quad \frac{1}{2}\begin{bmatrix} 1 \\ \sqrt{2} \\ 1 \end{bmatrix}$$

となります．

ここで実対称行列については，異なる固有値に属する固有ベクトルは直交するので

$$P = \begin{bmatrix} \frac{-1}{\sqrt{2}} & \frac{1}{2} & \frac{1}{2} \\ 0 & \frac{-\sqrt{2}}{2} & \frac{\sqrt{2}}{2} \\ \frac{1}{\sqrt{2}} & \frac{1}{2} & \frac{1}{2} \end{bmatrix}$$

とおくと P は直交行列になります．そこで

$$\begin{bmatrix} X_1 \\ X_2 \\ X_3 \end{bmatrix} = {}^tP\begin{bmatrix} x_1 \\ x_2 \\ x_3 \end{bmatrix}$$

と変数変換すると

$$f(x_1, x_2, x_3) = X_1^2 - X_2^2 + 3X_3^2$$

と変形できます．◈

ここで見た2次形式の対角化は，**平方完成**と呼ばれているものの一般化です．例えば

$$x^2 + 5x + 8 = \left(x + \frac{5}{2}\right)^2 + \frac{7}{4}$$

のような平方完成と同様の変形として，2変数2次形式の変形

$$x^2 + 5xy + 8y^2 = \left(x + \frac{5}{2}y\right)^2 + \left(\frac{\sqrt{7}}{2}y\right)^2$$

があります．このとき

$$X = x + \frac{5}{2}y, \qquad Y = \frac{\sqrt{7}}{2}y$$

とおくと

$$x^2 + 5xy + 8y^2 = X^2 + Y^2$$

となります．このような平方完成の方法は何通りもあります．しかし直交行列を使って変数変換する場合のメリットは，直交行列が内積の値を変えないので，変換前のx, yと変換後のX, Yの間に

$$x^2 + y^2 = X^2 + Y^2$$

の関係があることです．一般に，n次元縦実ベクトル$\boldsymbol{x}_1, \boldsymbol{x}_2$を$n$次直交行列$P$で$\boldsymbol{X}_1, \boldsymbol{X}_2$に変数変換するとき，つまり$\boldsymbol{X}_1 = P\boldsymbol{x}_1$，$\boldsymbol{X}_2 = P\boldsymbol{x}_2$とするとき，$\boldsymbol{X}_1$，$\boldsymbol{X}_2$の内積は$(\boldsymbol{X}_1, \boldsymbol{X}_2) = {}^t\boldsymbol{X}_1\boldsymbol{X}_2 = {}^t(P\boldsymbol{x}_1)P\boldsymbol{x}_2 = {}^t\boldsymbol{x}_1{}^tPP\boldsymbol{x}_2$となるので，${}^tPP = E_n$から$(\boldsymbol{X}_1, \boldsymbol{X}_2) = (\boldsymbol{x}_1, \boldsymbol{x}_2)$が成り立ちます．

このことから，例えば，次のことが成り立ちます．

定理1　$f(x_1, \cdots, x_n)$を2次形式とし

$$f(x_1, \cdots, x_n) = [\,x_1 \;\; \cdots \;\; x_n\,]\,A\begin{bmatrix} x_1 \\ \vdots \\ x_n \end{bmatrix}$$

となる対称行列Aをとる．さらにAの固有値$\lambda_1, \cdots, \lambda_n$を$\lambda_1 \leq \cdots \leq \lambda_n$となるようにとる（$\lambda_1, \cdots, \lambda_n$は実数であることに注意）．このとき，条件

$x_1^2 + \cdots + x_n^2 = 1$ のもとで，$f(x_1, \cdots, x_n)$ の最大値は λ_n であり，最小値は λ_1 である．

証明 まず，A を直交行列 P で対角化して

$$
{}^tPAP = \begin{bmatrix} \lambda_1 & 0 & \cdots & 0 \\ 0 & \ddots & \ddots & \vdots \\ \vdots & \ddots & \ddots & 0 \\ 0 & \cdots & 0 & \lambda_n \end{bmatrix}
$$

とし

$$
\begin{bmatrix} X_1 \\ \vdots \\ X_n \end{bmatrix} = {}^tP \begin{bmatrix} x_1 \\ \vdots \\ x_n \end{bmatrix}
$$

と変数変換します．このとき，3変数の場合に見たように $f(x_1, \cdots, x_n) = \lambda_1 X_1^2 + \cdots + \lambda_n X_n^2$ となります．さらに P が直交行列なので $X_1^2 + \cdots + X_n^2 = x_1^2 + \cdots + x_n^2 = 1$ となることと，$\lambda_1 \leq \cdots \leq \lambda_n$ から，$f(x_1, \cdots, x_n)$ の値について

$$
\lambda_1 X_1^2 + \cdots + \lambda_n X_n^2 \leq \lambda_n X_1^2 + \cdots + \lambda_n X_n^2 = \lambda_n(X_1^2 + \cdots + X_n^2) = \lambda_n
$$

が成り立ちます．以上から，最大値が λ_n であることがわかります．また，上の不等式で等号が成立するのは $X_1 = \cdots = X_{n-1} = 0$，$X_n = 1$ のときです．最小値についても同様です． ■

例2 $f(x, y) = x^2 + 4xy + y^2$ について，$x^2 + y^2 = 1$ のときの最大値，最小値を求めよ．

$$
f(x, y) = x^2 + 4xy + y^2 = [x \ \ y] \begin{bmatrix} 1 & 2 \\ 2 & 1 \end{bmatrix} \begin{bmatrix} x \\ y \end{bmatrix}
$$

とし

$$
A = \begin{bmatrix} 1 & 2 \\ 2 & 1 \end{bmatrix}
$$

とおくと

$$
g_A(t) = (t-1)^2 - 4 = (t+1)(t-3)
$$

となり，求める最大値は3，最小値は -1 となります． ◇

上の例2は，解析学で学ぶ**ラグランジュの未定係数法**でも解くことができます．

未定係数法を使うと，次のように最大値，最小値が求まります．まず

$$F(x, y, \lambda) = x^2 + 4xy + y^2 - \lambda(x^2 + y^2 - 1)$$

とおき

$$\frac{\partial F}{\partial x} = 2x + 4y - 2\lambda x \tag{1}$$

$$\frac{\partial F}{\partial y} = 4x + 2y - 2\lambda y \tag{2}$$

$$\frac{\partial F}{\partial \lambda} = -(x^2 + y^2 - 1) \tag{3}$$

の値を0として x, y, λ を求めます．このとき，普通は (1)$\times y -$ (2)$\times x$ から $4y^2 - 4x^2 = 0$，つまり $y = \pm x$ を得て，これと (3) から

$$(x, y) = \left(\frac{1}{\sqrt{2}}, \frac{1}{\sqrt{2}}\right), \left(\frac{1}{\sqrt{2}}, -\frac{1}{\sqrt{2}}\right), \left(-\frac{1}{\sqrt{2}}, \frac{1}{\sqrt{2}}\right), \left(-\frac{1}{\sqrt{2}}, -\frac{1}{\sqrt{2}}\right)$$

を得ます．この4点は $x^2 + 4xy + y^2$ の極値を与える点の候補なので，この4点での $x^2 + 4xy + y^2$ の値 $3, -1, -1, 3$ から最大値が3，最小値が -1 となることがわかります．

一方 (1), (2) を0とおいた式は

$$\begin{bmatrix} 2 & 4 \\ 4 & 2 \end{bmatrix}\begin{bmatrix} x \\ y \end{bmatrix} = 2\lambda \begin{bmatrix} x \\ y \end{bmatrix}$$

となり，この式は

$$\begin{bmatrix} 1 & 2 \\ 2 & 1 \end{bmatrix}\begin{bmatrix} x \\ y \end{bmatrix} = \lambda \begin{bmatrix} x \\ y \end{bmatrix}$$

と変形できるので，λ は $\begin{bmatrix} 1 & 2 \\ 2 & 1 \end{bmatrix}$ の固有値，x, y は $x^2 + y^2 = 1$ をみたす固有ベクトルの成分であることがわかります．つまり，この問題は，線形代数的意味づけもできるのです．

✓**注意**　この問題は $x = \cos\theta$，$y = \sin\theta$ とおいて解く方法もありますが，3変数以上になると，このような変換を用いても，また，ラグランジュの未定係数法を用いても複雑です．しかし線形代数的な意味づけがわかっていると，見通し良く解を求めることができます．

2次形式の値については，次のことも成り立ちます．理由は，2次形式が変数変換 $\boldsymbol{X} = {}^t P\boldsymbol{x}$ により，$\lambda_1 X_1{}^2 + \cdots + \lambda_n X_n{}^2$ と変形できることから明らかです．

定理2　$f(x_1, \cdots, x_n)$ を2次形式とし

$$f(x_1, \cdots, x_n) = [\, x_1 \ \cdots \ x_n \,] A \begin{bmatrix} x_1 \\ \vdots \\ x_n \end{bmatrix}$$

となる対称行列 A をとる．さらに $\lambda_1, \cdots, \lambda_n$ を A の固有値とする．ここで $\lambda_1, \cdots, \lambda_n$ はすべて実数であることに注意する．このとき

$$\lambda_i > 0 \ (1 \leq i \leq n) \Longrightarrow f(x_1, \cdots, x_n) \geq 0$$

$$\lambda_i < 0 \ (1 \leq i \leq n) \Longrightarrow f(x_1, \cdots, x_n) \leq 0$$

となり，どちらの場合も，等号が成立するのは $x_1 = \cdots = x_n = 0$ のときのみである．

上のことから，$f(x_1, \cdots, x_n)$ は $\lambda_i > 0 \ (1 \leq i \leq n)$ の場合，$x_1 = \cdots = x_n = 0$ で最小値0をもち，$\lambda_i < 0 \ (1 \leq i \leq n)$ の場合，$x_1 = \cdots = x_n = 0$ で最大値0をもちます．また A が正の固有値も負の固有値もつ場合，$f(x_1, \cdots, x_n)$ は最小値，最大値をもちません．2次形式 $f(x_1, \cdots, x_n)$ は $\lambda_i > 0 \ (1 \leq i \leq n)$ の場合は**正定値**，$\lambda_i < 0 \ (1 \leq i \leq n)$ の場合は**負定値**であるといいます．

問　題

1　$f(x, y) = 2x^2 + 4xy + 5y^2$ について，$x^2 + y^2 = 1$ のときの最大値，最小値を求めよ．

2　次の実2次形式を実対称行列を用いて表せ．また，直交行列による変数変換を用いて対角化するとどうなるか答えよ．

(1) $x^2 + z^2 + 2xy + 2yz$　　(2) $x^2 + 2xy + 2yz - 2zx$

3　次の実2次形式について以下の問いに答えよ．

$$f(x, y, z) = ax^2 + ay^2 + az^2 + 2(a+1)xy + 2(a+1)yz + 2(a+1)zx$$

(1) 直交行列による変数変換を用いて対角化するとどうなるか答えよ．

(2) $\begin{bmatrix} x \\ y \\ z \end{bmatrix} \neq \begin{bmatrix} 0 \\ 0 \\ 0 \end{bmatrix}$ であるとき，常に負の値をとるような a の範囲を求めよ．

(3) $x^2+y^2+z^2=1$ のときの最大値，最小値を求めよ．〔**ヒント**　上の実2次形式を表す実対称行列は固有値 -1 をもつ．〕

発展　特異値分解

第8章§2で見たように，例えば2次正方行列 A が直交行列 P により

$$ {}^tPAP=\begin{bmatrix}\sigma_1 & 0\\ 0 & \sigma_2\end{bmatrix} $$

と書けるとき，P の列ベクトルを

$$ \boldsymbol{u}_1=\begin{bmatrix}p\\ r\end{bmatrix},\qquad \boldsymbol{u}_2=\begin{bmatrix}q\\ s\end{bmatrix} $$

とおくと

$$ A=P\begin{bmatrix}\sigma_1 & 0\\ 0 & \sigma_2\end{bmatrix}{}^tP=\begin{bmatrix}p & q\\ r & s\end{bmatrix}\begin{bmatrix}\sigma_1 & 0\\ 0 & \sigma_2\end{bmatrix}\begin{bmatrix}p & r\\ q & s\end{bmatrix}=\sigma_1\begin{bmatrix}p^2 & pr\\ pr & r^2\end{bmatrix}+\sigma_2\begin{bmatrix}q^2 & qs\\ qs & s^2\end{bmatrix} $$
$$ =\sigma_1\boldsymbol{u}_1{}^t\boldsymbol{u}_1+\sigma_2\boldsymbol{u}_2{}^t\boldsymbol{u}_2 $$

のように A が分解できるとも解釈できます．

そこで一般の実行列 A について，${}^tAA$ が対称行列となることを利用して，A を上の形に分解する方法を考えます．そのためには次のことが前提になります．

実行列 A に対し ${}^tAA$ は対称行列で，その固有値はすべて0以上である．

第8章§1で見たように（162ページ）${}^tAA$ の (i,j) 成分は A の第 i 列ベクトル $\boldsymbol{a}_i$ と第 j 列ベクトル $\boldsymbol{a}_j$ の内積 $(\boldsymbol{a}_i,\boldsymbol{a}_j)$ であり，${}^tAA$ は対称行列です．また ${}^tAA$ の固有値 λ に属する大きさ1の固有ベクトル $\boldsymbol{v}$ について，${}^tAA\boldsymbol{v}=\lambda\boldsymbol{v}$ から，$|A\boldsymbol{v}|^2={}^t(A\boldsymbol{v})A\boldsymbol{v}={}^t\boldsymbol{v}\,{}^tAA\boldsymbol{v}=\lambda{}^t\boldsymbol{v}\boldsymbol{v}=\lambda|\boldsymbol{v}|^2=\lambda$ となり，このことから ${}^tAA$ の固有値が0以上であることがわかります．

では，A の分解を次の簡単な例で見ていきましょう．

例 1

$$A = \begin{bmatrix} 1 & 1 & 0 \\ 1 & 1 & 0 \\ 0 & 1 & 1 \\ 0 & 1 & 1 \end{bmatrix}$$

このとき

$${}^tAA = \begin{bmatrix} 2 & 2 & 0 \\ 2 & 4 & 2 \\ 0 & 2 & 2 \end{bmatrix}$$

となり，${}^tAA$ の固有多項式は $t(t-2)(t-6)$ で，正の固有値は $2, 6$ であることがわかります．さらに，固有値 $6, 2, 0$ にそれぞれ属する固有ベクトルで大きさ1のものを，例えば

$$\boldsymbol{v}_1 = \frac{1}{\sqrt{6}}\begin{bmatrix} 1 \\ 2 \\ 1 \end{bmatrix}, \quad \boldsymbol{v}_2 = \frac{1}{\sqrt{2}}\begin{bmatrix} 1 \\ 0 \\ -1 \end{bmatrix}, \quad \boldsymbol{v}_3 = \frac{1}{\sqrt{3}}\begin{bmatrix} 1 \\ -1 \\ 1 \end{bmatrix}$$

と選びます．このとき ${}^tAA$ が対称行列であることから $\boldsymbol{v}_1, \boldsymbol{v}_2, \boldsymbol{v}_3$ は互いに直交し，V を $\boldsymbol{v}_1, \boldsymbol{v}_2, \boldsymbol{v}_3$ を並べた3次正方行列とすると，V は直交行列で

$${}^tV\,{}^tAAV = \begin{bmatrix} 6 & 0 & 0 \\ 0 & 2 & 0 \\ 0 & 0 & 0 \end{bmatrix}$$

となります．

また，上で ${}^tAA$ の固有値が0以上であることを見たときと同様に

$$|A\boldsymbol{v}_1|^2 = 6, \quad |A\boldsymbol{v}_2|^2 = 2, \quad |A\boldsymbol{v}_3|^2 = 0$$

となります．次に $i = 1, 2, 3$ に対して $\sigma_i = |A\boldsymbol{v}_i|$ とおきます（$\sigma_1 = \sqrt{6}$，$\sigma_2 = \sqrt{2}$，$\sigma_3 = 0$）．また，正の σ_i に対して $\boldsymbol{u}_i = \dfrac{1}{\sigma_i}A\boldsymbol{v}_i$ とおきます．ここで A は 4×3 行列なので $\boldsymbol{u}_1, \boldsymbol{u}_2$ は4次元ベクトルであり，つくり方から大きさが1であることに注意してください．また，このとき

$$A\,{}^tA\boldsymbol{u}_i = A\,{}^tA\frac{1}{\sigma_i}A\boldsymbol{v}_i = \frac{1}{\sigma_i}A({}^tAA\boldsymbol{v}_i) = \frac{1}{\sigma_i}A(\sigma_i)^2\boldsymbol{v}_i = \sigma_i A\boldsymbol{v}_i = {\sigma_i}^2\boldsymbol{u}_i$$

となり，$\boldsymbol{u}_i$ は対称行列 $A\,{}^tA$ の固有値 ${\sigma_i}^2$ に属する大きさ1の固有ベクトルであることがわかります．したがって $\boldsymbol{u}_1, \boldsymbol{u}_2$ は互いに直交し，うまく $\boldsymbol{u}_3, \boldsymbol{u}_4$ を選んで，$\boldsymbol{u}_1, \cdots, \boldsymbol{u}_4$ を並べた4次直交行列 U をつくることができます．さ

らに，ここで ${}^tAA$ の 0 でない固有値の正の平方根を $\sigma_1, \cdots, \sigma_r$，ただし，$\sigma_1 \geq \sigma_2 \geq \cdots \geq \sigma_r > 0$ とし，(i, i) 成分が σ_i $(1 \leq i \leq r)$，他の成分は 0 の $m \times n$ 行列を D とおきます．この例の場合は

$$D = \begin{bmatrix} \sigma_1 & 0 & 0 \\ 0 & \sigma_2 & 0 \\ 0 & 0 & 0 \\ 0 & 0 & 0 \end{bmatrix} = \begin{bmatrix} \sqrt{6} & 0 & 0 \\ 0 & \sqrt{2} & 0 \\ 0 & 0 & 0 \\ 0 & 0 & 0 \end{bmatrix}$$

となります．このとき，次の式が成り立ちます．

$$AV = [\,A\boldsymbol{v}_1 \;\; A\boldsymbol{v}_2 \;\; A\boldsymbol{v}_3\,] = [\,\sigma_1\boldsymbol{u}_1 \;\; \sigma_2\boldsymbol{u}_2 \;\; \boldsymbol{0}\,] = U \begin{bmatrix} \sigma_1 & 0 & 0 \\ 0 & \sigma_2 & 0 \\ 0 & 0 & 0 \\ 0 & 0 & 0 \end{bmatrix} = UD$$ ◈

以上をまとめると，一般に次が成り立つことがわかります．

定理 1　$m \times n$ 実行列 A に対し，${}^tAA$ の大きさ 1 の固有ベクトルを並べた n 次直交行列を V，${}^tAA$ の 0 でない固有値の正の平方根を $\sigma_1, \cdots, \sigma_r$，ただし $\sigma_1 \geq \sigma_2 \geq \cdots \geq \sigma_r > 0$ とし，(i, i) 成分が σ_i $(1 \leq i \leq r)$，他の成分は 0 の $m \times n$ 行列を D，また $\boldsymbol{u}_i = \dfrac{1}{\sigma_i}A\boldsymbol{v}_i$ が第 1 列目から第 r 列目に並んだ m 次直交行列を U とおくと

$$A = UD\,{}^tV = \sigma_1\boldsymbol{u}_1{}^t\boldsymbol{v}_1 + \cdots + \sigma_r\boldsymbol{u}_r{}^t\boldsymbol{v}_r$$

が成り立つ．

上の

$$A = UD\,{}^tV = \sigma_1\boldsymbol{u}_1{}^t\boldsymbol{v}_1 + \cdots + \sigma_r\boldsymbol{u}_r{}^t\boldsymbol{v}_r$$

を A の**特異値分解**といいます．

例 2（例 1 の続き）

$$A = \begin{bmatrix} 1 & 1 & 0 \\ 1 & 1 & 0 \\ 0 & 1 & 1 \\ 0 & 1 & 1 \end{bmatrix}$$

では

$$\boldsymbol{u}_1 = \frac{1}{\sqrt{6}}A\boldsymbol{v}_1 = \frac{1}{2}\begin{bmatrix}1\\1\\1\\1\end{bmatrix}, \quad \boldsymbol{u}_2 = \frac{1}{\sqrt{2}}A\boldsymbol{v}_2 = \frac{1}{2}\begin{bmatrix}1\\1\\-1\\-1\end{bmatrix}$$

となり

$$A = \begin{bmatrix}1&1&0\\1&1&0\\0&1&1\\0&1&1\end{bmatrix} = \sigma_1\boldsymbol{u}_1{}^t\boldsymbol{v}_1 + \sigma_2\boldsymbol{u}_2{}^t\boldsymbol{v}_2 = \frac{1}{2}\begin{bmatrix}1&2&1\\1&2&1\\1&2&1\\1&2&1\end{bmatrix} + \frac{1}{2}\begin{bmatrix}1&0&-1\\1&0&-1\\-1&0&1\\-1&0&1\end{bmatrix}$$

が A の特異値分解です．この例の場合は，特異値分解に現れる2個の行列にあまり差はありませんが，$\sigma_1 \geq \sigma_2 \geq \cdots \geq \sigma_r > 0$ としていることから，後半の項の成分の絶対値は小さくなることが多く，値の大きい固有値の平方根のみを残した $\sigma_1\boldsymbol{u}_1{}^t\boldsymbol{v}_1 + \sigma_2\boldsymbol{u}_2{}^t\boldsymbol{v}_2$ や $\sigma_1\boldsymbol{u}_1{}^t\boldsymbol{v}_1$ などは A の近似を与えていることになります．この考えは，データの圧縮やインターネットの検索の時間短縮に応用されています．また $\boldsymbol{u}_i{}^t\boldsymbol{v}_i$ の階数は1なので，A についての計算がより計算しやすい行列の計算に置き換えられています． ◇

問題の解答

第1章

§ 1

1 (1) $AB = BA = \begin{bmatrix} \cos(\alpha+\beta) & -\sin(\alpha+\beta) \\ \sin(\alpha+\beta) & \cos(\alpha+\beta) \end{bmatrix}$

(2) $A^n = \begin{bmatrix} \cos n\alpha & -\sin n\alpha \\ \sin n\alpha & \cos n\alpha \end{bmatrix}$

2 (1) $A^2 = \begin{bmatrix} 0 & 0 & ab \\ 0 & 0 & 0 \\ 0 & 0 & 0 \end{bmatrix}$, $n \geq 3$ のとき $A^n = 0$.

(2) $B^n = \begin{bmatrix} a^n & 0 & 0 \\ 0 & b^n & 0 \\ 0 & 0 & c^n \end{bmatrix}$.

(3) $n = 3m$ のとき $C^n = \begin{bmatrix} 1 & 0 & 0 \\ 0 & 1 & 0 \\ 0 & 0 & 1 \end{bmatrix}$, $n = 3m + 1$ のとき $C^n = \begin{bmatrix} 0 & 0 & 1 \\ 1 & 0 & 0 \\ 0 & 1 & 0 \end{bmatrix}$, $n = 3m + 2$ のとき $C^n = \begin{bmatrix} 0 & 1 & 0 \\ 0 & 0 & 1 \\ 1 & 0 & 0 \end{bmatrix}$.

3 (1) $\begin{bmatrix} x & 0 \\ 0 & u \end{bmatrix}$ (2) $\begin{bmatrix} x & y \\ 0 & x \end{bmatrix}$ (3) $\begin{bmatrix} x & 0 & 0 \\ 0 & y & 0 \\ 0 & 0 & u \end{bmatrix}$ (4) $\begin{bmatrix} x & y & 0 \\ z & u & 0 \\ 0 & 0 & w \end{bmatrix}$

§ 2

1 (1) 略 (2) $\begin{bmatrix} 1 & 0 & 0 \\ 0 & 0 & 1 \\ 0 & 1 & 0 \end{bmatrix}$, $\begin{bmatrix} 0 & 0 & 1 \\ 0 & 1 & 0 \\ 1 & 0 & 0 \end{bmatrix}$ (3) 略

2 (1) 略 (2) $x = 1,\ y = -2,\ z = -1/2,\ u = 3/2$

(3) $3x + 6z = 1,\ x + 2z = 0$ を得るが，この式が成り立つ x, z は存在しない.

3 (1) $B = [b_{ij}]$ とおくと $(1/2)(B + {}^tB)$ の (i, j) 成分と (j, i) 成分はともに $(1/2)(b_{ij} + b_{ji})$ となるので $(1/2)(B + {}^tB)$ は対称行列. $(1/2)(B - {}^tB)$ の (i, j) 成分は $(1/2)(b_{ij} - b_{ji})$, (j, i) 成分は $(1/2)(b_{ji} - b_{ij}) = -(1/2)(b_{ij} - b_{ji})$ となるので $(1/2)(B - {}^tB)$ は交代行列.
(2) ${}^tB$ の (i, i) 成分は B の (i, i) 成分の -1 倍なので $b_{ii} = -b_{ii}$ となり $b_{ii} = 0$ を得る.

第2章

§ 1

1 (1) $\det A = -2$. $\det B = ac$. $\det C = 4a^2 + b^2$. $\det D = \det E = a(ei - fh)$. $A^{-1} = \begin{bmatrix} -2 & 1 \\ 3/2 & -1/2 \end{bmatrix}$. $ac \neq 0$ のとき $B^{-1} = \begin{bmatrix} 1/a & -b/ac \\ 0 & 1/c \end{bmatrix}$. $4a^2 + b^2 \neq 0$ のとき $C^{-1} = \dfrac{1}{4a^2 + b^2} \begin{bmatrix} 2a & b \\ -b & 2a \end{bmatrix}$.
(2) $\det A = 1$. $A^{-1} = \begin{bmatrix} \cos\alpha & \sin\alpha \\ -\sin\alpha & \cos\alpha \end{bmatrix}$.

2 (1) $-(a - b)(b - c)(c - a)$ (2) $4abc$
(3) $(a - b)(b - c)(c - a)(a + b + c)$
(4) $(a - b)(b - c)(c - a)(a + b + c)$ (5) 0

3 (1) $AB = \begin{bmatrix} as + bu & at + bv \\ cs + du & ct + dv \end{bmatrix}$ より $\det(AB) = (as + bu)(ct + dv) - (at + bv)(cs + du)$. 展開して整理すると $(ad - bc)(sv - tu) = \det A \cdot \det B$ となる.
(2) $t = -12$

§ 2

1 略.
2 順に $-, +, -, +$.
3 (1) $a_{11}a_{22}a_{33}a_{44}$, $a_{11}a_{23}a_{34}a_{42}$, $a_{11}a_{24}a_{32}a_{43}$, $a_{11}a_{22}a_{34}a_{43}$, $a_{11}a_{23}a_{32}a_{44}$, $a_{11}a_{24}a_{33}a_{42}$
(2) $a_{11}a_{22}a_{33}a_{44}$, $a_{12}a_{21}a_{33}a_{44}$, $a_{11}a_{22}a_{34}a_{43}$, $a_{12}a_{21}a_{34}a_{43}$ (3) $a_{11}a_{22}a_{33}a_{44}$

第3章

§ 1

1 (1) $A_1 = \begin{bmatrix} 1 & 2 & 3 & 4 \\ 0 & 1 & 0 & -2 \\ -2 & 5 & 3 & -1 \\ 2 & 10 & -3 & 2 \end{bmatrix}$ (2) $A_2 = \begin{bmatrix} 1 & 2 & 3 & 4 \\ 0 & 1 & 0 & -2 \\ 0 & 9 & 9 & 7 \\ 2 & 10 & -3 & 2 \end{bmatrix}$

(3) $A_3 = \begin{bmatrix} 1 & 2 & 3 & 4 \\ 0 & 1 & 0 & -2 \\ 0 & 9 & 9 & 7 \\ 0 & 6 & -9 & -6 \end{bmatrix}$ (4) $A_4 = \begin{bmatrix} 1 & 2 & 3 & 4 \\ 0 & 1 & 0 & -2 \\ 0 & 0 & 9 & 25 \\ 0 & 6 & -9 & -6 \end{bmatrix}$

(5) $A_5 = \begin{bmatrix} 1 & 2 & 3 & 4 \\ 0 & 1 & 0 & -2 \\ 0 & 0 & 9 & 25 \\ 0 & 0 & -9 & 6 \end{bmatrix}$ (6) $A_6 = \begin{bmatrix} 1 & 2 & 3 & 4 \\ 0 & 1 & 0 & -2 \\ 0 & 0 & 9 & 25 \\ 0 & 0 & 0 & 31 \end{bmatrix}$

(7) $\det A = 279$

2 $$左辺 = \det\begin{bmatrix} a & b & c \\ d+0+0 & 0+e+0 & 0+0+f \\ g & h & i \end{bmatrix}$$
$$= \det\begin{bmatrix} a & b & c \\ d & 0 & 0 \\ g & h & i \end{bmatrix} + \det\begin{bmatrix} a & b & c \\ 0 & e & 0 \\ g & h & i \end{bmatrix} + \det\begin{bmatrix} a & b & c \\ 0 & 0 & f \\ g & h & i \end{bmatrix}$$
$$= 右辺$$

§ 2

1 (1) 仮定から $\det A$ は整数. しかし $(\det A)^2 = \det(A^2) = 5$ より $\det A = \pm\sqrt{5}$ となり, このような A は存在しない.

(2) $(\det A)^m = \det(A^m) = 1$ と $\det A$ が実数であることから $\det A = 1$.

2 A が正則なら $AA^{-1} = E_n$ から $\det A \cdot \det(A^{-1}) = \det E_n = 1$ となり $\det A \neq 0$, $\det(A^{-1}) = 1/\det A$.

3 前半は略. 後半は $\det({}^tAA) = \det({}^tA)\cdot\det A = (\det A)^2 \geq 0$.

§ 3

1 $a_{11}^* = a_{22}$, $a_{12}^* = -a_{12}$, $a_{21}^* = -a_{21}$, $a_{22}^* = a_{11}$, $b_{11}^* = b_{22}b_{33} - b_{23}b_{32}$, $b_{12}^* = -(b_{12}b_{33} - b_{13}b_{32})$, $b_{13}^* = b_{12}b_{23} - b_{13}b_{22}$, $b_{21}^* = -(b_{21}b_{33} - b_{23}b_{31})$, $b_{22}^* = b_{11}b_{33} - b_{13}b_{31}$, $b_{23}^* = -(b_{11}b_{23} - b_{13}b_{21})$, $b_{31}^* = b_{21}b_{32} - b_{22}b_{31}$, $b_{32}^* = -(b_{11}b_{32} - b_{12}b_{31})$, $b_{33}^* = b_{11}b_{22} - b_{12}b_{21}$

2 (1) 第2行目での展開は

$$\det A = -b\det\begin{bmatrix} 0 & 1 & 2 \\ 2 & 3 & 4 \\ 1 & c & -1 \end{bmatrix} + 2\det\begin{bmatrix} 1 & 1 & 2 \\ -1 & 3 & 4 \\ -2 & c & -1 \end{bmatrix}$$
$$- a\det\begin{bmatrix} 1 & 0 & 2 \\ -1 & 2 & 4 \\ -2 & 1 & -1 \end{bmatrix} + \det\begin{bmatrix} 1 & 0 & 1 \\ -1 & 2 & 3 \\ -2 & 1 & c \end{bmatrix}$$

第 3 列目での展開は

$$\det A = \det\begin{bmatrix} b & 2 & 1 \\ -1 & 2 & 4 \\ -2 & 1 & -1 \end{bmatrix} - a\det\begin{bmatrix} 1 & 0 & 2 \\ -1 & 2 & 4 \\ -2 & 1 & -1 \end{bmatrix} + 3\det\begin{bmatrix} 1 & 0 & 2 \\ b & 2 & 1 \\ -2 & 1 & -1 \end{bmatrix} - c\det\begin{bmatrix} 1 & 0 & 2 \\ b & 2 & 1 \\ -1 & 2 & 4 \end{bmatrix}$$

(2)　(1) より $\det A$ の展開における a の係数は $-\det\begin{bmatrix} 1 & 0 & 2 \\ -1 & 2 & 4 \\ -2 & 1 & -1 \end{bmatrix} = 0.$

(3)　$b = -5/2$（(1) の第 3 列目での展開において $\det\begin{bmatrix} 1 & 0 & 2 \\ b & 2 & 1 \\ -1 & 2 & 4 \end{bmatrix} = 0$ になればよい）

3　(1)　$a\det\begin{bmatrix} b & p \\ d & q \end{bmatrix} - b\det\begin{bmatrix} a & p \\ c & q \end{bmatrix} + p\det\begin{bmatrix} a & b \\ c & d \end{bmatrix}$,

$c\det\begin{bmatrix} b & p \\ d & q \end{bmatrix} - d\det\begin{bmatrix} a & p \\ c & q \end{bmatrix} + q\det\begin{bmatrix} a & b \\ c & d \end{bmatrix}$

(2)　それぞれ第 1 行目と第 3 行目，あるいは第 2 行目と第 3 行目が一致するから．また後半は，上に示した（1）の答えの式で 2 次正方行列の行列式を具体的に書くことで得られる．

§ 4

1　(1)　$a \neq 0, -1$

(2)　$A^{-1} = \dfrac{1}{-a(a+1)}\begin{bmatrix} a & -1 & -a \\ -a & -a & a \\ -a^2 & a & -a \end{bmatrix}$

(3)　$\begin{bmatrix} x_1 \\ x_2 \\ x_3 \end{bmatrix} = \dfrac{1}{-a(a+1)}\begin{bmatrix} 2a - s \\ -as - 2a \\ as - 2a^2 \end{bmatrix}$, $\begin{bmatrix} y_1 \\ y_2 \\ y_3 \end{bmatrix} = \dfrac{1}{-a(a+1)}\begin{bmatrix} -at - 3 \\ at - 3a \\ 3a - at \end{bmatrix}$

2　条件は $abc \neq 0$，$B^{-1} = \dfrac{1}{abc}\begin{bmatrix} bc & -pc & pq - rb \\ 0 & ac & -aq \\ 0 & 0 & ab \end{bmatrix}$.

§ 5

1　$\det A = -21$.　$\det B = (y - x)^2(x + y + 2)(x + y - 2)$. $\det C = (a - b)(b - c)$

$(c-d)d$.

2 仮定から

$$\begin{bmatrix} \alpha_1^3 & \alpha_1^2 & \alpha_1 & 1 \\ \alpha_2^3 & \alpha_2^2 & \alpha_2 & 1 \\ \alpha_3^3 & \alpha_3^2 & \alpha_3 & 1 \\ \alpha_4^3 & \alpha_4^2 & \alpha_4 & 1 \end{bmatrix} \begin{bmatrix} a \\ b \\ c \\ d \end{bmatrix} = \begin{bmatrix} 0 \\ 0 \\ 0 \\ 0 \end{bmatrix}$$

となり，上の4次正方行列の行列式は0でない（ヴァンデルモンドの行列式参照）ので逆行列が存在し，逆行列を上の式の両辺に左から掛けて $a=b=c=d=0$ を得る．

第4章

§1

1 (1) $x_1=1$, $x_2=1$, $x_3=-1$, $x_4=-1$

(2) $x_1=1$, $x_2=0$, $x_3=2$, $x_4=-1$

2 (1) $\det A=-a^2$

(2) $x_1=(-7a-3)/a$, $x_2=(4a+3)/a^2$, $x_3=-3/a$

3 $x_1=5/3$, $x_2=-1/3$, $x_3=-1$. $y_1=-2/3$, $y_2=1/3$, $y_3=1$. $z_1=2/3$, $z_2=-1/3$, $z_3=0$. A の逆行列の成分が求まったことになる．3組の連立1次方程式に対し，同時に掃き出し法を使えばよい．

§2

1 A は $\begin{bmatrix} 1 & 0 & 0 \\ 0 & 1 & 0 \\ 0 & 0 & 1 \\ 0 & 0 & 0 \end{bmatrix}$. B は $\begin{bmatrix} 1 & -2 & 0 \\ 0 & 0 & 1 \\ 0 & 0 & 0 \\ 0 & 0 & 0 \end{bmatrix}$. C は $a=-1$ のとき $\begin{bmatrix} 1 & 0 & -1 \\ 0 & 1 & -1 \\ 0 & 0 & 0 \end{bmatrix}$, $a \neq -1$ のとき $\begin{bmatrix} 1 & 0 & 0 \\ 0 & 1 & 0 \\ 0 & 0 & 1 \end{bmatrix}$.

2 並んでいる単位ベクトルの個数が3, 2, 1, 0の場合に単位ベクトルが入る列の位置を考えると，それぞれ1, 3, 3, 1パターンあるので合計8パターン．n 次正方行列の場合は 2^n パターン．

3 条件は $b=2$. 解は $x_1=-2t$, $x_2=1$, $x_3=t$（t は任意定数）．

§3

1 (1) $\operatorname{rank} A=2$. $\operatorname{rank} B=3$. $\operatorname{rank} C=2$.

(2) A について $x=-t$, $y=2t$, $z=t$. B について $x=y=z=0$. C について

$x = s + 2t$, $y = -2s - 3t$, $z = s$, $u = t$. いずれも s, t は任意定数.

2　$A^{-1} = \dfrac{1}{2}\begin{bmatrix} 3 & 1 & 2 \\ -2 & 1 & -1 \\ 1 & 0 & 1 \end{bmatrix}$

3　A について $a = b = c$ のとき 1, a, b, c のうち 2 つのみが等しいとき 2, a, b, c がすべて異なるとき 3. B について $a = 1$ のとき 1, $a = -2$ のとき 2, $a \neq 1, -2$ のとき 3.

第5章

§ 1

1　部分空間になるのは (4). 理由については 96 ページ参照.

2　部分空間になるのは (1), (5). 理由については同上.

3　部分空間になるのは (2), (3).

4　部分空間になるのは (1), (2).

5　部分空間になるのは (2), (5).

6　$\boldsymbol{v}_1, \boldsymbol{v}_2 \in W_1 \cap W_2$ とすると, $\boldsymbol{v}_1, \boldsymbol{v}_2 \in W_1$ より $\boldsymbol{v}_1 + \boldsymbol{v}_2, k\boldsymbol{v}_1 \in W_1$ (k はスカラ), 同様に $\boldsymbol{v}_1 + \boldsymbol{v}_2, k\boldsymbol{v}_1 \in W_2$. したがって $\boldsymbol{v}_1 + \boldsymbol{v}_2, k\boldsymbol{v}_1 \in W_1 \cap W_2$.

§ 2

1　(1)　1 次独立.

(2)　$a \neq 1$ のとき 1 次独立, $a = 1$ のとき 1 次独立でない.

(3)　$a \neq 2$ のとき 1 次独立, $a = 2$ のとき 1 次独立でない.

2　1 次独立であるのは (1), (2), (3), (5). (4) は $(x+1) - 2(x+2) + (x+3) = 0$ が理由. (6) は $(x+1) - (x+2) - (x^3+1) + (x^3+2) = 0$ が理由.

3　1 次独立であるのは (1), (2), (3). (4) は $1 - \sin^2 x - \cos^2 x = 0$ が理由.

§ 3

1　(1)　略.

(2)　$\boldsymbol{v}_1, \boldsymbol{v}_2, \boldsymbol{v}_3$ が 1 次従属より, $a\boldsymbol{v}_1 + b\boldsymbol{v}_2 + c\boldsymbol{v}_3 = \boldsymbol{0}$ となる a, b, c ($(a, b, c) \neq (0, 0, 0)$) が存在する. ここで $c = 0$ とすると $a\boldsymbol{v}_1 + b\boldsymbol{v}_2 = \boldsymbol{0}$ で $(a, b) \neq (0, 0)$ より $\boldsymbol{v}_1, \boldsymbol{v}_2$ が 1 次独立であることに反する. したがって $c \neq 0$ であり, $c_1\boldsymbol{v}_1 + c_2\boldsymbol{v}_2 + c_3\boldsymbol{v}_3 = (c_1 - c_3a/c)\boldsymbol{v}_1 + (c_2 - c_3b/c)\boldsymbol{v}_2$ となり, W は $\boldsymbol{v}_1, \boldsymbol{v}_2$ で生成される. したがって $\{\boldsymbol{v}_1, \boldsymbol{v}_2\}$ は W の基である.

2　(1)　$\left\{\begin{bmatrix} 1 & 0 \\ 0 & -1 \end{bmatrix}, \begin{bmatrix} 0 & 1 \\ 0 & 0 \end{bmatrix}, \begin{bmatrix} 0 & 0 \\ 1 & 0 \end{bmatrix}\right\}$

(2) (a) $\left\{\begin{bmatrix}1\\1\\1\end{bmatrix}\right\}$ (b) $\left\{\begin{bmatrix}-2\\0\\1\end{bmatrix}\right\}$ (c) $\left\{\begin{bmatrix}-2\\1\\0\\0\end{bmatrix}\right\}$

3 (1) 略.

(2) $f(x) = ax^3 + bx^2 + cx + d$ が $f(x) = f(-x)$ をみたすとすると $a = c = 0$ で, b, d は任意. したがって $\{1, x^2\}$ は W_2 の基となり (2) が成り立つ.

(3) $\{x\}$

§ 4

1 $(\Longrightarrow)$ $c_1\boldsymbol{a}_1 + c_2(k_1\boldsymbol{a}_1 + \boldsymbol{a}_2) + c_3(k_2\boldsymbol{a}_1 + \boldsymbol{a}_3) + c_4(k_3\boldsymbol{a}_1 + \boldsymbol{a}_4) = \boldsymbol{0}$ とおく. この式は $(c_1 + c_2k_1 + c_3k_2 + c_4k_3)\boldsymbol{a}_1 + c_2\boldsymbol{a}_2 + c_3\boldsymbol{a}_3 + c_4\boldsymbol{a}_4 = \boldsymbol{0}$ と変形できるので仮定より $c_1 + c_2k_1 + c_3k_2 + c_4k_3 = c_2 = c_3 = c_4 = 0$ となり $c_1 = 0$ も得られるので結論が成り立つ.

$(\Longleftarrow)$ $c_1\boldsymbol{a}_1 + c_2\boldsymbol{a}_2 + c_3\boldsymbol{a}_3 + c_4\boldsymbol{a}_4 = \boldsymbol{0}$ とおく. この式は $(c_1 - c_2k_1 - c_3k_2 - c_4k_3)\boldsymbol{a}_1 + c_2(k_1\boldsymbol{a}_1 + \boldsymbol{a}_2) + c_3(k_2\boldsymbol{a}_1 + \boldsymbol{a}_3) + c_4(k_3\boldsymbol{a}_1 + \boldsymbol{a}_4) = \boldsymbol{0}$ と変形できるので仮定より $c_1 - c_2k_1 - c_3k_2 - c_4k_3 = c_2 = c_3 = c_4 = 0$ となり $c_1 = 0$ も得られるので結論が成り立つ.

2 1次独立になるもの (1), (2). (3) は $(\boldsymbol{a}_1 + \boldsymbol{a}_2) + (\boldsymbol{a}_3 + \boldsymbol{a}_4) - (\boldsymbol{a}_2 + \boldsymbol{a}_3) - (\boldsymbol{a}_4 + \boldsymbol{a}_1) = \boldsymbol{0}$ が理由.

3 A について $\begin{bmatrix}1&0&0\\0&1&0\\0&0&0\\0&0&0\end{bmatrix}$. B について $\begin{bmatrix}1&0&0\\0&1&0\\0&0&0\end{bmatrix}$.

第6章

§ 1

1 線形写像になるもの (1), (3), (4), (5).

2 線形写像になるもの (1), (3), (4), (5). (6) は $f(x) = x + 1$ とおくと $T_6(2f(x)) = T_6(2x + 2) = 2(2x + 2)$, $2T_6(f(x)) = 2(x + 1)$ より $T_6(2f(x)) \neq 2T_6(f(x))$ が理由.

3 略.

4 T_1, T_2 は線形写像. T_3 は $T_3\left(\begin{bmatrix}1&0\\0&0\end{bmatrix}\right) + T_3\left(\begin{bmatrix}0&0\\0&1\end{bmatrix}\right) = \det\begin{bmatrix}1&0\\0&0\end{bmatrix} + \det\begin{bmatrix}0&0\\0&1\end{bmatrix} = 0$, $T_3\left(\begin{bmatrix}1&0\\0&0\end{bmatrix} + \begin{bmatrix}0&0\\0&1\end{bmatrix}\right) = T_3\left(\begin{bmatrix}1&0\\0&1\end{bmatrix}\right) = \det\begin{bmatrix}1&0\\0&1\end{bmatrix} = 1$ より $T_3\left(\begin{bmatrix}1&0\\0&0\end{bmatrix}\right) + T_3\left(\begin{bmatrix}0&0\\0&1\end{bmatrix}\right) \neq$

$T_3(\begin{bmatrix} 1 & 0 \\ 0 & 0 \end{bmatrix} + \begin{bmatrix} 0 & 0 \\ 0 & 1 \end{bmatrix})$ が理由.

5　略.

§ 2

1　ヒント参照.

2　略.

3　(1)　$\mathrm{Ker}\, T_1$ の基は $\left\{\begin{bmatrix} 1 \\ -1 \\ 1 \\ 0 \end{bmatrix}\right\}$, $\mathrm{Im}\, T_1$ の基は $\{\boldsymbol{e}_1, \boldsymbol{e}_2, \boldsymbol{e}_3\}$ で $\dim \mathrm{Ker}\, T_1 = 1$, $\dim \mathrm{Im}\, T_1 = 3$.

(2)　$\mathrm{Ker}\, T_2$ の基は $\left\{\begin{bmatrix} 2 \\ 1 \\ 0 \\ 0 \end{bmatrix}, \begin{bmatrix} 1 \\ 0 \\ -2 \\ 1 \end{bmatrix}\right\}$, $\mathrm{Im}\, T_2$ の基は $\left\{\begin{bmatrix} 1 \\ -2 \\ 0 \end{bmatrix}, \begin{bmatrix} 0 \\ 0 \\ 1 \end{bmatrix}\right\}$ で $\dim \mathrm{Ker}\, T_2 = 2$, $\dim \mathrm{Im}\, T_2 = 2$.

(3)　$\mathrm{Ker}\, T_3$ の基は $\{x^2, 1\}$, $\mathrm{Im}\, T_3$ の基は $\{x^3, x\}$ で $\dim \mathrm{Ker}\, T_3 = 2$, $\dim \mathrm{Im}\, T_3 = 2$.

(4)　$\mathrm{Ker}\, T_4$ の基は $\left\{\begin{bmatrix} 1 & 0 \\ 0 & -1 \end{bmatrix}, \begin{bmatrix} 0 & 1 \\ 0 & 0 \end{bmatrix}, \begin{bmatrix} 0 & 0 \\ 1 & 0 \end{bmatrix}\right\}$, $\mathrm{Im}\, T_4$ の基は $\{1\}$ で $\dim \mathrm{Ker}\, T_4 = 3$, $\dim \mathrm{Im}\, T_4 = 1$.

§ 3

1　(1)　$\begin{bmatrix} -1 & 1 & 0 \\ 0 & 0 & 2 \end{bmatrix}$　　(2)　$\begin{bmatrix} 1 & 1 & 1 & 1 \\ 1 & 2 & 4 & 8 \end{bmatrix}$

2　(1)　$\begin{bmatrix} 0 & -1 & 0 & 0 \\ 0 & 1 & -2 & 0 \\ 0 & 0 & 2 & -3 \\ 0 & 0 & 0 & 3 \end{bmatrix}$　　(2)　$\begin{bmatrix} 0 & 0 & 0 & 0 \\ 0 & 1 & 0 & 0 \\ 0 & 0 & 2 & 0 \\ 0 & 0 & 0 & 3 \end{bmatrix}$

3　$A = \begin{bmatrix} 0 & 1 & 2 & 0 \\ 0 & 0 & 0 & 6 \\ 0 & 0 & 0 & -3 \end{bmatrix}$, $B = \begin{bmatrix} 0 & 1 & 0 & 0 \\ 0 & 0 & 0 & 0 \\ 0 & 0 & 0 & -3 \end{bmatrix}$, $P = \begin{bmatrix} 1 & -1 & 1 & -1 \\ 0 & 1 & -2 & 3 \\ 0 & 0 & 1 & -3 \\ 0 & 0 & 0 & 1 \end{bmatrix}$,

$Q = \begin{bmatrix} 1 & -1 & 1 \\ 0 & 1 & -2 \\ 0 & 0 & 1 \end{bmatrix}$.

第7章

§ 1

1 (1) 略.

(2) ヒント参照.

2 A について固有値は 2, 3.

$$W(2\,;A)=\left\{\begin{bmatrix}1\\1\end{bmatrix}s \mid s\in\mathbb{R}\right\},\quad W(3\,;A)=\left\{\begin{bmatrix}1\\2\end{bmatrix}s \mid s\in\mathbb{R}\right\}.$$

B について固有値は $\cos\theta+\sin\theta$, $\cos\theta-\sin\theta$.

$$W(\cos\theta+\sin\theta\,;B)=\left\{\begin{bmatrix}1\\-1\end{bmatrix}s \mid s\in\mathbb{R}\right\},\quad W(\cos\theta-\sin\theta\,;B)=\left\{\begin{bmatrix}1\\1\end{bmatrix}s \mid s\in\mathbb{R}\right\}.$$

C について固有値は 1, 1, 3.

$$W(1\,;C)=\left\{\begin{bmatrix}-2\\1\\0\end{bmatrix}s+\begin{bmatrix}0\\0\\1\end{bmatrix}t \mid s,t\in\mathbb{R}\right\},\quad W(3\,;C)=\left\{\begin{bmatrix}3\\-1\\1\end{bmatrix}s \mid s\in\mathbb{R}\right\}.$$

D について固有値は 0, 2, 3.

$$W(0\,;D)=\left\{\begin{bmatrix}1\\-1\\0\end{bmatrix}s \mid s\in\mathbb{R}\right\},\quad W(2\,;D)=\left\{\begin{bmatrix}1\\-1\\-1\end{bmatrix}s \mid s\in\mathbb{R}\right\},$$

$$W(3\,;D)=\left\{\begin{bmatrix}0\\1\\1\end{bmatrix}s \mid s\in\mathbb{R}\right\}.$$

3 V の基 $\{1, x-1, (x-1)^2, (x-1)^3\}$ に関する T の表現行列は $\begin{bmatrix}0&0&0&0\\0&1&0&0\\0&0&0&0\\0&0&0&-3\end{bmatrix}$ となり，固有値は $0, 0, 1, -3$. $W(0\,;T)=\{s+t(x-1)^2 \mid s,t\in\mathbb{R}\}$, $W(1\,;T)=\{s(x-1) \mid s\in\mathbb{R}\}$, $W(-3\,;T)=\{s(x-1)^3 \mid s\in\mathbb{R}\}$.

§ 2

1 (1) $A^n=\begin{bmatrix}3\cdot3^n-2\cdot(-2)^n & -6\cdot3^n+6\cdot(-2)^n\\ 3^n-(-2)^n & -2\cdot3^n+3\cdot(-2)^n\end{bmatrix}$.

$$\lim_{n\to\infty}B^n=\frac{1}{p+q-2}\begin{bmatrix}q-1 & p-1\\ q-1 & p-1\end{bmatrix}.$$

(2) $A=\begin{bmatrix}0.92 & 0.12\\0.08 & 0.88\end{bmatrix}$. A の固有値は 1, 0.8. 固有ベクトルはそれぞれ $\begin{bmatrix}3\\2\end{bmatrix}$, $\begin{bmatrix}1\\-1\end{bmatrix}$.

$$A^n = \frac{1}{5}\begin{bmatrix} 3+2(0.8)^n & 3-3(0.8)^n \\ 2-2(0.8)^n & 2+3(0.8)^n \end{bmatrix}$$

また

$$\lim_{n\to\infty} A^n \begin{bmatrix} a_0 \\ b_0 \end{bmatrix} = \frac{a_0+b_0}{5}\begin{bmatrix} 3 \\ 2 \end{bmatrix}$$

より，都市と農村の人口比は 3 : 2 に近づく．

2　$f(x) = 3C_1e^{2x} + C_2e^{3x}$，$g(x) = 4C_1e^{2x} + C_2e^{3x}$（$C_1, C_2$ は任意定数）

3　$g_A(t) = t^3 - 3t^2 + 4$ より $A^3 - 3A^2 + 4E_3$ はゼロ行列．$\det A = -4 \neq 0$ より A の逆行列 A^{-1} が存在する．したがって $A^2 - 3A + 4A^{-1}$ もゼロ行列．よって $A^{-1} = (1/4)(-A^2 + 3A)$.

§ 3

1　(1)　A について固有値は 1, 1, 3.

$$W(1\,;A) = \{\begin{bmatrix} 1 \\ 2 \\ 1 \end{bmatrix} t \mid t \in \mathbb{R}\}$$

で，$\dim W(1\,;A) + \dim W(3\,;A) = 1 + 1 = 2 \neq 3$ となり対角化不可能．

B について固有値は 1, 1, 2.

$$W(1\,;B) = \{\begin{bmatrix} 2 \\ 1 \\ 0 \end{bmatrix} s + \begin{bmatrix} 1 \\ 0 \\ 1 \end{bmatrix} t \mid t, s \in \mathbb{R}\},\quad W(2\,;B) = \{\begin{bmatrix} -1 \\ -1 \\ 2 \end{bmatrix} t \mid t \in \mathbb{R}\}$$

$P = \begin{bmatrix} 2 & 1 & -1 \\ 1 & 0 & -1 \\ 0 & 1 & 2 \end{bmatrix}$ とおくと $P^{-1}BP = \begin{bmatrix} 1 & 0 & 0 \\ 0 & 1 & 0 \\ 0 & 0 & 2 \end{bmatrix}$ となり対角化可能.

C について固有値は $0, -1, 7$．$g_C(t) = 0$ が重解をもたないので対角化可能.

$P = \begin{bmatrix} 2 & 1 & 1 \\ -7 & -2 & 0 \\ 2 & 0 & 1 \end{bmatrix}$ とおくと $P^{-1}CP = \begin{bmatrix} 0 & 0 & 0 \\ 0 & -1 & 0 \\ 0 & 0 & 7 \end{bmatrix}$ となる.

(2)　$a = -1$，$P = \begin{bmatrix} 1 & 0 & -1 \\ 0 & 1 & 1 \\ 0 & -1 & 1 \end{bmatrix}$.

2　(1)　$a = b = 0$ のとき 0，a, b のどちらか一方のみが 0 のとき 1，$ab \neq 0$ のとき 2.

(2)　固有値は λ（三重解)．$W(\lambda\,;A)$ は $a = b = 0$ のとき $\mathbb{R}^3$，$a = 0 \neq b$ のとき $\{s\boldsymbol{e}_1 + t\boldsymbol{e}_2 \mid s, t \in \mathbb{R}\}$，$a \neq 0 = b$ のとき $\{s\boldsymbol{e}_1 + t\boldsymbol{e}_3 \mid s, t \in \mathbb{R}\}$，$ab \neq 0$ のとき $\{s\boldsymbol{e}_1 \mid s \in \mathbb{R}\}$.

(3) A が対角化可能 $\Longleftrightarrow a = b = 0$

3 (1) $a\boldsymbol{w} + b\boldsymbol{u} = \boldsymbol{0}$ とおく．この式に左から A および λ_2 を掛けると $a\lambda_2\boldsymbol{w} + b\lambda_3\boldsymbol{u} = \boldsymbol{0}$ と $a\lambda_2\boldsymbol{w} + b\lambda_2\boldsymbol{u} = \boldsymbol{0}$ を得る．この 2 つの式の差は $b(\lambda_3 - \lambda_2)\boldsymbol{u} = \boldsymbol{0}$，したがって仮定から $b = 0$．また，このとき $a\boldsymbol{w} = \boldsymbol{0}$ となり $a = 0$ を得る．したがって $\boldsymbol{w}, \boldsymbol{u}$ は 1 次独立．

(2) $a\boldsymbol{v} + b\boldsymbol{w} + c\boldsymbol{u} = \boldsymbol{0}$ とおく．この式に左から A および λ_1 を掛けると $a\lambda_1\boldsymbol{v} + b\lambda_2\boldsymbol{w} + c\lambda_3\boldsymbol{u} = \boldsymbol{0}$ と $a\lambda_1\boldsymbol{v} + b\lambda_1\boldsymbol{w} + c\lambda_1\boldsymbol{u} = \boldsymbol{0}$ を得る．この 2 つの式の差は $b(\lambda_2 - \lambda_1)\boldsymbol{w} + c(\lambda_3 - \lambda_1)\boldsymbol{u} = \boldsymbol{0}$，したがって (1) と仮定から $b = c = 0$．また，このとき $a\boldsymbol{v} = \boldsymbol{0}$ となり $a = 0$ を得る．したがって $\boldsymbol{v}, \boldsymbol{w}, \boldsymbol{u}$ は 1 次独立．

第 8 章

§ 1

1 (1) 略．

(2) $A = \begin{bmatrix} a & b \\ c & d \end{bmatrix}$ とおく．$a^2 + c^2 = b^2 + d^2 = 1$ より $a = \cos\theta_1$，$c = \sin\theta_1$，$b = \sin\theta_2$，$d = \cos\theta_2$ と書ける．$ab + cd = 0$ より $\cos\theta_1 \sin\theta_2 + \sin\theta_1 \cos\theta_2 = \sin(\theta_1 + \theta_2) = 0$ となり $\theta_2 = -\theta_1 + k\pi$ と書け（k は整数），$b = \sin(-\theta_1 + k\pi) = -\sin\theta_1 \cos k\pi$，$d = \cos(-\theta_1 + k\pi) = \cos\theta_1 \cos k\pi$ となる．$\cos k\pi$ が 1 か -1 なので結論を得る．

2 略．

3 STEP 1 $\left\{\begin{bmatrix} -2 \\ 1 \\ 0 \\ 0 \end{bmatrix}, \begin{bmatrix} -1 \\ 0 \\ 1 \\ 0 \end{bmatrix}, \begin{bmatrix} 1 \\ 0 \\ 0 \\ 1 \end{bmatrix}\right\}$ STEP 2 $\boldsymbol{v}' = \dfrac{1}{\sqrt{5}}\begin{bmatrix} -2 \\ 1 \\ 0 \\ 0 \end{bmatrix}$

STEP 3 $b = \dfrac{-2}{\sqrt{5}}$ STEP 4 $\boldsymbol{w}' = \dfrac{1}{\sqrt{30}}\begin{bmatrix} -1 \\ -2 \\ 5 \\ 0 \end{bmatrix}$

STEP 5 $c = \dfrac{2}{\sqrt{5}}$，$d = \dfrac{1}{\sqrt{30}}$ STEP 6 $\boldsymbol{u}' = \dfrac{1}{\sqrt{42}}\begin{bmatrix} 1 \\ 2 \\ 1 \\ 6 \end{bmatrix}$

§ 2

1 略．

2 略．

3 (1) $P = \begin{bmatrix} \frac{1}{\sqrt{2}} & \frac{1}{\sqrt{2}} & 0 \\ 0 & 0 & 1 \\ -\frac{1}{\sqrt{2}} & \frac{1}{\sqrt{2}} & 0 \end{bmatrix}$ とおくと ${}^tPAP = \begin{bmatrix} 0 & 0 & 0 \\ 0 & 2 & 0 \\ 0 & 0 & 2 \end{bmatrix}$.

(2) $P = \begin{bmatrix} \frac{1}{\sqrt{2}} & \frac{1}{\sqrt{6}} & \frac{1}{\sqrt{3}} \\ -\frac{1}{\sqrt{2}} & \frac{1}{\sqrt{6}} & \frac{1}{\sqrt{3}} \\ 0 & -\frac{2}{\sqrt{6}} & \frac{1}{\sqrt{3}} \end{bmatrix}$ とおくと ${}^tPAP = \begin{bmatrix} 2 & 0 & 0 \\ 0 & 2 & 0 \\ 0 & 0 & 5 \end{bmatrix}$.

(3) $P = \frac{1}{3}\begin{bmatrix} 2 & -2 & 1 \\ 2 & 1 & -2 \\ 1 & 2 & 2 \end{bmatrix}$ とおくと ${}^tPAP = \begin{bmatrix} -1 & 0 & 0 \\ 0 & 2 & 0 \\ 0 & 0 & 5 \end{bmatrix}$.

§ 3

1 最大値 6, 最小値 1.

2 (1) $[x \ \ y \ \ z]\begin{bmatrix} 1 & 1 & 0 \\ 1 & 0 & 1 \\ 0 & 1 & 1 \end{bmatrix}\begin{bmatrix} x \\ y \\ z \end{bmatrix}$, $-X^2 + Y^2 + 2Z^2$

(2) $[x \ \ y \ \ z]\begin{bmatrix} 1 & 1 & -1 \\ 1 & 0 & 1 \\ -1 & 1 & 0 \end{bmatrix}\begin{bmatrix} x \\ y \\ z \end{bmatrix}$, $X^2 + \sqrt{3}Y^2 - \sqrt{3}Z^2$

3 (1) $-X^2 - Y^2 + (3a+2)Z^2$

(2) $a < -2/3$

(3) $a < -1$ のとき最大値 -1, 最小値 $3a+2$. $a = -1$ のとき最大値, 最小値ともに -1. $a > -1$ のとき最大値 $3a+2$, 最小値 -1.

索　引

著者略歴

宇野　勝博（うの　かつひろ）

1958年神戸市生まれ．1980年大阪大学理学部数学科卒業，1982年大阪大学大学院理学研究科前期博士課程数学専攻修了，1985年イリノイ大学大学院数学専攻修了．同年，大阪大学理学部助手，その後，大阪大学教養部講師，大阪大学教養部助教授，理学部助教授，大学院理学研究科助教授を経て，2003年大阪教育大学教育学部教授，2013年大阪大学全学教育推進機構（大学院理学研究科兼任）教授，2023年大阪大学名誉教授．この間，エッセン大学客員研究員（1992-1993）．Ph.D.（イリノイ大学），博士（理学）（大阪大学）．

主な著書に『博士がくれた贈り物』（東京図書，2006，共著），『きらめく数学』（プレアデス出版，2008，共著），『なるほど高校数学　数列の物語』（講談社ブルーバックス，2011）がある．

ライブ感あふれる　線形代数講義

2024年2月25日　　第1版1刷発行

検印省略

定価はカバーに表示してあります．

著作者　宇　野　勝　博

発行者　吉　野　和　浩

発行所　東京都千代田区四番町8-1
電　話　03-3262-9166(代)
郵便番号　102-0081
株式会社　裳　華　房

印刷所　株式会社　真　興　社

製本所　株式会社　松　岳　社

一般社団法人
自然科学書協会会員

ISBN 978-4-7853-1601-3